全国高等职业技术院校楼宇智能化专业教材

火灾报警与消防联动技术

人力资源和社会保障部教材办公室组织编写

中国劳动社会保障出版社

图书在版编目(CIP)数据

火灾报警与消防联动技术/人力资源和社会保障部教材办公室组织编写. —北京：中国劳动社会保障出版社，2013

全国高等职业技术院校楼宇智能化专业教材

ISBN 978-7-5167-0153-9

Ⅰ.①火… Ⅱ.①人… Ⅲ.①火灾监测-自动报警系统 Ⅳ.①TU998.13

中国版本图书馆 CIP 数据核字(2013)第 051740 号

中国劳动社会保障出版社出版发行

（北京市惠新东街 1 号　邮政编码：100029）

出 版 人：张梦欣

*

三河市潮河印业有限公司印刷装订　　新华书店经销

787 毫米×1092 毫米　16 开本　13.25 印张　280 千字

2013 年 6 月第 1 版　　2025 年 12 月第 8 次印刷

定价：26.00 元

营销中心电话：400-606-6496

出版社网址：http://www.class.com.cn

http://jg.class.com.cn

简 介

本书是全国高等职业技术院校楼宇智能化专业教材，由人力资源和社会保障部教材办公室组织编写。

本书主要介绍了火灾自动探测报警系统、消防灭火系统以及消防联动系统的基础理论，并遵循行动导向理念，以学习任务的形式，引导学生完成相关设备的安装与调试。书中每个任务均设有任务描述、基础知识、任务实施、拓展知识等栏目。

● “任务描述”是行动导向教学中信息收集阶段的前奏，可为信息收集工作指引方向。

● “基础知识”和“拓展知识”是信息收集阶段的主要参考，也是拟制及确定工作计划阶段的依据。其中“基础知识”包含完成工作任务的核心信息，“拓展知识”则是对前者的补充。

● “任务实施”对应行动导向教学中的实施阶段，是进行实际操作的蓝本。此外，学生可在操作前对照此处列出的实训步骤，分析自己所定工作计划的优缺点，从而加深对工艺的理解。

本书在介绍理论和技能的同时，还注重培养学生的职业规范意识和综合职业素质，旨在全面发展学生的职业能力，为其顺利进入工作岗位提供帮助。

本书由张扬吉任主编，赵忠信、曹建斌任副主编，姜浩、成红芝审稿。

目　录

前导知识

智能建筑多以高层建筑为主体，具有大型化、多功能、高层次和高技术的特点。为了预防火灾的发生，把火灾消灭在萌芽状态，确保人民生命财产的安全，必须根据国家的法规建立完善的消防系统。智能建筑的消防系统也是安全防范系统的一部分。由于它的特殊性和极端重要性，“消防”已经成为一门专门学科，正伴随着现代电子技术、自动控制技术、计算机技术及通信网络技术的发展进入高科技综合学科的行列。

人类文明的进步史，就是人类的用火史。火是人类生存的重要条件，它可以造福于人类，但也会给人们带来巨大的灾难。因此，在使用火的同时一定要注意对火的控制，就是对火的科学管理。“以防为主，防消结合”的消防方针是相关的工程技术人员必须遵照执行的。监测建筑火灾、控制火灾、迅速扑灭火灾，保障人民生命和财产的安全，保障国民经济建设，是消防系统的任务。为完成上述任务，建筑消防建立了一套完整、有效的体系，该体系就是在建筑物内部，按国家有关规范规定设置必要的火灾自动报警及消防设备联动控制系统、建筑灭火系统、防排烟系统等建筑消防设施。

一、消防工作方针

消防工程的基本方针是“以防为主、以消为辅、防消结合”。从某种意义上说：“消”（消灭火灾、扑灭火灾）是被动策略，而“防”（监测火情、预防火灾）则是主动策略。消防自动监控系统能够及时而准确地发现火情并自动地将其扑灭在阴燃初期，达到“防患于未然”的目的。

二、消防工作的基本任务

消防工作的总任务，就是《中华人民共和国消防法》第一条明确提出的“预防火灾和减少火灾的危害；保护公民人身、公共财产的安全，维护公共安全，保障社会主义现代化的顺利进行”。

根据这个总任务，消防工作的基本任务如下：

第一，控制、消除发生火灾、爆炸的一切不安全条件和因素。

第二，限制、消除火灾、爆炸蔓延、扩大的条件和因素。

第三，保证有足够的消防人员和消防设备，以便一旦发生火灾，及时扑灭，减少损失。

第四，保证有足够的安全出口和通道，以便人员逃生和物资疏散。

第五，彻底清查火灾、爆炸原因，做到“三不放过”，即原因不明不放过；事故责任者以及群众未受教育不放过；防范措施不落实不放过。

三、消防工作的基本措施

消防工作的社会性、经常性、群众性，决定了要有效地控制火灾的发生，必须全面提高全社会同火灾作斗争的总体功能。

结合本地区、本部门、本单位实际，要加强消防安全工作，其措施有三：一是行政管理措施；二是技术管理措施；三是法制管理措施。其中技术管理措施特别重要。

四、火灾与燃烧基础知识

1. 火灾的概念

在时间上失去控制的燃烧所造成的火害称为火灾，火灾形成过程如下：

火灾形成的过程是一种放热、发光的复杂化学现象，是物质分子游离基的一种连锁反应。不难看出，存在有能够燃烧的物质，又存在可供燃烧的热源及助燃的氧气或氧化剂，便构成了火灾形成的充分必要条件。

2. 燃烧的定义

可燃物与氧化剂作用发生的放热反应，通常伴有火焰、发光和（或）发烟现象。物体燃烧一般经阴燃、充分燃烧和衰减熄灭三个阶段。

3. 燃烧三要素

（1）可燃物

凡是能与空气中的氧或其他氧化剂起化学反应的物质（气体、液体、固体）即为可燃物。

（2）氧化剂

能帮助和支持可燃物燃烧的物质为氧化剂。即能与可燃物发生氧化反应的物质。

（3）引火源

供给可燃物与氧或助燃剂发生燃烧反应的能量来源是引火源。

五、火灾自动报警系统简介

1. 火灾自动报警系统的构成

如图0—1—1所示，火灾自动报警系统由触发器件、火灾报警控制装置、火灾报警装置、联动控制装置和电源五部分组成。

（1）触发器件

在火灾自动报警系统中，自动或手动产生火灾报警信号的器件称为触发器件，主要包括火灾探测器和手动火灾报警按钮。

火灾探测器是能对火灾参数（如烟、温、光、火焰辐射、气体浓度等）进行响应，并自动产生火灾报警信号的器件。按响应火灾参数的不同，火灾探测器分为感温火灾探测器、感烟火灾探测器、感光火灾探测器、可燃气体探测器和复合火灾探测器5种基本类型。不同类型的火灾探测器适用于不同类型的火灾和不同的场所。

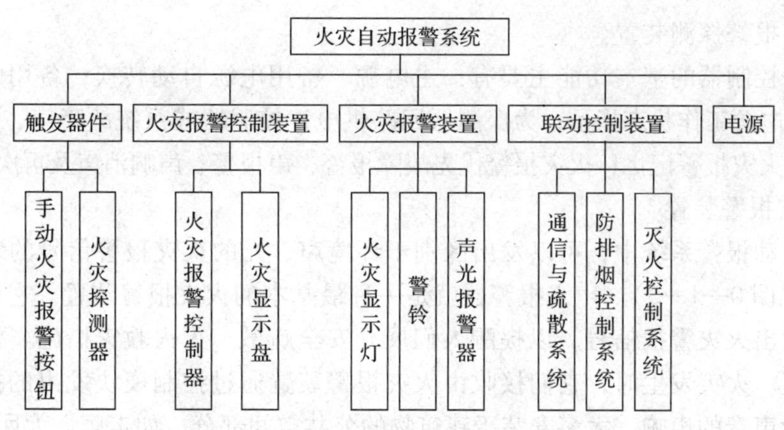

图 0—1—1　火灾自动报警系统的构成

手动火灾报警按钮是手动方式产生火灾报警信号、启动火灾自动报警系统的器件，也是火灾自动报警系统中不可缺少的组成部分之一。

(2）火灾报警控制装置

在火灾自动报警系统中，用以接收、显示和传递火灾报警信号，并能发出控制信号和具有其他辅助功能的控制指示设备称为火灾报警控制装置（见图 0—1—2）。火灾报警控制器就是其中最基本的一种。火灾报警控制器担负着为火灾探测器提供稳定的工作电源，监视探测器及系统自身的工作状态，接收、转换处理火灾探测器输出的报警信号，进行声光报警，指示报警的具体部位及时间，执行相应的辅助控制等诸多任务，是火灾报警系统中的核心组成部分。

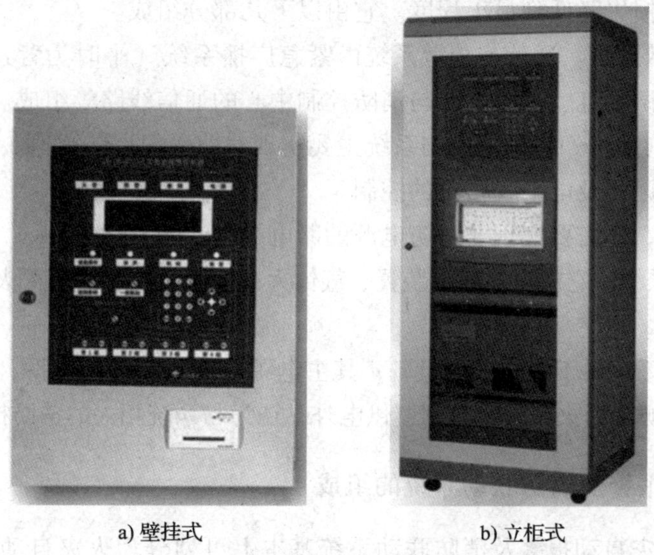

a) 壁挂式　　b) 立柜式

图 0—1—2　火灾报警控制装置

在火灾报警控制装置中，还有一些如火灾显示盘、区域显示器、中断器等功能不完整的报警装置。它们可视火灾报警控制器的演变或补充在特定条件下应用，与火灾报警控制器同属于火灾报警探测装置。

火灾报警控制器的基本功能主要有：主电源、备用电源自动转换；备用电源充电；电源故障监测；电源工作状态指示；为探测器回路供电；控制器或系统故障声、光报警；火灾声、光报警；火灾报警记忆；火灾报警优先故障报警；声报警、声响消声及再次声响报警。

（3）火灾报警装置

在火灾自动报警系统中，可以发出区别于环境声、光的火灾报警信号的装置称为火灾报警装置（见图0—1—3）。声光报警器就是一种最基本的火灾报警装置。它以声、光方式向报警区域发出火灾警报信号，以提醒人们展开安全疏散、灭火救灾措施。警铃也是一种火灾报警装置。火灾发生时，它们接收由火灾报警装置通过控制模块发出的控制信号，发出有别于环境声音的声响，大多安装于建筑物的公共空间部分，如走廊、大厅等。

图0—1—3　火灾报警装置

（4）联动控制装置

消防联动控制系统是指火灾发生后进行报警疏散、灭火控制等协调工作的系统，其作用是扑灭火灾，把损失降低到最小程度。它由以下几部分组成。

1）通信与疏散系统。通信与疏散系统由紧急广播系统（平时为背景音乐系统）、事故照明系统以及避难诱导灯、消防电梯与消防控制中心的通信线路等组成。

2）防排烟控制系统。防排烟控制系统主要实现对防火门、防火阀、防火卷帘、防烟垂壁、排烟口、排烟风机及电动安全门的控制。

当火灾发生时，还需要实现非消防电源的断电控制。

3）灭火控制系统。它由自动喷淋装置、气体灭火控制装置、液体灭火控制装置等组成。

（5）电源

火灾自动报警系统属于消防用电设备，其主电源应当采用消防电源，备用电源一般采用蓄电池组。系统电源除为火灾报警控制器供电外，还为与系统相关的消防控制设备等供电。

2. 火灾自动报警及消防联动系统的组成

一个完整的火灾自动报警及消防联动系统基本上可划分为火灾自动报警系统、灭火系统及避难诱导系统。消防报警系统由以下几个部分组成：

（1）火灾探测与报警系统

由火灾探测器和火灾自动报警控制装置等组成。

（2）通报与疏散系统

由紧急广播系统、事故照明系统以及避难诱导灯等组成。

（3）灭火控制系统

由自动喷洒装置、气体灭火控制装置、液体灭火控制装置等构成。

（4）防排烟控制系统

主要实现防火门、防火阀、排烟口、防火卷帘、排烟风机、防烟垂壁等设备的控制。

3. 火灾自动报警系统的类型

（1）区域报警系统

区域报警系统由区域火灾报警控制器（火灾报警控制器）和火灾探测器等组成（见图 0—1—4）。也可设置消防联动控制设备。简单的火灾自动报警系统适用于二级保护对象。

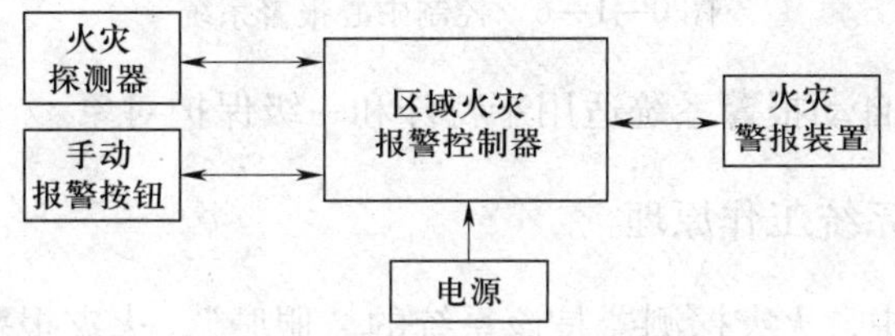

图 0—1—4　区域报警系统

（2）集中报警系统

集中报警系统由集中火灾报警控制器、区域火灾报警控制器、区域显示器（灯光显示设备）和火灾探测器组成（见图 0—1—5）。也可设置消防联动控制设备。

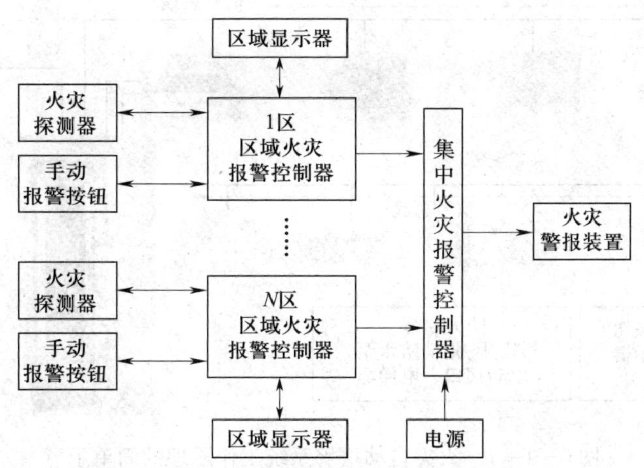

图 0—1—5　集中报警系统

功能较复杂的火灾自动报警系统适用于一级和二级保护对象。

（3）控制中心报警系统

控制中心报警系统由消防控制室的消防控制设备、集中火灾报警控制器、区域火灾报警控制器和火灾探测器等组成，或由消防控制室的消防控制设备、火灾报警控制器、区域显示器（灯光显示设备）和火灾探测器等组成，如图 0—1—6 所示。

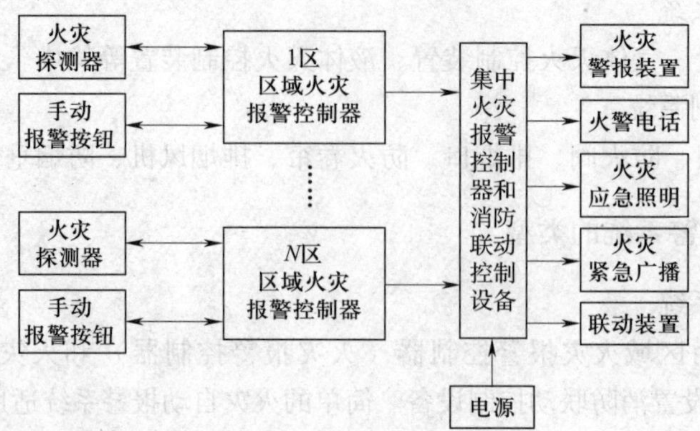

图 0—1—6　控制中心报警系统

功能较强大的火灾自动报警系统适用于特殊和一级保护对象。

4. 火灾自动报警系统工作原理

火灾自动报警系统中，火灾探测器是该系统的“眼睛”，火灾报警信号都是由它发出的，通过它自动捕捉探测区内火灾发生时产生的烟雾和热量，从而发出声光报警。在火灾报警控制器的控制下，灭火自动控制系统启动消防灭火设备工作，并通过消防联动控制装置控制事故照明和避难诱导灯，打开广播，引导人员疏散，同时启动消防给水和排烟设施等，以实现监测、报警和灭火的自动化。图 0—1—7 所示为火灾自动报警系统工作原理的简单示意。

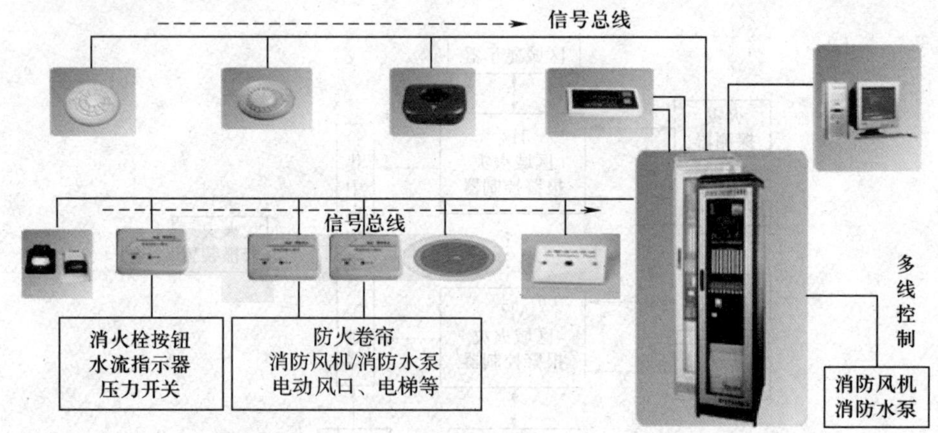

图 0—1—7　火灾自动报警系统工作原理的简单示意

5. 火灾自动报警系统的保护对象分级

火灾自动报警系统的保护对象应根据其使用性质、火灾危险性、疏散和扑救难度等分为特级、一级和二级，并符合表 0—1—1 的规定。

表 0—1—1　　火灾自动报警系统的保护对象分级

等级	建筑物分类	保护对象
特级	建筑高度超过 100 m 的高层民用建筑	
一级	建筑高度不超过 100 m 的高层民用建筑	一类建筑
	建筑高度不超过 24 m的民用建筑及建筑高度超过 24 m 的单层公共建筑	①200 个床位及以上的病房楼，每层建筑面积 1 000 m^2 及以上的门诊楼 ②每层建筑面积超过 3 000 m^2 的百货楼、商场、展览楼、高级旅馆、财贸金融楼、电信楼、高级办公楼 ③藏书超过 100 万册的图书馆、书库 ④超过 3 000 个座位的体育馆 ⑤重要的科研楼、资料档案楼 ⑥省级（含计划单列市）的邮政楼、广播电视楼、电力调度楼、防灾指挥调度楼 ⑦重点文物保护场所 ⑧大型以上的影剧院、会堂、礼堂
	工业建筑	①甲、乙类生产厂房 ②甲、乙类物品库房 ③占地面积或总建筑面积超过 1 000 m^2 的丙类物品库房 ④总建筑面积超过 1 000 m^2 的地下丙、丁类生产车间及物品库房
	地下民用建筑	①地下铁道车站 ②地下电影院、礼堂 ③使用面积超过 1 000 m^2 的地下商场、医院、旅馆、展览厅及其他商业或公共活动场所 ④重要的实验室，图书、资料、档案库
二级	建筑高度不超过 100 m 的高层民用建筑	二类建筑
	建筑高度不超过 24 m的民用建筑	①设有空气调节系统的或每层建筑面积超过 2 000 m^2 但不超过 3 000 m^2 的商业楼、财贸金融楼、电信楼、展览楼、旅馆、办公室、车站、海河客运站、航空港等公共建筑及其他商业或公共活动场所 ②市、县级的邮政楼、广播电视楼、电力调度楼、防灾指挥调度楼 ③中型以下的影剧院 ④高级住宅 ⑤图书馆、书库、档案楼
	工业建筑	①丙类生产厂房 ②建筑面积大于 50 m^2，但不超过 1 000 m^2 的丙类物品库房 ③总建筑面积大于 50 m^2，但不超过 1 000 m^2 的地下丙、丁类生产车间及地下物品库房
	地下民用建筑	①长度超过 500 m 的城市隧道 ②使用面积不超过 1 000 m^2 的地下商场、医院、旅馆、展览厅及其他商业或公共活动场所

6. 火灾自动报警系统保护方式

火灾自动报警系统保护方式分为三种。

(1) 区域保护方式

在建筑物中主要的区域、场所和部位都应设置火灾探测器，火灾危险性不大的场所和部位不设置火灾探测器。

(2) 总体保护方式

在建筑物中主要的区域、场所和部位都应设置火灾探测器，仅有少数火灾危险性不大的场所和部位不设置火灾探测器。

(3) 全面保护方式

在建筑物中所有区域（除不适宜装设火灾探测器的场所和部位）都应设置火灾探测器并同时设置自动喷水灭火系统。

7. 火灾报警常用图形符号和文字符号

(1) 火灾报警常用图形符号（见表0—1—2）

表0—1—2　　火灾报警常用图形符号

序号	图形符号	名称	序号	图形符号	名称
1		消防控制中心	8		手动报警按钮
2		火灾报警装置	9		报警电话
3	B	火灾报警控制器	10		火灾警铃
4	或 W	感温火灾探测器	11		火灾警报发声器
5	或 Y	感烟火灾探测器	12		火灾警报扬声器（广播）
6	或 G	感光火灾探测器	13		火灾光信号装置
7	或 Q	可燃气体探测器			

（2）各种字母所代表的含义（见表0—1—3）

表0—1—3　　　　文字符号及其含义

序号	文字符号	名称	序号	文字符号	名称
1	W	感温火灾探测器	8	WCD	差定温火灾探测器
2	Y	感烟火灾探测器	9	B	火灾报警控制器
3	G	感光火灾探测器	10	B—Q	区域火灾报警控制器
4	Q	可燃气体探测器	11	B—J	集中火灾报警控制器
5	F	复合式火灾探测器	12	B—T	通用火灾报警控制器
6	WD	定温火灾探测器	13	DY	电源
7	WC	差温火灾探测器			

六、中国消防安全标志

中国消防安全标志用以表达特定的安全信息，标志由几何图形、图形符号和安全色组成，见表0—1—4。悬挂消防安全标志是为了能够引起人们对不安全因素的注意，预防发生事故。

表0—1—4　　　　中国消防安全标志

紧急出口 EXIT	紧急出口 EXIT	滑动开门 SLIDE	滑动开门 SLIDE	推开 PUSH
拉开 PULL	疏散通道方向 （绿色）	疏散通道方向 （绿色）	消防水泵接合器 SIAMESE CONNECTION	消防梯 FIRE LADDER
灭火设备或报警装置的方向 （红色）	灭火设备或报警装置的方向 （红色）	消防手动启动器 MANUAL ACTIVATING DEVICE	发声警报器 FIRE ALARM	火警电话 FIRE TELEPHONE

续表

灭火设备 FIRE－FIGHTING EQUIPMENT	灭火器 FIRE EXTINGUISHER	消防水带 FIRE HOSE	地下消火栓 FLUSH FIRE HYDRANT	地上消火栓 POST FIRE HYDRANT

七、高层建筑防火分区

1. 防火分区的概念

所谓防火分区是指采用防火分隔措施划分出的、能在一定时间内防止火灾向同一建筑的其余部分蔓延的局部区域（空间单元）。在建筑物内采用划分防火分区的措施，可以在建筑物一旦发生火灾时，有效地把火势控制在一定的范围内，以减少火灾损失，同时可以为人员安全疏散、消防扑救提供有利条件。

防火分区按照防止火灾向防火分区以外扩大蔓延的功能可分为两类：其一是竖向防火分区，用以防止多层或高层建筑物层与层之间竖向发生火灾蔓延；其二是水平防火分区，用以防止火灾在水平方向扩大蔓延。

竖向防火分区是指用耐火性能较好的楼板及窗间墙（含窗下墙），在建筑物的垂直方向对每个楼层进行的防火分隔。

水平防火分区是指用防火墙或防火门、防火卷帘等防火分隔物将各楼层在水平方向分隔出的防火区域。它可以阻止火灾在楼层的水平方向蔓延。防火分区应用防火墙分隔。如确有困难时，可采用防火卷帘加冷却水幕或闭式喷水系统，或采用防火分隔水幕分隔。

2. 防火分区的划分

从防火的角度看，防火分区划分得越小，越有利于保证建筑物的防火安全。但如果划分得过小，则势必会影响建筑物的使用功能，这样做显然是行不通的。防火分区面积大小的确定应考虑建筑物的使用性质、重要性、火灾危险性、建筑物高度、消防扑救能力以及火灾蔓延的速度等因素。

我国现行的《建筑设计防火规范》《人民防空工程设计防火规范》《高层民用建筑设计防火规范》等均对建筑的防火分区面积作了规定，在设计、审核和检查时，必须结合工程实际，严格执行。

（1）单层、多层民用建筑防火分区的划分

单层、多层民用建筑防火分区面积是以建筑面积计算的。每个防火分区的最大允许建筑面积应符合相关标准的要求。

在进行防火分区划分时应注意以下几点：

1）防火分区间应采用防火墙分隔，如有困难时，可采用以背火面温升作为耐火极限判定条件的防火卷帘（耐火极限 3 h 以上），或采用不以背火面温升作为耐火极限判定条件的防火卷帘加闭式自动喷水灭火系统与防火水幕带分隔。防火墙上设门窗时，应采用甲级防火门窗，并能自行关闭。

2）建筑内设有自动灭火系统时，每层最大允许建筑面积可按相关标准增加 1 倍。局部设置时，增加面积可按该局部面积 1 倍计算。

3）建筑物内如设有上下层相连通的走马廊、自动扶梯等开口部位时，应将上、下连通层作为一个防火分区，其建筑面积之和不宜超过相关标准的规定。

但多层建筑的中庭，当房间、走道与中庭相通的开口部位，设有可自行关闭的甲级防火门或防火卷帘；与中庭相通的过厅、通道等处设有甲级防火门或卷帘；中庭每层回廊设有火灾自动报警系统和自动喷水灭火系统；以及封闭屋盖设有自动排烟设施时，中庭上下各层的建筑面积可不叠加计算。

4）地下室、半地下室发生火灾时，人员不易疏散，消防人员扑救困难，故对其防火分区面积应控制得严一些，规定建筑物的地下室、半地下室应采用防火墙划分防火分区，其面积不应超过 500 m^2。

（2）厂房防火分区的划分

厂房每个防火分区面积的最大允许占地面积应符合相关标准的要求。多层厂房的最大允许占地面积是指每层允许最大建筑面积。

在进行防火分区设计时应注意以下几点：

1）防火分区间应采用防火墙分隔。防火墙上开设门窗洞口时，应采用甲级防火门窗。一、二级耐火等级的单层厂房（甲类厂房除外）如面积超过相关规定的数值，设置防火墙有困难时，可用防火卷帘或防火水幕带等进行分隔。

2）一级耐火等级的多层及二级耐火等级的单层、多层纺织厂房（麻纺厂除外），其防火分区最大允许占地面积可按相关规定增加 50%，但上述厂房的原棉开包、清花车间均应设防火墙分隔。

3）一、二级耐火等级的单层、多层造纸生产联合厂房，其防火分区最大允许占地面积可按相关规定增加 1.5 倍。

4）甲、乙、丙类厂房设有自动灭火系统时，防火分区最大允许占地面积按相关规定增加 1 倍；丁、戊类厂房设自动灭火系统时，其占地面积不限。局部增设时，增加面积按该局部面积的 1 倍计算。

（3）库房防火分区的划分

库房每个防火墙间面积及最大允许占地面积应符合相关标准的要求。

在进行防火分区时，应注意以下几点：

1）防火分区间应采用防火墙分隔，其上开设门窗时，应采用甲级防火门窗。

2）独立建造的硝酸铵库房、电石库房、聚乙烯库房、尿素库房、配煤库房以及车站、码头、机场内的中转仓库，其建筑面积可按相关规定增加1倍，但耐火等级不应低于二级。

3）设有自动灭火系统的库房，其建筑面积可按相关标准及2）的规定增加1倍。

4）在同一座库房或同一个防火墙间内如储存数种火灾危险性不同的物品时，其库房或隔间的最大允许建筑面积，应按其中火灾危险性最大的物品确定。

（4）高层厂房防火分区的划分

高层厂房是指建筑高度超过24 m的两层及两层以上的厂房。

高层厂房每个防火分区的最大允许建筑面积应符合相关标准的要求。甲类厂房不能设在高层厂房内。高层厂房的耐火等级不应低于二级。

在进行防火分区划分时，应注意以下几点：

1）防火分区间应采用防火墙分隔。

2）乙、丙类厂房设有自动灭火系统时，其防火分区面积可按相关标准的规定增加1倍；丁、戊类厂房设自动灭火系统时，其防火分区建筑面积不限。局部设置时，增加面积可按该局部面积的1倍计算。

（5）高层库房防火分区的划分

高层库房是指建筑高度超过24 m的二层及二层以上的库房。甲、乙类物品及丙类可燃液体不应储存在高层库房内。高层库房的耐火等级不应低于二级。

高层库房每个防火分区防火墙间的最大允许建筑面积应符合相关标准的要求。

高层库房设有自动灭火系统时，建筑面积可按相关标准增加1倍；局部设置时，增加面积可按该局部面积的1倍计算。

（6）高层民用建筑防火分区的划分

根据高层民用建筑的火灾危险性及高层建筑的特点，结合我国的实际情况，参考国外对高层民用建筑防火分区的划分，我国《高层民用建筑设计防火规范》规定，高层民用建筑每个防火分区的最大允许建筑面积不应超过相关规定。

在进行防火分区划分时应注意以下几点：

1）划分防火分区的防火分隔物除防火墙外，还可根据具体情况采用防火卷帘和防火水幕带等。

2）设有自动灭火系统的防火分区，其允许最大建筑面积可按相关标准增加1倍；当局部设置自动灭火系统时，增加面积可按该局部面积的1倍计算。

3）高层建筑内的商业营业厅、展览厅等，当设有火灾自动报警系统和自动灭火系统，且采用不燃烧或难燃烧材料装修时，地上部分防火分区的允许最大建筑面积为4 000 m^2，地下部分防火分区的允许最大建筑面积为2 000 m^2。

4）当高层建筑与其裙房之间设有防火墙等防火分隔设施时，其裙房的防火分区允许最大建筑面积不应大于2 500 m^2；当设有自动喷水灭火系统时，防火分区允许最大建筑面积可增加1倍。

5）高层建筑内设有上下层相连通的走廊、敞开楼梯、自动扶梯、传送带等开口部位时，应按上下连通层作为一个防火分区，其允许最大建筑面积之和不应超过相关标准的规定。当上下开口部位设有防火卷帘或水幕等分隔设施时，其面积可不叠加计算。

6）高层建筑中庭防火分区面积应按上下层连通的面积叠加计算，当超过一个防火分区面积时，应采取有关中庭防火分隔的措施。

7）设在变形缝处附近的防火门，应设在楼层数较多的一侧，且门开启后不应跨越变形缝。

8）设置防火墙有困难的场所，可采用防火卷帘作为防火分隔，当采用以背火面温升作为耐火极限判定条件的防火卷帘时，其耐火极限不应小于3 h；当采用不以背火面温升作为耐火极限判定条件的防火卷帘时，其卷帘两侧应设独立的闭式自动喷水系统保护，系统喷水延续时间不应小于3 h。喷头的喷水强度不应小于0.5 L/s · m，喷头间距应为2 ~2.5 m，喷头距卷帘的垂直距离宜为0.5 m。

9）设在疏散走道上的防火卷帘应在卷帘的两侧设置启闭装置，并应具有自动、手动和机械控制的功能。

3. 防火分区案例

（1）项目概况

某项目为高级酒店，共9层，建筑高度为40.05 m，属于一类高层建筑，耐火等级为一级。附属车库为地下车库，耐火等级为一级。

1）建筑四周设有环形消防通道。

2）本工程与周围其他多层建筑之间的距离大于9 m，满足防火间距要求。

3）消防控制中心设于首层，有直通室外的安全出口。

（2）防火分区分析

1）本工程为一类高层，室内设有自动灭火系统及自动报警系统，依此确定防火分区面积。

2）建筑一、二层为高层裙房，其中健身房区域、大宴会厅区域不在高层投影下，无楼梯与高层直接连接，在一层直接对外疏散，按照裙楼考虑，室内设有自动灭火系统及自动报警系统，防火分区小于5 000 m^2。裙房其余区域，大空间（包括大堂、会议厅、商业区等）根据每个功能区域，每个防火分区小于4 000 m^2；办公、餐饮、洗浴、棋牌室、小会议室以及设备用房区域，每个防火分区小于2 000 m^2。二层局部客房区域，防火分区小于2 000 m^2。车库部分每个防火分区小于4 000 m^2。

3）建筑3 ~9层为客房层，每个防火分区小于2 000 m^2。

4）防烟分区及挡烟垂壁。大厅及停车库每2 000 m^2 设一个防烟分区，其他部位每500 m^2 设一个。挡烟垂壁利用结构梁或采用500 mm高防火夹丝玻璃或隔墙制作。

5）各层防火分区面积（见表0—1—5）

表 0—1—5　　各层防火分区面积

	分区	设计面积（m^2）	设计要求	功能	备注
一层平面	防火分区一	1 331. 72	$<2\,000\ m^2$	办公区域	
	防火分区二	1 824. 52	$<2\,000\ m^2$	部分大空间	
	防火分区三	1 376. 60	$<2\,000\ m^2$	健身房	
	防火分区四	1 078. 96	$<2\,000\ m^2$	餐厅	
	防火分区五	1 922. 32	$<2\,000\ m^2$	设备用房	
	防火分区六	1 778. 37	$<2\,000\ m^2$	设备用房	
	防火分区七	1 960. 90	$<2\,000\ m^2$	餐厅及厨房	
	防火分区八	1 979. 61	$<2\,000\ m^2$	后勤用房	
	防火分区九	3 997. 81	$<4\,000\ m^2$	餐厅及后勤用房	
	防火分区十	1 999. 70	$<2\,000\ m^2$	餐厅	
地下车库	防火分区一	2 883. 26	$<4\,000\ m^2$	地下车库	
	防火分区二	3 740. 91	$<4\,000\ m^2$	地下车库	
二层平面	防火分区一	1 162. 13	$<2\,000\ m^2$	棋牌室	
	防火分区二	1 690. 08	$<2\,000\ m^2$	商业区，中厅	
	防火分区三	1 594. 64	$<2\,000\ m^2$	客房	
	防火分区四	1 900. 48	$<2\,000\ m^2$	大堂	二层大堂部分面积 1 900. 48 m^2，三层大堂回廊面积 579 m^2
	防火分区五	1 476. 62	$<2\,000\ m^2$	办公区域	
	防火分区六	1 494. 36	$<2\,000\ m^2$	餐厅	
	防火分区七	2 777. 34	$<4\,000\ m^2$	会议室	
	防火分区八	1 292. 14	$<2\,000\ m^2$	会议室	
	防火分区九	1 292. 14	$<2\,000\ m^2$	大堂	
一区夹层	防火分区一	1 739. 56	$<2\,000\ m^2$	会议室	
	防火分区二	2 164. 63	$<4\,000\ m^2$	厨房及宴会厅	
	防火分区三	3 996. 58	$<5\,000\ m^2$	大宴会厅及中会议室（供900 人使用）	疏散宽度共 10. 3 m，按照规范每百人 1. 0 m，满足要求
三层平面	防火分区一	1 023	$<2\,000\ m^2$	客房	
	防火分区二	1 023			
	防火分区三	1 865			

续表

	分区	设计面积（m^2）	设计要求	功能	备注
三层平面	防火分区四	1 865	<2 000 m^2	客房	
	防火分区五	1 023			
	防火分区六	1 023			
四层平面	防火分区一	1 023	<2 000 m^2	客房	
	防火分区二	1 023			
	防火分区三	1 621			
	防火分区四	1 674			
	防火分区五	1 617			
	防火分区六	1 023			
	防火分区七	1 035			
五层平面	防火分区一	1 037	<2 000 m^2	客房	
	防火分区二	1 037			
	防火分区三	1 621			
	防火分区四	1 531			
	防火分区五	1 617			
	防火分区六	1 037			
	防火分区七	1 037			
六层平面	防火分区一	824	<2 000 m^2	客房	
	防火分区二	824			
	防火分区三	1 621			
	防火分区四	1 531			
	防火分区五	1 617			
	防火分区六	824			
	防火分区七	824			
七层平面	防火分区一	1 599	<2 000 m^2	客房	
	防火分区二	1 627			
	防火分区三	1 598			
八层平面	防火分区一	1 599	<2 000 m^2	客房	
	防火分区二	1 627			
	防火分区三	1 598			

续表

	分区	设计面积（m^2）	设计要求	功能	备注
九层平面	防火分区一	841	<2 000 m^2	客房	
	防火分区二	1 721			
	防火分区三	836			

（3）安全疏散分析

1）安全疏散出口数量

①地面以上各楼层，每个防火分区至少有两部安全疏散楼梯直达底层并直通室外。

②地下车库每个防火分区的安全出口不少于两个，当有两个或两个以上防火分区，且相邻防火分区之间的防火墙上设有防火门时，每个防火分区分别设一部安全疏散楼梯直通室外。

③地下汽车库停车数量大于 300 辆，为 I 类地下汽车库。汽车疏散出口采用双车道，三个出入口。

2）安全疏散出口位置分布及疏散距离

①安全疏散出口均分散布置，出入口之间距离均大于 5 m。

②酒店客房房间门到最近疏散楼梯间的距离均不超过 30 m，位于袋形走廊尽端的房间门到最近疏散楼梯间的距离均不超过 15 m。

③大厅室内任何一点至最近的疏散出口的直线距离，不宜超过 30 m；其他房间内最远一点至房门的直线距离不宜超过 15 m。

④停车库按“汽车库防火规范”规定，室内任何一点到最近疏散口直线距离均不超过 60 m。

3）安全疏散宽度。建筑安全疏散宽度按相关标准执行。

（4）防火设施与构造

1）防火分区之间由防火墙分隔，走廊处由于使用要求设置防火墙有困难，采用特级防火卷帘。

2）防火墙上的门为甲级防火门，疏散楼梯间及前室采用乙级防火门，管井门、电缆井门为丙级防火门。

3）铝合金复合板及中空玻璃组合幕墙的每层楼板外沿设高 900 mm 的防火板，形成室内窗台，防火板采用玻璃纤维增强水泥珍珠岩空心板，其耐火极限不低于 1 h。组合幕墙于每层楼板交接处复合板与主体结构的缝隙，用防火岩棉严密填实。

项目一　火灾自动探测报警系统安装与调试

火灾探测器是火灾自动报警系统的“感觉器官”，它的作用是监视环境中有没有火灾发生，一旦发现火情，火灾探测器就将火灾的特征物理量，如温度、烟雾、气体和辐射光强等转换成电信号，并向火灾报警控制器发送报警信号。对于易燃易爆场合，火灾探测器主要探测其周围空间的气体浓度，在浓度达到爆炸下限以前报警。在个别场合下，火灾探测器也可探测压力和声波。正确安装和使用火灾探测器是火灾自动报警系统重要环节。

任务一　认识火灾探测器

任务描述

按要求描述各类火灾探测器（见图1—1—1）的工作原理、应用场合及不适用场合。

图1—1—1　火灾探测器

基础知识

一、火灾探测器的构成与分类

1. 火灾探测器的构成

火灾探测器通常由敏感元件、相关电路、固定部件及外壳三部分组成。

（1）敏感元件

敏感元件将火灾燃烧的特征物理量转换成电信号。因此，凡是对烟雾、温度、辐射光和气体浓度等敏感的传感元件都可使用，它是火灾探测器的核心部件。

（2）相关电路

相关电路将敏感元件转换所得的电信号放大和处理成火灾报警控制器所需的信号。通常由转换电路、保护电路、抗干扰电路、指示电路和接口电路等组成。

火灾发生时，探测器对火灾产生的烟雾、火焰或高温很敏感，一旦发生火灾会改变平时的正常状态，引起电流、电压或机械部分发生变化或位移，通过相关电路抗干扰、放大、传输等过程处理，向消防中控室发出火灾信号，并显示火灾发生的地点、部位。

（3）固定部件及外壳

固定部件及外壳是探测器的机械结构，用于固定探测器，其作用是将传感元件、印制电路板、接插件、确认灯和紧固件等部件有机地连成一体，保证一定的机械强度，达到规定的电气性能，以防止探测器所处环境（如烟雾、气流、光源、灰尘等）的干扰和机械力的破坏。

2. 火灾探测器的分类（见表1—1—1）

表1—1—1　　火灾探测器的分类

<table>
<tr><th colspan="3">火灾探测器种类名称</th><th colspan="2">探测器性能</th></tr>
<tr><td rowspan="2">感烟探测器</td><td rowspan="2">定点型</td><td>离子感烟式</td><td colspan="2">及时探测火灾初期烟雾，报警功能较好。可探测微小颗粒（油漆味、烤焦味及大分子量气体分子，均能反应并引起探测器动作；当风速大于10 m/s时不稳定，甚至引起误动作）</td></tr>
<tr><td>光电感烟式</td><td colspan="2">对光电敏感，宜用于特定场所。附近有过强红外光源时会导致探测器不稳定；其使用寿命比离子感烟式短</td></tr>
<tr><td rowspan="11">感温探测器</td><td colspan="2">线缆型定温探测器</td><td rowspan="11">火灾早、中期产生一定温度时报警，且较稳定。不宜采用感烟探测器的场所、非爆炸性场所、允许一定损失的场所运用</td><td rowspan="2">不以明火或温升速率报警，而是以被测物体温度升高至某定值时报警</td></tr>
<tr><td rowspan="4">定温式</td><td>双金属定温</td></tr>
<tr><td>热敏电阻</td><td rowspan="3">它只以固定限度的温度值发出火警信号，允许环境有较大变化而工作比较稳定，但火灾的损失较大</td></tr>
<tr><td>半导体定温</td></tr>
<tr><td>易熔合金定温</td></tr>
<tr><td rowspan="3">差温式</td><td>双金属定温差温式</td><td rowspan="3">适用于早期报警，它以环境温度升高率为动作报警参数，当环境温度达到一定要求时发出报警信号</td></tr>
<tr><td>热敏电阻差温式</td></tr>
<tr><td>半导体差温式</td></tr>
<tr><td rowspan="3">差定温式</td><td>膜盒差定温式</td><td rowspan="3">具有感温探测器的一切优点且比较稳定</td></tr>
<tr><td>热敏电阻差定温式</td></tr>
<tr><td>半导体差定温式</td></tr>
<tr><td rowspan="2">感光探测器</td><td>紫外线火焰式</td><td colspan="3">监测微小火焰发生，灵敏度高，对火焰反应快，抗干扰能力强</td></tr>
<tr><td>红外线火焰式</td><td colspan="3">能在常温下工作。对任何一种含碳物质燃烧时产生的火焰都能反应。对恒定的辐射和一般光源（如灯泡、太阳光和一般的热辐射）都不起反应</td></tr>
<tr><td colspan="2">可燃气体探测器</td><td colspan="3">探测空气中可燃气体含量、浓度，超过一定数值时报警</td></tr>
<tr><td colspan="2">复合型探测器</td><td colspan="3">是全方位火灾探测器，综合各种单项探测器的优点，适用于各种场合，能实现早期火情的全范围报警</td></tr>
</table>

二、火灾探测器的主要技术指标

1. 可靠性

可靠性是火灾探测器最重要的指标，通常用其误报率来衡量。误报是指火灾探测器的漏报和监视警戒状态时的虚报。

2. 灵敏度

灵敏度是指火灾探测器响应火灾物理量（烟、温度、辐射光、可燃气体等）的敏感程度。

（1）感温探测器的灵敏度

感温探测器分为Ⅰ、Ⅱ、Ⅲ级灵敏度。定温、差定温探测器灵敏度级别标志如下：Ⅰ级灵敏度（62℃）为绿色，Ⅱ级灵敏度（70℃）为黄色，Ⅲ级灵敏度（78℃）为红色。

（2）感烟探测器的灵敏度

感烟探测器的灵敏度是指其响应不同烟雾浓度的敏感程度。按国家消防部门规定，感烟探测器的灵敏度用减光率δ（每米烟雾感光率）来标定。

$$\delta = \frac{I_0 - I}{I_0} \times 100\%$$

式中　I_0——标准光束无烟时在 1 m 处的光强度；

I——标准光束有烟时在 1 m 处的光强度。

由上可见，δ是标准光束穿过单位厚度（1 m）的烟雾后，光强度减小的百分数。

根据对烟雾参数的敏感程度，感烟探测器的灵敏度分为 3 级，即一级，δ为 5% ~10%；二级，δ为 10% ~20%；三级，δ为 20% ~30%。

显然，一级灵敏度最高，它表示在烟雾浓度很小的情况下，探测器也能敏感响应。在选用时，应考虑使用环境、建筑物的功能等因素。通常，一级用于无（禁）烟及重要场所；二级用于少烟场所，如居室、客房、办公室等；其他场所可用三级。

3. 保护范围

保护范围是指一只探测器警戒的有效范围。它是确定火灾自动报警系统中采用探测器数量的基本依据。不同种类的探测器由于对火灾探测的方式不同，其保护范围的单位和衡量方法也不一样，一般分为以下两种。

（1）保护面积

保护面积是指一只探测器的有效探测面积，点型的感烟探测器、感温探测器都是以有效探测的地面面积来表示其保护范围，单位是 m^2，国家标准对此有统一规定，见表1—1—2。

表 1—1—2　　探测器的保护面积

火灾探测器的种类	地面面积 S（m^2）	房间高度 h（m）	一只探测器的保护面积 A 和保护半径 R					
			屋顶坡度 θ					
			$\theta\leqslant15°$		$15°<\theta\leqslant30°$		$\theta>30°$	
			A（m^2）	R（m）	A（m^2）	R（m）	A（m^2）	R（m）
感烟探测器	$S\leqslant80$	$h\leqslant12$	80	6.7	80	7.2	80	8.0
	$S>80$	$6<h\leqslant12$	80	6.7	100	8.0	120	9.9
		$h\leqslant6$	60	5.8	80	7.2	100	9.0
感温探测器	$S\leqslant80$	$h\leqslant8$	30	4.4	30	4.9	30	5.5
	$S>30$	$h>8$	20	3.6	30	4.9	20	6.3

（2）保护空间

保护空间是指一只火灾探测器有效探测的空间范围。感光探测器就是用视角和最大探测距离两个量确定其保护空间的。探测器的保护空间目前尚无统一规定。

三、各种探测器的工作原理

1. 感温探测器

（1）双金属片定温型探测器

它是由热膨胀系数不同的双金属片和固定触点组成（见图 1—1—2）。当环境温度升高时，双金属片由于热膨胀系数不同而向上弯曲，达到一定温度时，触点闭合，输出报警信号。

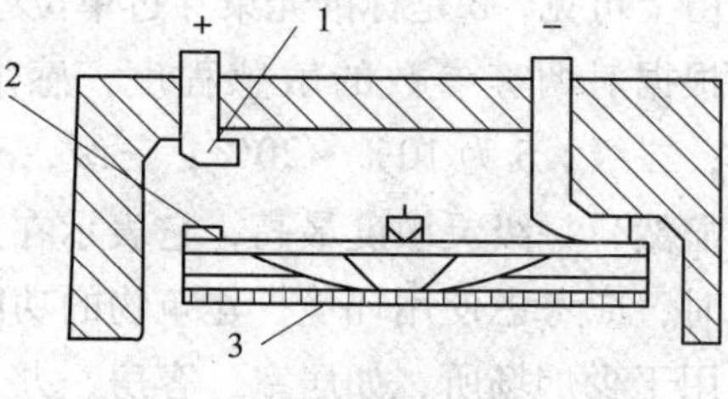

适用于车库、吸烟室、锅炉房、厨房、发电机房等正常情况下有烟和蒸汽的场所、有粉尘污染的场所、相对湿度经常小于 95% 的场所。

不适用于可能产生阴燃的场所。

图 1—1—2　双金属片定温型探测器结构示意图

1—静触点　2—动触点　3—双金属片

（2）线缆型定温探测器

线缆型定温探测器（见图 1—1—3）的工作原理是：在两根导线之间用一种在常温下呈绝缘特性的材料填充隔离，一旦发生火灾，在失火范围内的电缆温度升高到预定值时，该绝缘材料熔化，使两根导线短路而发出报警信号。

线缆型定温探测器广泛应用于冶金、电力、石化等工业场所的火灾探测。可在粉尘、水蒸气、油烟、腐蚀性气体等存在的较恶劣的环境中使用。

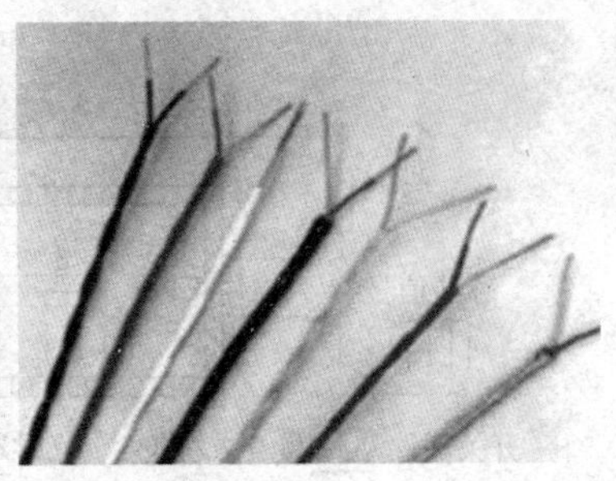

图 1—1—3　线缆型定温探测器

2. 感烟探测器

（1）红外光束感烟探测器

红外光束感烟探测器（见图 1—1—4）是一种线型探测器，其工作原理和遮光型感烟探测器相同，但发射器和接收器是分开放置的，其距离一般可达到 100 m。利用烟雾对红外光束的吸收和散射作用，当火灾产生的烟雾使红外光束的强度减少到一定值时，发出报警信号。

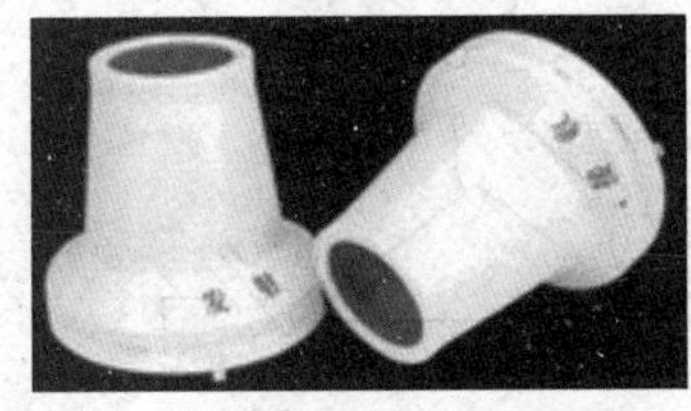

a) 红外光束感烟探测器外形图

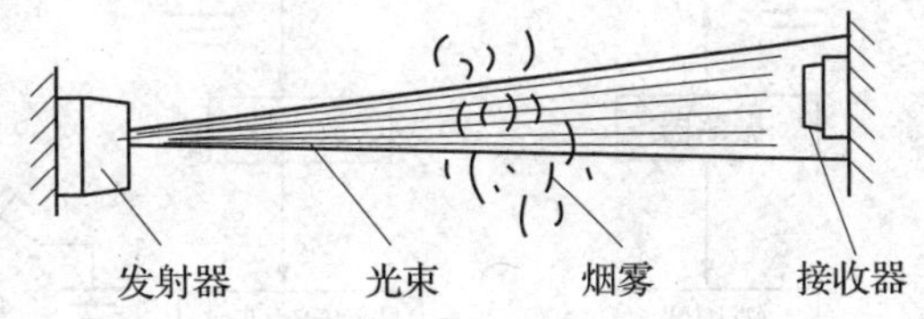

b) 红外光束感烟探测器原理图

图 1—1—4　红外光束感烟探测器

适用于点型光电感烟探测器能使用的场所、火灾发生时产生黑烟的场所、各类仓库、大型纪念馆、车间、图书馆、展览馆、体育馆、变电所等。

不适用于有日光照射或有强烈红外辐射的地方、有剧烈振动的地方、有一定浓度的灰尘水汽粒子且粒子的浓度变化较快的场所。

（2）光电感烟探测器

光电感烟探测器是利用火灾时产生的烟雾能够改变光的传感特性这一基本性质而制成的。根据烟粒子对光线的吸收作用和散射作用，光电感烟探测器又分为遮光型和散光型。

1）遮光型光电感烟探测器。该探测器由一个和周围空气相通的暗箱、发光光源和接收光敏元件组成。发光二极管发出的单色光通过透镜聚成光束投射在光敏管上，当光源与光敏管之间有烟雾存在时，到达光敏元件上的光能量明显减少，当光强度下降到给定值时，接收电路发生烟粒子暗箱变化，送出报警信号。遮光型光电感烟探测器原理如图 1—1—5 所示。

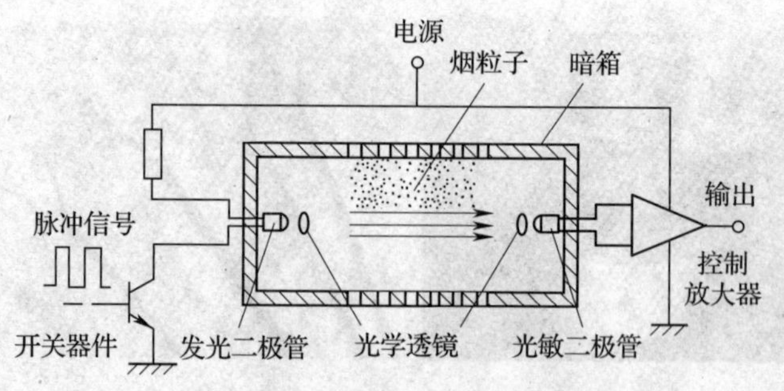

图 1—1—5　遮光型光电感烟探测器原理

2）散光型光电感烟探测器。散光型光电感烟探测器的工作原理如图 1—1—6 所示。E 为红外发光管，其发射的红外光线由于黑框的遮挡，不能射到红外光敏二极管上，探测器处于监视状态。当有烟粒子进入探测室时，烟粒子的散射作用使符合一定角度的散射光被红外光敏二极管接收，当连续收到几个光脉冲作用后认定火灾的发生，放大器推动晶闸管电路翻转，发出报警信号。

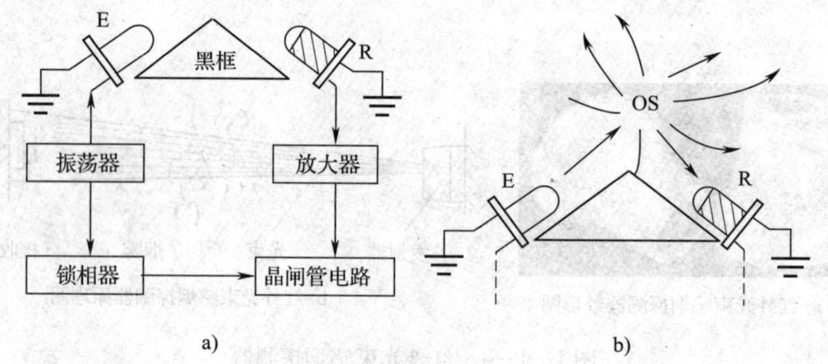

图 1—1—6　散光型光电感烟探测器的工作原理

3. 红外火焰探测器

当红外火焰探测器探测到燃烧的火焰时，安装于红外光敏元件前方的红外滤光片只透过红外光辐射，对应的波长大于 700 nm（在 0.85 ~ 1.2 μm 附近）。红外光经透镜聚焦在红外光敏元件上，该敏感元件将光信号变换成电信号，经选频放大器鉴别出火焰信号（即滤除火焰闪烁频率 5 ~ 30 Hz 以外的频率信号）并进行放大。为防止现场其他红外辐射源偶然波动可能引起的误报，通常还要通过一个延时电路（持续 1 ~ 15 s）才能发警报。其工作原理如图 1—1—7 所示。

红外火焰探测器的技术特点如下：

（1）红外辐射产生响应。

（2）安装场所包括电缆地沟、坑道、库房、地下铁道、隧道。

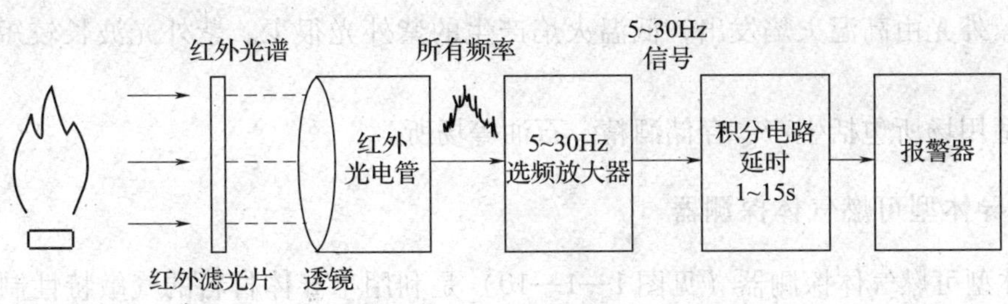

图 1—1—7　红外火焰探测器的工作原理

4. 紫外火焰探测器

紫外火焰探测器（见图 1—1—8）是对高温火焰辐射紫外光谱敏感的一种探测器，对于温度低的火焰则不敏感，其探测波长小于 400 nm。

a) 紫外火焰探测器

b) 防爆型紫外火焰探测器

图 1—1—8　紫外火焰探测器外形

探测器的关键器件是紫外光敏管。当发生火情时，火焰中的紫外线能量照射到紫外光敏管上就被转换为一系列电脉冲信息，经探头内的电子线路处理后送入控制器，发出报警信号。其工作原理如图 1—1—9 所示。

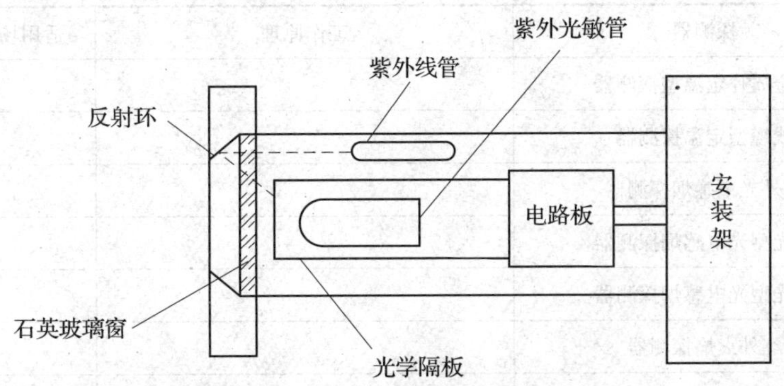

图 1—1—9　紫外火焰探测器的工作原理

紫外火焰探测器的技术特点如下：

（1）紫外光由高温火焰发出，低温火焰产生的紫外光很少。紫外光波长较短，穿透烟雾能力弱。

（2）适用场所包括生产、存储酒精、石油等场所。

5. 半导体型可燃气体探测器

半导体型可燃气体探测器（见图1—1—10）是利用半导体材料的气敏特性制成的一种高灵敏度探测器。气敏半导体元件是以二氧化锡（SnO_2）材料适量掺杂，在高温下烧结成多晶体，为N型半导体材料。在其工作温度下（250～300℃），如遇可燃气体，其电阻值减小，根据半导体材料的阻值和可燃性气体浓度的关系，可将其浓度转换成相应大小的电信号，对可燃气体进行监视和报警。

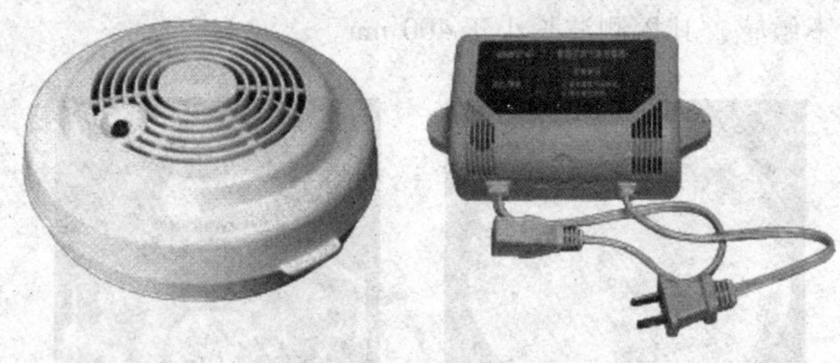

图1—1—10　半导体型可燃气体探测器

半导体型可燃气体探测器目前主要用于宾馆厨房燃料气储备间、车库、压气机站、过滤车间、溶剂库、炼油厂、燃油电厂等存在可燃气体的场所。

任务实施

简单总结各种探测器的工作原理、适用和不适用场合，将表1—1—3填写完整。

表1—1—3　　各种探测器的工作原理、适用和不适用场所

序号	探测器	工作原理	适用场合	不适用场合
1	双金属片定温型探测器			
2	线缆型定温探测器			
3	红外光束感烟探测器			
4	遮光型光电感烟探测器			
5	散光型光电感烟探测器			
6	红外火焰探测器			
7	紫外火焰探测器			
8	半导体型可燃气体探测器			

拓展知识

一、探测器的型号命名规则

国标型号是按汉语拼音首字母的大写字母组合而成，共分为三部分。

J T□ □ — □ □ — □

第一部分：由3~5个汉语拼音字母组成，一般仅有3个字母。

字母1——J（警），即火灾报警设备代号。

字母2——T（探），即火灾探测器代号。

字母3——Y、W、G、Q、F字母之一，为火灾探测器类型分组代号，分别代表感烟、感温、感光、气体敏感、复合式探测器。

字母4——B、C之一，为火灾探测器应用范围特征代号，分别代表防爆、船用探测器，非防爆或非船用型则省略。

第二部分：由2个汉语拼音首字母组成，常用的字母含义如下所述。

LZ：离子感烟；GD：光电感烟；MC：膜盒差温；BD：半导体定温；BO：半导体差定温；ZW：紫外；HW：红外；BQ：半导体气敏；CQ：催化气敏。

第三部分：由汉语拼音字母和2~3个阿拉伯数字组成，汉语拼音字母是厂家名称的缩写，阿拉伯数字是该厂产品的系列号。

二、选择火灾探测器的原则

根据环境的不同和探测器的工作原理，选择合适的火灾探测器显得相当重要，在《火灾自动报警系统设计规范》（GB 50116—1998）中有详细规定。

1. 一般规定

火灾探测器的选择应符合下列规定：

对火灾初期有阴燃阶段，产生大量的烟和少量的热，很少或没有火焰辐射的场所，应选择感烟火灾探测器。

对火灾发展迅速，可产生大量热、烟和火焰辐射的场所，可选择感温火灾探测器、感烟火灾探测器、火焰火灾探测器或其组合。

对火灾发展迅速，有强烈的火焰辐射和少量的烟、热的场所，应选择火焰火灾探测器。

对火灾初期有阴燃阶段，且需要早期探测的场所，宜增设一氧化碳火灾探测器。

对使用、生产或聚集可燃气体或可燃蒸汽的场所，应选择可燃气体探测器。

2. 火灾探测器的选择原则

定点型火灾探测器的选择原则见表1—1—4。

表 1—1—4　　定点型火灾探测器的选择原则

序号	探测器	适合场所	不适合场所
1	点型感烟探测器	饭店、旅馆、教学楼、办公楼的厅堂、卧室、办公室等；计算机房、通信机房、电影或电视放映室等；楼梯、走道、电梯机房等；书库、档案库等；有电气火灾危险的场所	
2	离子感烟探测器		相对湿度经常大于 95%；气流速度大于 5 m/s；有大量粉尘、水雾滞留；可能产生腐蚀性气体；在正常情况下有烟滞留；产生醇类、醚类、酮类等有机物质的场所
3	光电感烟探测器		可能产生黑烟；有大量粉尘、水雾滞留；可能产生蒸汽和油雾；在正常情况下有烟滞留
4	感温探测器	相对湿度经常大于 95%；发生无烟火灾；有大量粉尘；在正常情况下有烟和蒸汽滞留，厨房、锅炉房、发电机房、烘干车间等；吸烟室等；其他不宜安装感烟探测器的厅堂和公共场所	可能产生阴燃火或发生火灾不及时报警将造成重大损失的场所
5	定温探测器		温度在 0℃以下的场所
6	差温探测器		温度变化较大的场所
7	火焰探测器	火灾有强烈的火焰辐射；液体燃烧火灾等无阴燃阶段的火灾；需要对火焰作出快速反应的场所	可能发生无焰火灾；在火焰出现前有浓烟扩散；探测器镜头易被污染；探测器的“视线”易被遮挡；探测器易受阳光或其他光源直接或间接照射；在正常情况下有明火作业以及 X 射线、弧光等影响的场所
8	可燃气体探测器	使用管道煤气或天然气的场所；煤气站和煤气表房以及存储液化石油气罐的场所；有可能产生一氧化碳气体的场所，宜选择一氧化碳气体探测器	装有联运装置、自动灭火系统以及用单一探测器不能有效确认火灾的场合，宜采用感烟探测器、感温探测器、火焰探测器组合

线缆型火灾探测器的选择见表 1—1—5。

表 1—1—5　　线缆型火灾探测器的选择

序号	探测器	适合场所	不适合场所
1	红外光束感烟探测器	无遮挡大空间或有特殊要求的场所	
2	线缆型定温探测器	电缆隧道、电缆竖井、电缆夹层、电缆桥架等；配电装置、开关设备、变压器等；各种传送带输送装置；控制室、计算机室的闷顶内、地板下及重要设施隐蔽处等；其他环境恶劣不适合点型探测器安装的危险场所	
3	空气管式线型差温探测器	可能产生油类火灾且环境恶劣的场所；不易安装点型探测器的夹层、闷顶	

3. 根据房间高度选择探测器

试验说明，火灾探测器的类型与房间高度有很大关系。对不同高度的房间，可按表 1—1—6 要求选择。

表 1—1—6　　房间高度与火灾探测器的关系

房间高度 h（m）	感烟探测器	感温探测器			火焰探测器
		一级	二级	三级	
$12 < h \leq 20$	不合适	不合适	不合适	不合适	合适
$8 < h \leq 12$	合适	不合适	不合适	不合适	合适
$6 < h \leq 8$	合适	合适	不合适	不合适	合适
$4 < h \leq 6$	合适	合适	合适	不合适	合适
$h \leq 4$	合适	合适	合适	合适	合适

4. 建筑各部位火灾探测器的选择（见表 1—1—7）

表 1—1—7　　建筑各部位火灾探测器的选择

项目	设置场所	火灾探测器的类型											
		差温式			差定温式			定温式			感烟式		
		Ⅰ级	Ⅱ级	Ⅲ级	Ⅰ级	Ⅱ级	Ⅲ级	Ⅰ级	Ⅱ级	Ⅲ级	Ⅰ级	Ⅱ级	Ⅲ级
1	剧场、电影院、礼堂、会场、百货公司、商场、旅馆、饭店、集体宿舍、公寓、住宅、医院、图书馆、博物馆等	△	○	○	△	○	○	○	△	△	×	○	○
2	厨房、锅炉房、开水间、消毒室等	×	×	×	×	×	×	△	○	○	×	×	×

续表

项目	设置场所	火灾探测器的类型											
		差温式			差定温式			定温式			感烟式		
		Ⅰ级	Ⅱ级	Ⅲ级	Ⅰ级	Ⅱ级	Ⅲ级	Ⅰ级	Ⅱ级	Ⅲ级	Ⅰ级	Ⅱ级	Ⅲ级
3	进行干燥、烘干的场所	×	×	×	×	×	×	△	○	○	×	×	×
4	有可能产生大量蒸汽的场所	×	×	×	×	×	×	△	○	○	×	×	×
5	发电机室、立体停车场、飞机库等	×	○	○	×	○	○	○	×	×	×	△	○
6	电视演播室、电影放映室	×	×	△	×	×	△	○	○	○	×	○	○
7	在第一项中差温式及差定温式有可能不预报火灾发生的场所	×	×	×	×	×	×	○	○	○	×	○	○
8	火灾发生时温度变化缓慢的小间	×	×	×	○	○	○	○	○	○	△	○	○
9	楼梯及倾斜路	×	×	×	×	×	×	×	×	×	△	○	○
10	走廊及通道										△	○	○
11	电梯竖井、管道井	×	×	×	×	×	×	×	×	×	△	○	○
12	计算机房、通信机房	△	×	×	△	×	×	△	×	×	△	○	○
13	书库、地下仓库	△	○	○	△	○	○	○	×	×	△	○	○
14	吸烟室、小会议室等	×	×	○	○	○	○	○	×	×	×	×	○

注：①○表示于适用。

②△表示根据安装场所等情况，限于能够有效地探测火灾发生的场所使用。

③×表示不适合使用。

任务二　定点型光电感烟探测器的安装

任务描述

安装 JTY－GD－G3 定点型光电感烟探测器。

基础知识

JTY－GD－G3 定点型光电感烟火灾探测器（以下简称探测器）是采用红外散射原理研

制而成的点型光电感烟火灾探测器。该探测器结构新颖、外形美观、性能稳定可靠、抗潮湿性强，适用于宾馆、饭店、办公楼、教学楼、银行、仓库、图书馆、计算机房、配电室及船舶等场所。

一、JTY－GD－G3 定点型光电感烟探测器特点

1. 地址编码可由电子编码器事先写入，也可由控制器直接更改，工程调试简便可靠。
2. 单片机实时采样处理数据，能保存 14 个历史数据，曲线显示跟踪现场情况。
3. 具有温度、湿度漂移补偿，灰尘积累程度及故障探测功能。
4. 具备无极性二总线信号。

二、JTY－GD－G3 定点型光电感烟探测器技术特性

1. 信号总线电压

总线 24 V，允许范围为 16～28 V。

2. 工作电流

监视电流不大于 0.6 mA，报警电流不大于 1.8 mA。

3. 指示灯

报警确认灯，红色，巡检时闪烁，报警时常亮。

4. 编码方式

电子编码（编码范围为 1～242）。

5. 保护面积

当空间高度为 6～12 m 时，一个探测器的保护面积，对一般保护场所而言为 80 m^2。空间高度为 6 m 以下时，保护面积为 60 m^2。具体参数应以《火灾自动报警系统设计规范》（GB 50116—1998）为准。

6. 线制

信号二总线无极性。

7. 使用环境

温度为－10～55℃，相对湿度不大于 95%，不凝露。

8. 外形尺寸

直径为 100 mm，高为 56 mm（带底座）。

9. 外壳防护等级

IP23。

10. 壳体材料和颜色

ABS，象牙白。

11. 质量

约 120 g。

12. 安装孔距

45 ~75 mm。

13. 执行标准

GB 4715—2005。

三、JTY－GD－G3 定点型光电感烟探测器结构特征与工作原理

1. 探测器外形

探测器外形如图 1—2—1 所示。

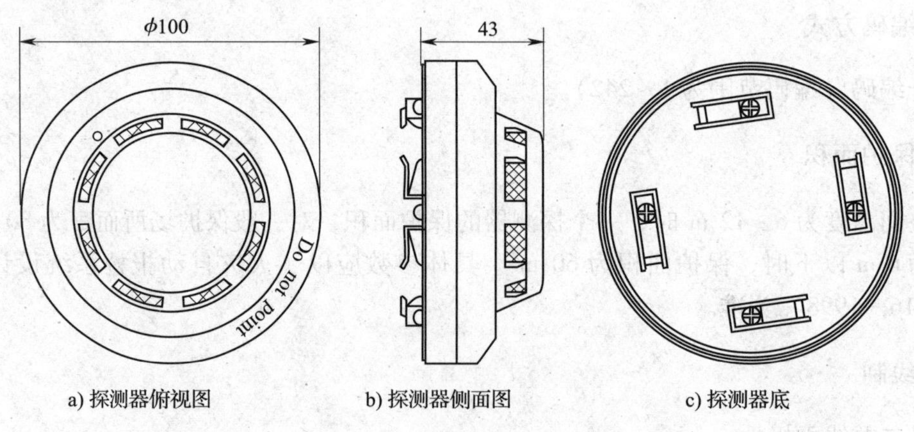

图 1—2—1　JTY－GD－G3 定点型光电感烟探测器外形示意图

2. 工作原理

探测器采用红外线散射原理探测火灾，在无烟状态下，只接收很弱的红外光，当有烟尘进入时，由于散射作用，使接收光信号增强，当烟尘达到一定浓度时，可输出报警信号。为减少干扰及降低功耗，发射电路采用脉冲方式工作，可提高发射管使用寿命。

任务实施

一、安装方法

安装探测器之前，请切断回路的电源并确认全部底座已安装牢靠。

探测器安装示意图如图 1—2—2 和图 1—2—3 所示。

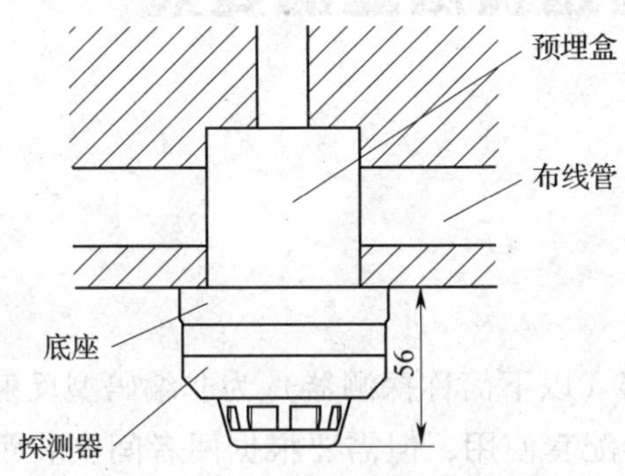

图 1—2—2　探测器安装示意图

图 1—2—3　探测器安装效果图

探测器的底座示意图如图 1—2—4 所示。底座上有 4 个导体片，片上带接线端子，底座上不设定位卡，便于调整探测器报警确认灯的方向。布线管内的探测器总线分别接在任意对角的两个接线端子上（不分极性），另一对导体片用来辅助固定探测器。待底座安装牢固后，将探测器底部对正底座顺时针旋转，即可将探测器安装在底座上。

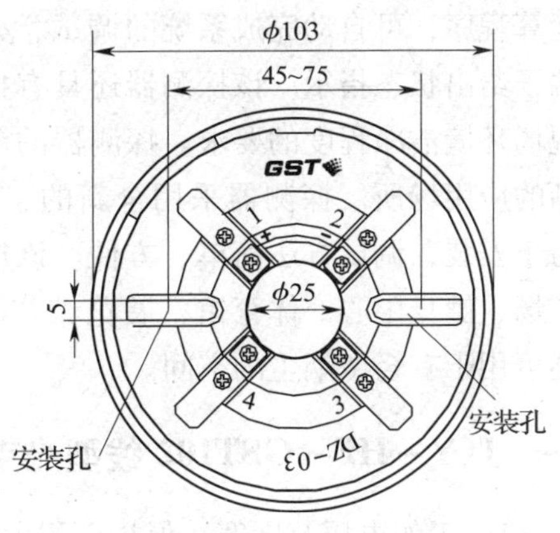

图 1—2—4　探测器通用底座外形示意图

二、布线方式

探测器二总线宜选用截面积不小于 1.0 mm^2 的 RVS 双绞线，穿金属管或阻燃管敷设。

三、注意事项

1．防尘罩必须在工程正式投入使用后方可摘下，请妥善保管防尘罩以备后用。

2．防尘罩可以有效地限制灰尘进入探测器，然而却不可能彻底杜绝空气中的浮尘微粒进入探测器内。因此，建议在进行土建施工、装修或其他会产生灰尘的活动开始以前卸下探测器，但必须通知有关管理部门。

3．在进行维护保养时，应避免损坏探测器。

4．在探测器周围 0.5 m 内，不应有遮挡物。

5．探测器至空调送风孔边的水平距离不应小于 1.5 m。

6．探测器至墙壁、梁边的水平距离不应小于 0.5 m。

7. 探测器宜水平安装，如必须倾斜安装时，倾斜角不应大于45°。

8. 探测器底座应安装牢固，其导线连接必须可靠。

9. 探测器的报警确认灯应面向便于人员观察的主要入口方向。

任务三　线型光束感烟探测器的安装

任务描述

安装 JTY－HF－GST102 线型光束感烟探测器。

基础知识

JTY－HF－GST102 线型光束感烟火灾探测器（以下简称探测器）为非编码型反射式线型红外光束感烟探测器。该探测器必须与反射器配套使用，但需要根据两者间安装距离的不同决定使用一块或四块反射器。

探测器内置性能卓越的单片机，具备强大的分析判断能力，通过在探测器内部固化的运算程序，可自动完成系统的调试、火警的判断和故障的判断，并通过指示灯和信号输出端子给出状态指示。该探测器还具有根据外界环境参数变化补偿的功能，降低了探测器对现场环境洁净程度的要求。探测器的灵敏度可通过电子编码器进行现场设置，拓宽了本产品的应用场所。探测器采用全新的、合理的结构设计，调节灵敏、定位准确、外形美观、易于安装，调试方法简单、方便。该探测器可用于历史性建筑、仓库、大型存储区、购物广场、健身中心、体育馆、展览馆、酒店大堂、印刷厂、制衣厂、博物馆、监狱等场所，还可用于有轻微烟尘的空间。

一、JTY－HF－GST102 线型光束感烟探测器的特点

1. 工作电压范围宽、保护面积大。

2. 探测器将发射部分、接收部分合二为一，安装简单、方便，光路准直性好。

3. 内置微处理器，智能化火警、故障判断。

4. 具有自动校准功能，确保可以由单人在短时间内完成调试，操作简单、方便。

5. 具有自诊断功能，可以监测探测器的内部故障。

6. 具有自动补偿功能，对于一定程度上的灰尘污染、位置偏移及发射管的老化等致使接收信号减小的因素可自动进行补偿。

7. 具有火警、故障无源输出触点。

8. 可现场设置三个级别的灵敏度。

9. 探测光路设计巧妙，抗干扰性能强。

10. 采用 SMT 工艺。

二、JTY－HF－GST102 线型光束感烟探测器的技术特性

1. 电源电压

DC15 V～DC28 V。

2. 电源电流

调试电流不大于 20 mA，视电流不大于 12 mA，报警电流不大于 22 mA。

3. 火警、故障触点输出

火警继电器：触点容量 28 V/2 A，正常时常开，火警状态下闭合。
故障继电器：触点容量 28 V/2 A，正常时常开，故障状态下闭合。

4. 调节角度

－6°～6°。

5. 光路定向相依性角度

±0.5°。

6. 灵敏度等级

一级灵敏度的灵敏度最高，二级灵敏度的灵敏度中等，三级灵敏度的灵敏度最低。

7. 探测器的状态指示

（1）调试状态
绿色和黄色指示灯以特定的方式点亮或闪亮。
（2）正常监视状态
红色指示灯周期性闪烁。
（3）火警
红色指示灯常亮，黄色指示灯熄灭。需重新上电清除火警。
（4）故障
黄色指示灯常亮。如果故障排除，探测器的故障信号由探测器自动消除。
（5）光路被全部遮挡
探测器先报故障并点亮黄色指示灯，20 s 后探测器再报火警，并点亮红色指示灯，熄灭黄色指示灯。
（6）注意事项
此种情况并不一定代表火灾发生，当遮挡恢复后，故障信号由探测器自动清除，火警信号需重新上电清除。

8. 使用环境

温度为 -10 ~ 50 ℃，相对湿度不大于 95%，不凝露。

9. 保护面积

探测器最大保护面积为 1 400 m^2，最大宽度为 14 m，光路长度为 8 ~ 100 m。

10. 防护等级

普通环境应用时，外壳防护等级为 IP20；特殊环境应用时，经胶封处理后，外壳防护等级为 IP66。

11. 外形尺寸

长度为 206 mm，宽度为 95 mm，厚度为 95 mm。

12. 壳体材料和颜色

ABS，灰色。

13. 质量

450 g。

14. 安装孔间距

预埋安装尺寸为 158 mm，明装固定孔间距为 79 ~ 96 mm。

三、JTY - HF - GST102 线型光束感烟探测器的结构特征

探测器外形示意图如图 1—3—1 所示。

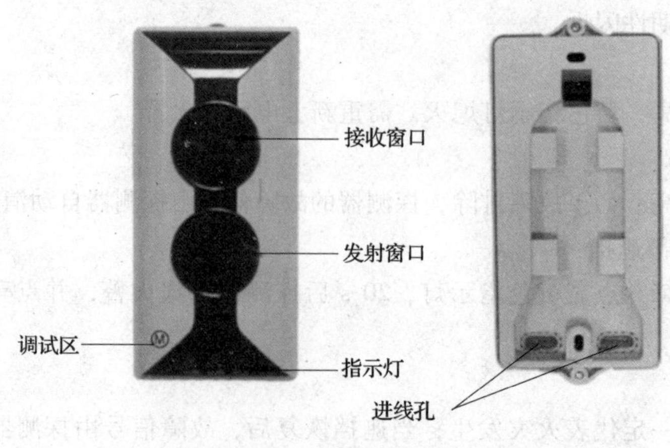

图 1—3—1 探测器外形示意图

探测器内部器件及胶封示意图如图 1—3—2 所示。

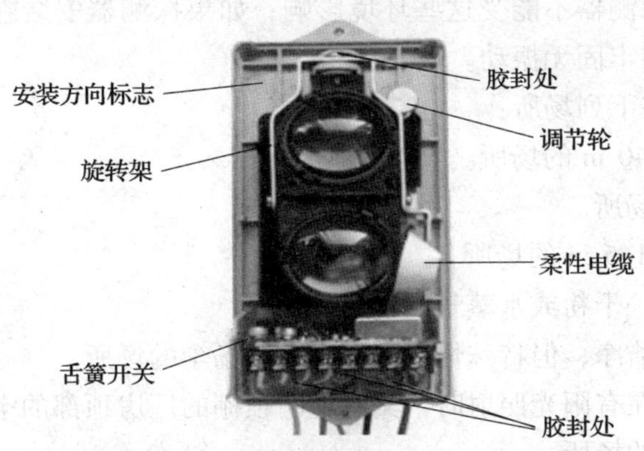

图 1—3—2　探测器内部器件及胶封示意图

四、JTY－HF－GST102 线型光束感烟探测器的工作原理

探测器与反射器相对放置。探测器包含发射和接收两部分，发射部分发射出一定强度的红外光束，经反射器上的多个直角棱镜反射后，由探测器的接收部分对返回的红外光束进行同步采集放大，并通过内置单片机对采集的信号进行分析判断。当探测器处于正常监视状态时，接收部分接收到的红外光强度稳定在一定范围内；当烟雾进入探测区内时，由于烟雾对光线的散射作用，使接收部分接收到的红外光的强度降低。当烟雾达到一定浓度，接收部分接收到的红外光的强度低于预定的阈值时，探测器报火警，点亮红色火警指示灯，并闭合火警无源输出触点。工作原理图如 1—3—3 所示。

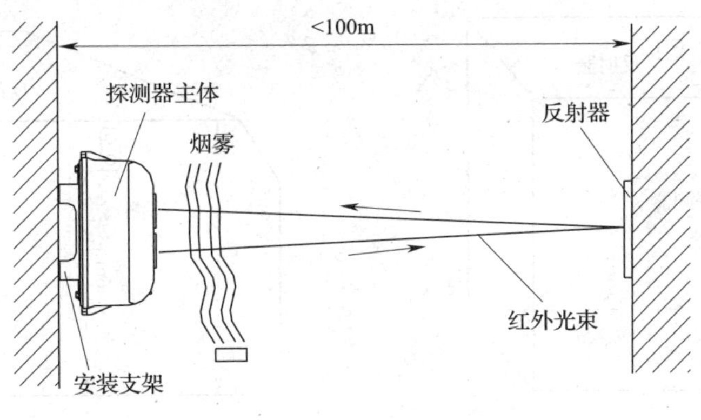

图 1—3—3　工作原理图

五、安装 JTY－HF－GST102 线型光束感烟探测器的外界条件

由于该探测器的工作原理为减光式，因此在安装探测器时，其光路上应避开固定遮挡物和流动遮挡物。

无论是安装探测器还是反射器，必须保证安装墙壁坚硬平滑，探测器垂直墙壁安装。

墙壁很可能貌似平滑，实际存在凹凸或因外界环境（如雨季、冬季）的变化发生变化等隐患，安装者必须保证探测器不能受这些环境影响；如果探测器安装在类似于金属管的支撑架上，也应保证支撑架牢固无振动。

探测器不宜安装在下列场所：

1. 天棚高度超过 40 m 的场所。
2. 天棚未封顶的场所。
3. 空间高度小于 1.5 m 的场所。
4. 存在大量灰尘、干粉或水蒸气的场所。
5. 平时环境比较洁净，但特殊情况下会有大量扬尘的场所。
6. 高温的场所。在有阳光照射时，具有透明顶棚的厂房顶部的空气温度会超过 50℃。
7. 无法进行维护的场所。
8. 探测器安装墙壁或固定物受周围机械振动干扰较大的场所。
9. 距离探测器光路 1 m 范围内有固定或移动物体的场所。
10. 有强磁场的场所。

六、安装 JTY－HF－GST102 线型光束感烟探测器的高度及位置说明

探测器和反射器安装高度应以烟雾能方便进入光束区为原则，提出以下几点供参考：

建筑物举架不大于 5 m 时，应将探测器和反射器安装在距天花板 0.5 m 处的相对两墙墙壁上，如图 1—3—4 所示。

建筑物举架在 5～8 m，应将探测器和反射器安装在距天花板距离 0.5～1 m 处的相对两墙墙壁上，如图 1—3—5 所示。

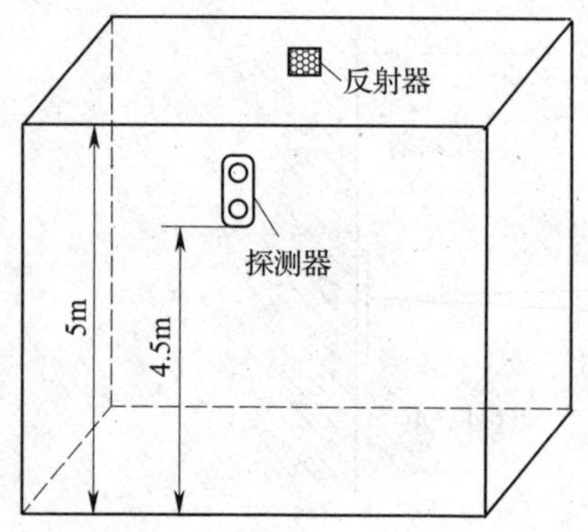

图 1—3—4　探测器和反射器安装示意图

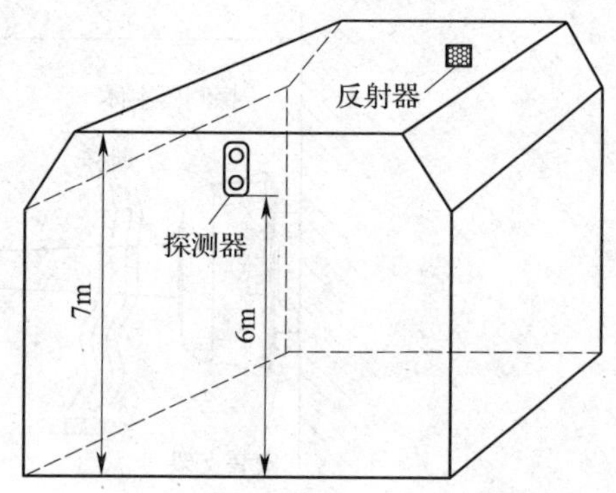

图 1—3—5　探测器和反射器安装示意图

建筑物举架不小于 8 m 时，一般无天花板，多数是人字形结构，应将探测器和反射器安装在距地面 8 m 左右的相对两墙墙壁上，但要保证探测器安装位置与建筑物顶部的距离不大于 0.5 m，如图 1—3—6 所示。

建筑物举架为 8 m 左右的人字型结构，应将探测器和反射器安装在距人字梁 1.5 m 处的相对两墙墙壁上，如图 1—3—7 所示。

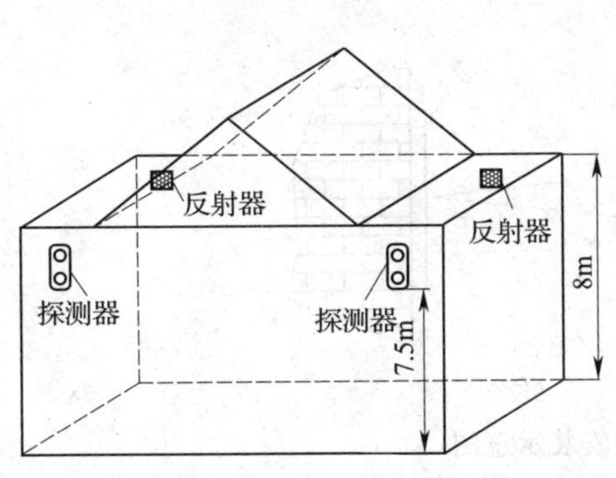

图 1—3—6　探测器和反射器安装示意图

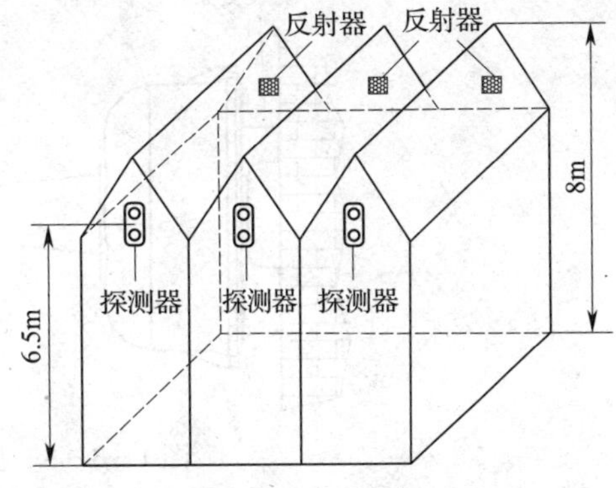

图 1—3—7　探测器和反射器安装示意图

如果探测器周围为玻璃或透明塑料环境，应将探测器安装在建筑物内的南侧墙体上；如果南北方向安装探测器无法实现，应将探测器安装在西侧墙体上。对于阳光经反射仍可照射至探测器的应用环境，应考虑在探测器的光路上安装遮阳罩。

七、JTY－HF－GST102 线型光束感烟探测器光路长度设置

该探测器在使用前需针对探测器的应用环境对其光路长度进行设置。通过对探测器类型号的设置，可以实现此项功能。该探测器可以设定两个级别的光路长度，当探测器与反射器间的安装距离大于等于 40 m（小于等于 100 m）时，应将探测器的类型号设置为“54”（出厂默认值）；当探测器与反射器间的安装距离小于 40 m（大于 8 m）时，应将探测器的类型号设置为“53”。

任务实施

一、安装探测器所需附件

ϕ6 mm 塑料胀钉 4 个，支架 1 个，十字槽盘头螺钉 M4 × 10 2 个，红外光束遮光器 1 个，ϕ4 mm 平垫圈 6 个，调试手柄 1 个。

二、安装探测器

将探测器与反射器相对安装在保护空间的两端且在同一水平直线上，如图 1—3—8 所示。探测器采用明装安装，安装方式有两种：穿线管预埋和穿线管明装。

1. 穿线管预埋

安装步骤如下：

（1）取下探测器上盖。

（2）以预埋盒为中心，将探测器底盘紧贴于墙壁上，在对应探测器安装孔的位置做上记号。

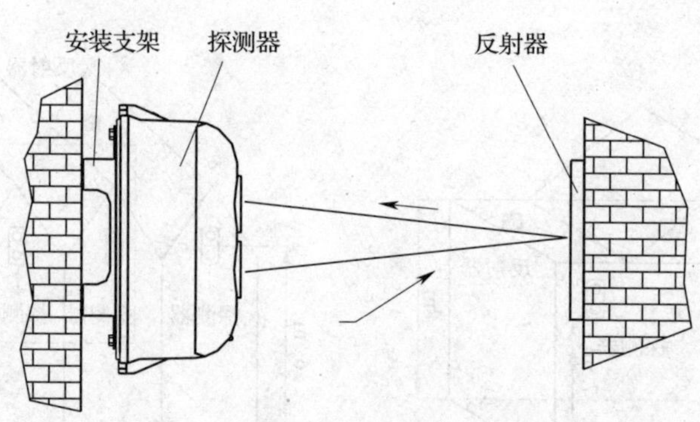

图 1—3—8　探测器安装示意图

（3）在墙壁上已做好记号的位置打孔，并在所打的孔内安装 φ6 mm 的塑料胀钉。

（4）将线从探测器底盘进线孔穿入，穿入部分的长度要便于探测器接线。

（5）用 2 个塑料胀钉及 2 个平垫圈将探测器底盘牢固地固定在墙壁上。安装示意图如图 1—3—9 所示。

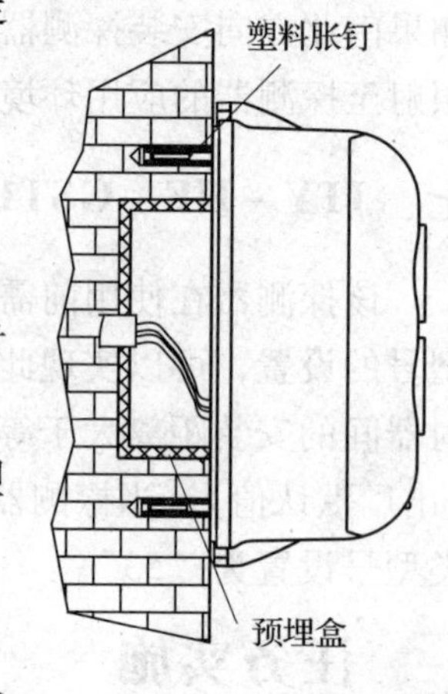

图 1—3—9　穿线管预埋安装示意图

2. 穿线管明装

安装步骤如下：

（1）将探测器安装支架紧贴于要安装探测器的墙壁上，在对应支架安装孔的位置做上记号。

（2）在做记号的位置打孔，并在所打的孔内安装 φ6 mm 的塑料胀钉。

（3）用 4 个塑料胀钉及 4 个平垫圈将安装支架固定在墙壁上。

（4）取下探测器上盖，将线从探测器底盘进线孔穿入，穿入部分的长度要便于探测器接线。

（5）用两只 M4 × 10 螺钉及 2 个平垫圈将探测器底盘固定在支架上。安装示意图如图 1—3—10 所示。

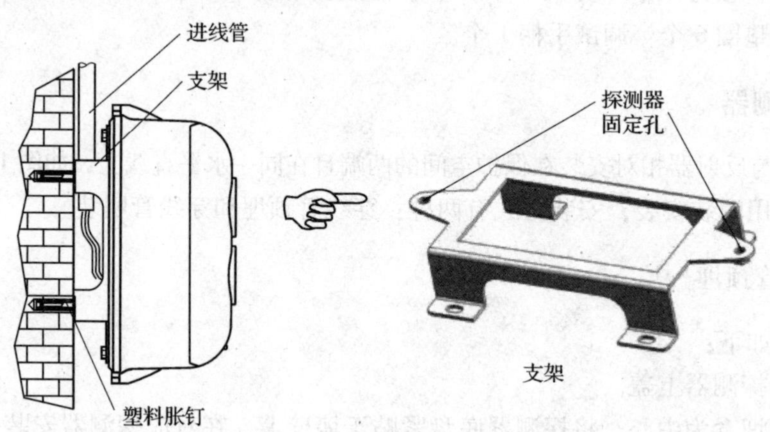

图 1—3—10　穿线管明装安装示意图

三、安装反射器

反射器应安装在与探测器相对墙壁且处于同一水平面的位置上。当探测器与反射器间的安装距离大于等于 8 m（小于等于 40 m）时，需安装 1 块反射器；当探测器与反射器间的安装距离大于 40 m（小于等于 100 m）时，需安装 4 块反射器。单块反射器安装需用 2 只 ϕ6 mm 塑料胀钉将其固定，安装尺寸如图 1—3—11 所示。4 块反射器安装时应摆放紧密，反射器之间不应留空隙，安装示意图如图 1—3—12 所示。

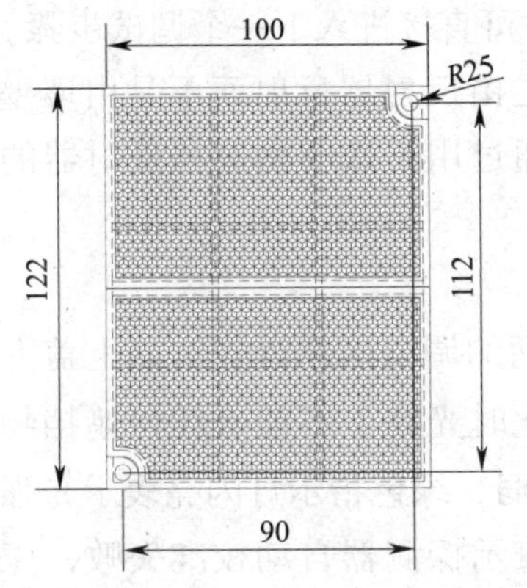

图 1—3—11　单块反射器安装示意图

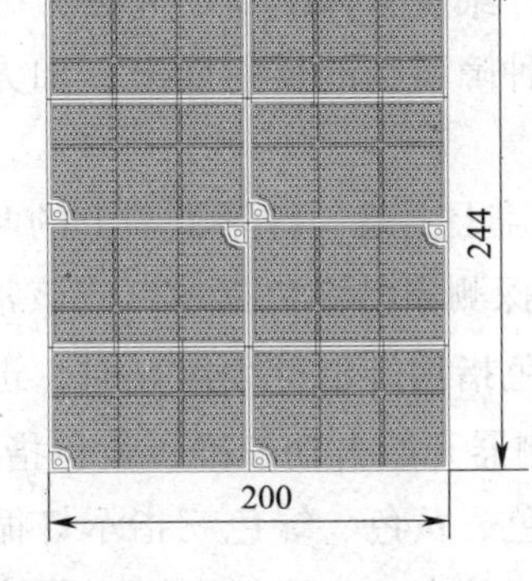

图 1—3—12　4 块反射器安装示意图（图未按比例）

四、布线

现场安装时，需要将直流 24 V 电源线（无极性）连接在探测器的接线端子 D1、D2 上；接线端子 K11、K12 为火警无源输出触点；接线端子 K21、K22 为故障无源输出触点，反射器不需接线。接线端子示意图如图 1—3—13 所示。

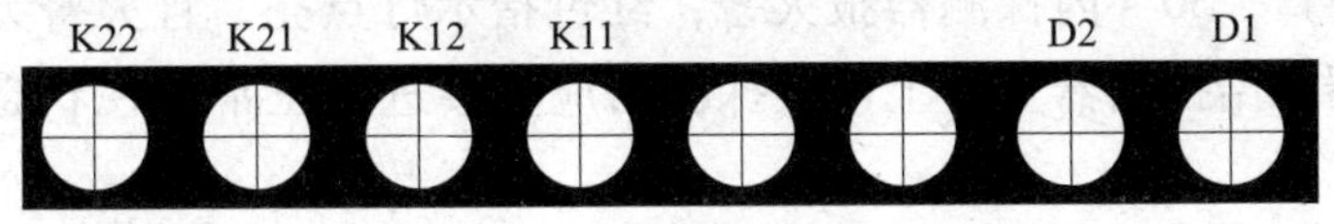

图 1—3—13　接线端子示意图

布线要求：连接 K11、K12、K21、K22 的信号线采用双绞线，截面积不小于 1.0 mm^2；电源线 D1、D2 采用 BV 线，截面积不小于 1.5 mm^2。

注意：若探测器安装于特殊环境，如有轻微烟尘、潮湿的环境，为保证探测器稳定工作，在探测器固定好且接线完成后，应用玻璃胶或 703 硅胶将胶封处（两处安装孔、两处进线孔）胶封。

五、调试

1．调试步骤

（1）将反射器表面的保护膜、探测器上盖的保护膜小心揭下，注意不要划伤、污染反射器和探测器表面。

（2）取下探测器的上盖，接通 24 V 电源。将调试手柄的调试区靠近探测器接口板上的舌簧管（红色指示灯附近），此时探测器上的指示灯可能会指示出如下两种现象：①绿色指示灯闪亮；②绿色指示灯持续点亮。然后将调试手柄移开。

（3）若为绿色指示灯闪亮，表示接收到的光比较弱（闪烁频率越慢表明接收到的光信号越弱），需调节探测器上的调节轮、旋转架对正光路，直到探测器的绿色指示灯持续点亮，表示探测器接收到的光比较强，此时应停止调节动作，进入下一个调试步骤；若为绿色指示灯持续点亮，说明探测器接收到的光已经比较强，可直接进入下一个调试步骤。

注意：应仔细观察探测器的光路，确保接收光信号是由反射器反射而不是由墙壁、顶棚、支柱等各种障碍物的反射而来，如无法确定时，可通过用不透明物遮挡反射器的方法验证。

（4）轻轻盖上上盖，拧紧上盖上的两个螺钉。

（5）此时探测器的绿色指示灯应该常亮，用调试手柄的调试区靠近探测器上盖上的调试区Ⓜ，待黄色指示灯也持续点亮时，迅速将其移开，此时光路上不能有任何遮挡物，大约5 s后，探测器开始自动校准，黄色指示灯闪亮表示光弱，绿色指示灯闪亮表示光强，十几秒后如果红色、黄色、绿色三指示灯循环交替闪亮，表示探测器自动校准失败，探测器未进入正常监视状态，应该打开探测器的上盖，自步骤（2）重新调试；若黄色、绿色两指示灯都不再点亮，红色指示灯周期性闪亮，说明探测器已处于最佳位置，并已进入正常监测状态，调试步骤完成。

2. 报警功能测试

当探测器处于正常监视状态20 s后，用红外光束遮光器报警区紧贴探测器，同时遮挡接收窗口和发射窗口，30 s内探测器报火警，红色指示灯点亮，且火警无源触点闭合。移开红外光束遮光器，给探测器重新上电，探测器应直接进入正常监视状态，不应报火警或故障。

3. 报故障功能测试

用红外光束遮光器调试区紧贴探测器的发射窗口或接收窗口对光路进行快速遮挡，探测器的黄色故障指示灯应点亮。立即取消遮挡，探测器的黄色故障指示灯应熄灭。

六、不合格品处理

在测试过程中不合格的探测器按常见故障及维修和维护保养进行处理，然后再进行测试，如仍不能通过测试，则应返厂维修。

七、安全生产

1. 待全部探测器都安装完毕后再接通电源。

2．探测器安装结束后或每次维护保养后必须进行调试。

3．在调试状态下，控制器有可能报故障，但不影响调试。

4．探测器底盘应尽可能牢固地直接固定在实体墙壁或不会因振动而发生形变的支撑架上，应避免在探测器底盘与墙壁或与支撑架间夹垫纸板、塑料板、泡沫板、薄木板等易发生变形的物质。

拓展知识

探测器采用电子编码方式，该编码方式简便快捷，在现场可使用配套的电子编码器进行地址码、设备类型、灵敏度等信息的读出和写入操作。首先应打开探测器的上盖，将编码器 I^2C 接口线（鼠标线）与探测器连接器座 XT3 相连，打开电子编码器电源，在待机状态下，输入 2、5、9 和“功能”键，进入电子编码器 I^2C 编程模式，屏幕显示“0”。执行完需要的操作后，再次输入 2、5、9 和“功能”键，将退出电子编码器 I^2C 编程模式，回到待机状态。

一、信息的读取

用电子编码器可以便捷地获知探测器的地址码等原设定信息，操作方法如下：

进入电子编码器 I^2C 编程模式，屏幕显示“0”。

按下“读码”键，屏幕显示该探测器的地址码。

按下“增大”键，将依次显示探测器的灵敏度级别、设备类型。

按“减小”键，则以相反顺序显示。

二、灵敏度级别的写入

用电子编码器可对探测器三级灵敏度级别进行设定。设为 1 时为一级灵敏度；设为 2 时为二级灵敏度；设为 3 时为三级灵敏度。具体操作如下：

进入电子编码器 I^2C 编程模式，屏幕显示“0”。

输入开锁密码，按下“清除”键，此时锁已被打开。

按下“功能”键再按下数字键“3”，屏幕显示“－”。

输入要写入的灵敏度级别，按“编码”键，开始编码，编码成功显示“P”，编码错误显示“E”。

按“清除”键，屏幕上显示“0”，便可继续进行所要进行的操作。

三、设备类型的写入

用电子编码器可对探测器的设备类型进行设定。具体操作如下：

进入电子编码器 I^2C 编程模式，屏幕显示“0”。

输入开锁密码，按下“清除”键，此时锁已被打开。

按下“功能”键再按下数字键“4”，屏幕显示“－”。

输入要写入的设备类型，按“编码”键，开始编码，编码成功显示“P”，编码错误显示“E”。

按“清除”键，屏幕上显示“0”，便可继续进行需要的操作。

任务四 电子差定温火灾探测器的安装

任务描述

安装 JW－ZO－YKS1 电子差定温火灾探测器。

基础知识

JW－ZO－YKS1 电子差定温火灾探测器是一种采用高精度热敏电阻作为传感器的智能型火灾探测器。该探测器具有灵敏度高、耗电少、动作可靠、无极性连接等特点；具有自诊断和对火警现场温度自动保存的功能；对火灾（如木材明火、酒精火等类型）引起环境温度的变化能迅速响应；可以用在不宜使用感烟探测器的场所（高风速、多灰尘等恶劣环境）。

一、JW－ZO－YKS1 电子差定温火灾探测器的工作方式

JW－ZO－YKS1 电子差定温火灾探测器与 JB－QBZ2－YBZ127 火灾报警控制器、JB－LBZ－YKS508 火灾报警控制器（联动型）、JB－LGZ－YBZ2032 火灾报警控制器（联动型）、JB－LGZ－YKS4064 火灾报警控制器（联动型）等，所有总线电压为 12 V 的控制器配套使用，探测器本身需编地址码，采用总线方式，无极性连接（见图 1—4—1）。

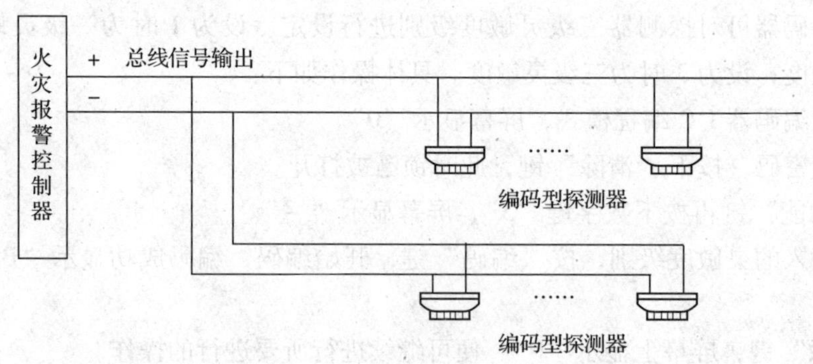

图 1—4—1　编码型探测器的连接

二、JW－ZO－YKS1 电子差定温火灾探测器的适用环境与选用条件

1. 适用环境

（1）相对湿度经常高于 95% 以上（无凝露）的环境。

（2）有大量粉尘、水雾滞留的环境。

（3）有可能发生无烟火灾的环境。

（4）在正常情况下有烟和蒸汽滞留的环境。

（5）厨房、锅炉房、发电机房、茶炉房、烘干车间等。

（6）吸烟室、小会议室等。

（7）车库。

（8）其他不宜安装感烟探测器的场所。

2. 选用条件

（1）房间高度为6～8 m时，可选用1级灵敏度的差定温（R型）探测器。

（2）房间高度为6 m以下时，可选用1、2级灵敏度的差定温（R型）探测器。

（3）在正常情况下，会出现较大温度变化的场所，可采用灵敏度设定为3级的定温（S型）探测器。

三、JW－ZO－YKS1电子差定温火灾探测器的技术参数

1. 工作电压

DC12 V～DC16 V。

2. 静态电流

不大于300 μA。

3. 工作确认灯

绿灯闪亮。

4. 火警确认灯

红灯闪亮。

5. 储存温度

－20～70℃。

6. 储存湿度

不大于96% RH。

7. 工作温度

－10～50℃。

8. 动作温度

1 级 60℃（默认），2 级 68℃（默认）。

四、JW－ZO－YKS1 电子差定温火灾探测器的结构组成

JW－ZO－YKS1 电子差定温火灾探测器的外壳全部由 ABS 塑料制成，造型美观（见图 1—4—2）。

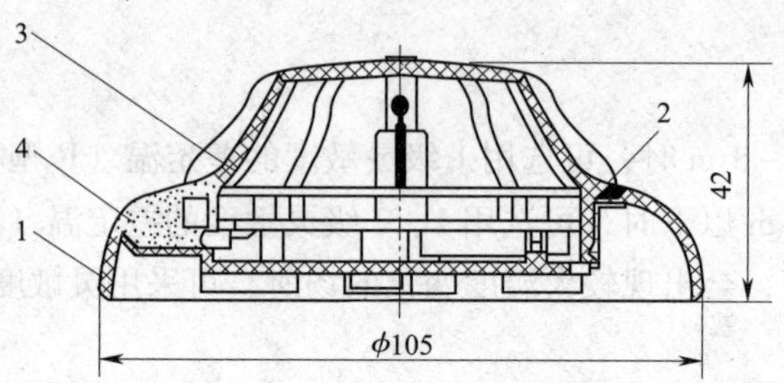

图 1—4—2　JW－ZO－YKS1 电子差定温火灾探测器

1—中扣　2—热敏电阻骨架　3—上盖　4—导光柱

上盖、热敏电阻骨架及印制电路板部分依次通过插接，装于中扣内，组装及拆卸方便。导光柱镶在中扣侧面，可以清楚地显示出探测器的工作及火警信号。

五、JW－ZO－YKS1 电子差定温火灾探测器的功能特点

1. 可以检测出温度变化速率（差温）异常的火警信号。
2. 可以检测出超过阈值温度（定温）的火警信号。
3. 使用编码器，对探测器的地址（1～127）进行电子编码。
4. 可以设置探测器的灵敏度级别（默认 1 级）。
5. 1 级灵敏度的探测器（差定温），动作温度默认 60℃（不可调）。
6. 2 级灵敏度的探测器（差定温），动作温度默认 68℃（可调）。
7. 3 级灵敏度的探测器（定温），动作温度默认 68℃（可调）。
8. 可以检测热敏电阻开路、短路及阈值温度设定范围的错误。

任务实施

一、安装

1. 参照图 1—4—3，将信号线穿过 JDZ－2 底座的穿线孔后，用螺钉将底座固定在建筑物的顶棚上，指示灯标记（4）向外。

2. 将总线的一根线与底座的接线端（1＋）相连，将另一根线与底座的接线端（3－）相连，锁紧螺钉。

3. 在控制器的接线端子将总线（＋）与总线（－）短接后，测量底座接线端子(1＋)

与接线端子（3－）电阻应小于20 Ω。

4. 在控制器的接线端子上，测量总线与控制器的机壳（连通大地）的绝缘电阻应大于20 MΩ。

5. 使用编码器，写入探测器的实际地址。

6. 将探测器的指示灯与底座的指示灯标识（4）同向，装进JDZ－2底座，顺时针旋拧锁紧 。

7. 安装完毕后，将防护罩罩在探测器上。

8. 测量总线的（＋）与总线（－）的线间电阻应大于1 kΩ（表的测量电压≤9 V）。

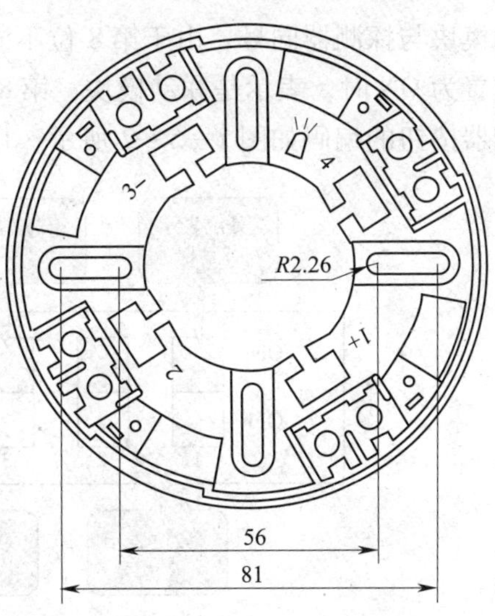

图1—4—3　JDZ－2底座图

二、测试

1. 打开控制器的电源，输入相应的探测器的编程信息。

2. 关闭控制器电源。

3. 摘下探测器的防护罩。

4. 将总线正确连接到控制器的接线端子上。

5. 打开控制器电源。

6. 观看控制器的显示部分，有无探测器故障信息。

7. 对有故障的探测器应更换。

8. 用电吹风器对感温探测器加热片刻，探测器火警灯闪亮。

9. 控制器显示出相应地址的探测器火警信息。

任务五　使用电子编码器

任务描述

编码是火灾报警器识别探测器的重要途径。电子编码器是探测器编码的重要工具。本任务是实践电子编码器的一般操作、故障排除以及对普通火灾探测器和模块、火灾显示盘、I^2C接口设备的应用。

基础知识

一、拨码开关编码

拨码开关采用二进制编码，第1位～第7位分别表示2^0～2^6，第8位为标志位（见图1—5—1）。用拨码开关的标志位可以区分同接在报警回路中的联动模块和探测器：即使联动模块与探测器同号，由于第 8 位不同，报警主机也可知道哪个是模块哪个是探测器。第 8 位置为 ON 时，表示是联动模块；第 8 位置为 OFF 时，表示是探测器按钮等。例如，3 号探测器按钮的编码如图 1—5—2 所示，1 号联动开关的编码如图 1—5—3 所示。

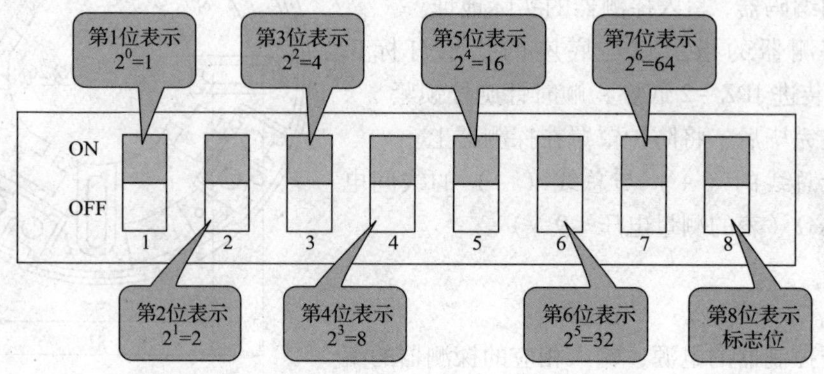

图 1—5—1　拨码开关编码

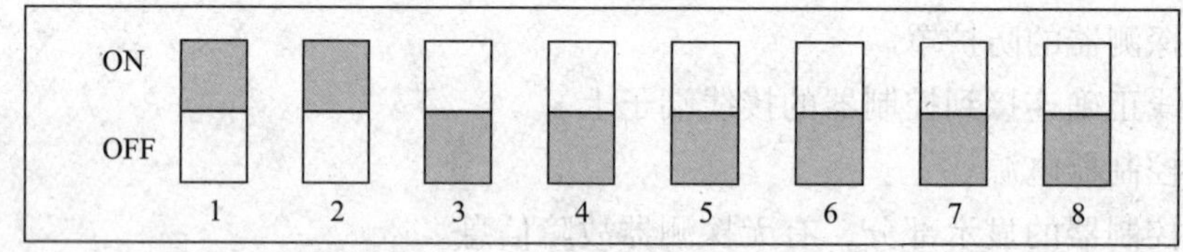

图 1—5—2　3 号探测器按钮的编码

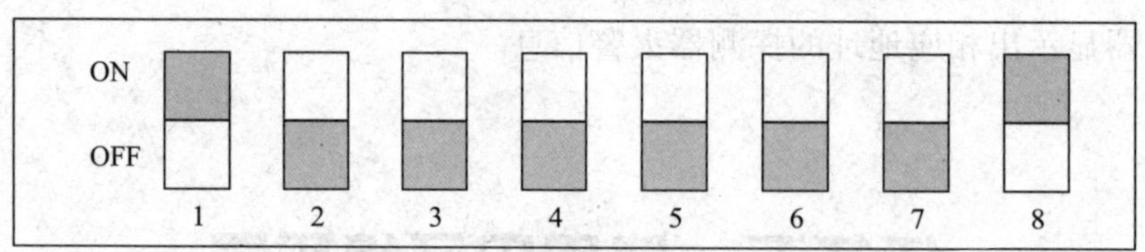

图 1—5—3　1 号联动开关的编码

二、电子编码器编码

1. 概述

电子编码器（以下简称编码器）可对电子编码的探测器或模块进行地址码、灵敏度、设备类型等的读出和地址码、灵敏度的写入，还可以对火灾显示盘进行地址码、灯号及二次码的读出和写入。

2. 特点

（1）该编码器采用手握式结构，外形小巧，携带方便，操作简单。

（2）该编码器可通过编码器后盖的总线接口，直接和总线型探测器旋接，进行编码等

操作，更加方便，如图 1—5—4 所示。

（3）可对总线型探测器、模块等设备编码，可对 ZF－GST8903 火灾显示盘、JTY－HM－GST102 线型光束感烟火灾探测器、JTY－HF－GST102 线型光束感烟火灾探测器、隔爆点型可燃气体探测器等 I^2C 接口设备编码。

（4）四位段码式液晶显示，显示直观。

（5）低功耗睡眠和自动关机功能。

（6）电池欠压指示功能。

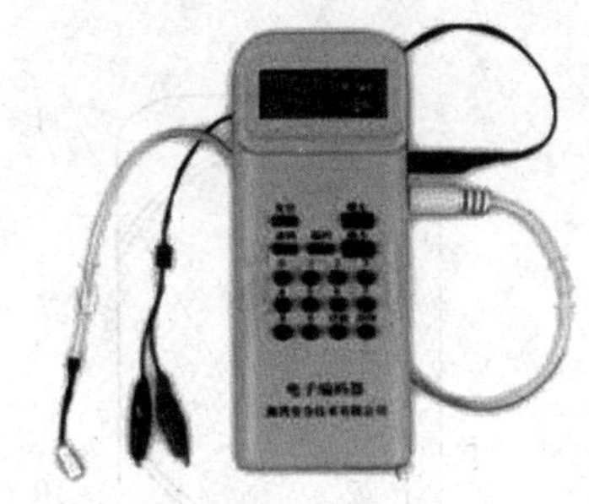

图 1—5—4　电子编码器的总线接口

3．技术特性

（1）电源为 1 节 9 V 叠式电池。

（2）工作电流不大于 8 mA。

（3）待机电流不大于 100 μA。

（4）使用环境

1）温度为－10～50℃。

2）相对湿度不大于 95%，不凝露。

（5）外形尺寸

164 mm×64 mm×37 mm。

4．结构特征

电子编码器结构如图 1—5—5 所示。

其中各部分名称和功能说明如下：

（1）电源开关

完成系统硬件开机和关机操作。

（2）液晶屏

显示有关探测器的一切信息和操作人员输入的相关信息，并且当电源欠压时给出指示。

（3）总线插口

编码器通过总线插口与探测器或模块相连。

（4）火灾显示盘接口（I^2C）

编码器通过此接口与 ZF－GST8903 火灾显示盘或以 I^2C 编程方式编码的探测器相连。

（5）复位键

当编码器由于长时间不使用而自动关机后，按下复位键可以使系统重新上电并进入工作状态。

（6）固定螺钉

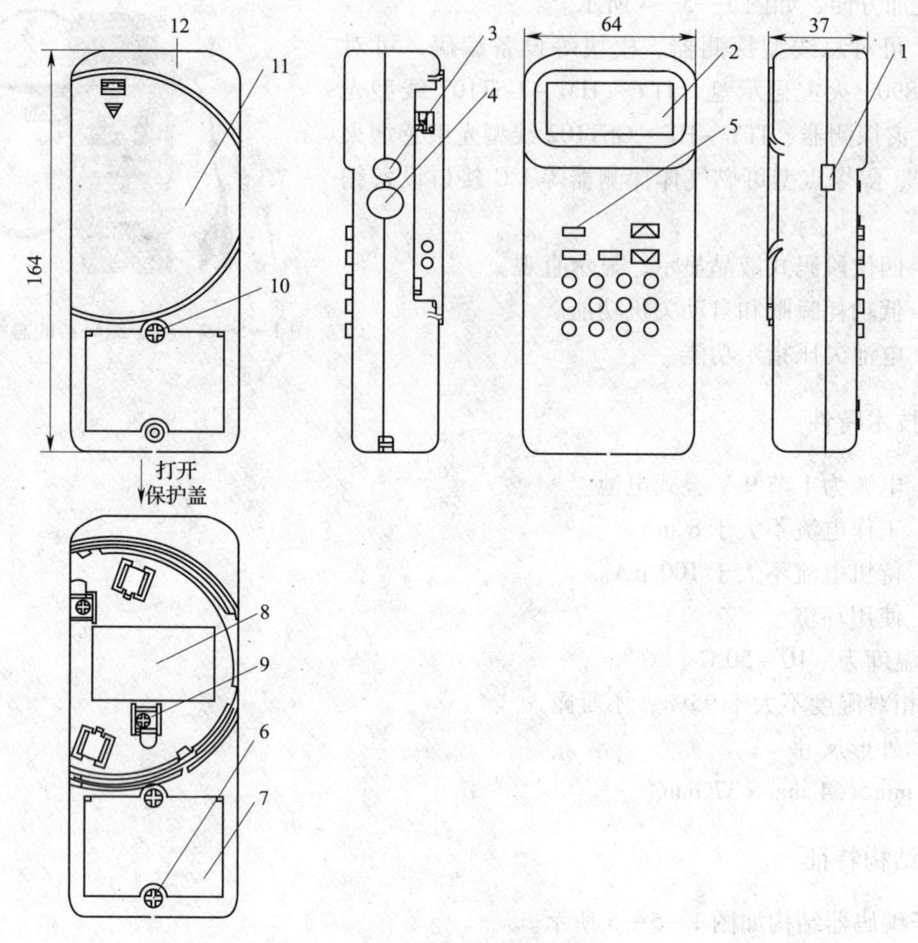

图 1—5—5　电子编码器结构

1—电源开关　2—液晶屏　3—总线插口　4—火灾显示盘接口（I^2C）　5—复位键　6—固定螺钉　7—电池盒后盖　8—铭牌　9—JTY－GD－G3、JTY－ZCD－G3N 型探测器总线接口　10—JTY－GM－GST9611、JTW－ZOM－GST9612 型探测器总线接口　11—电池盒后盖螺钉　12—保护盖

将编码器的印制电路板固定好，并且将编码器的前盖和后盖安装在一起。

（7）电池盒后盖

内部放置电池。

（8）铭牌

贴于编码器背面。

（9）JTY－GD－G3、JTY－ZCD－G3N 型探测器总线接口

旋接 JTY－GD－G3、JTY－ZCD－G3N 探测器。

（10）JTY－GM－GST9611、JTW－ZOM－GST9612 型探测器总线接口。

（11）电池盒后盖螺钉

将电池固定好。

(12) 保护盖

保护后盖的总线接口，以免发生短路等事故。

任务实施

1. 电子编码器使用及操作

(1) 安装和更换电池

拧开电池盒后盖螺钉，打开电池盒后盖，将电池正确装在电池扣上，放在电池盒内，盖好后盖，拧紧螺钉。

如果液晶屏前部显示“LB”字符，表明电池已经欠压，应及时进行更换。注意：更换前应关闭电源开关；从电池扣上拔下电池时不要用力过大。

(2) 系统连线

1) 与探测器、模块连接。将连接线的一端插在编码器的总线插口内，另一端的两个夹子分别夹在探测器或模块的两根总线上。

2) 与 JTY - GM - GST9611、JTW - ZOM - GST9612 型探测器连接。将探测器旋接到后盖的总线接口上，探测器上的对位标志，从编码器的对位标志 1 旋到对位标志 2 处，就可以连接到总线上。

3) 与 JTY - GD - G3、JTY - ZCD - G3N 型探测器连接。将探测器旋接到后盖的总线接口上，无对位要求。

4) 火灾显示盘。编码器通过此接口与 2F - GST8903 火灾显示盘相连。另一端的连接器头插在火灾显示盘和其他探测器的连接器座上。

5) 开机。将电源开关拨到“开”的位置，此时在液晶屏上显示“H002”，表明工作正常。

6) 自动关机的复位。当编码器由于长时间不用自动关机后，按下复位键可以使系统重新上电并恢复正常工作状态。

2. 故障分析与排除

(1) 开机不显示

检测电池扣与线路板是否断路，与电池连接是否牢固，若都无问题则为电路内部损坏。

(2) 不能编码

确定所编码的探测器或模块完好，确定连接总线端子正确，检查总线是否断路或短路，若都无问题则为电路内部损坏。

3. 电子编码器的应用

(1) 应用于普通探测器、模块

编码器可对探测器的地址码、设备类型、灵敏度进行设定；也可对模块的地址码、设备类型、输入设定参数等信息进行设定。将编码器与探测器、模块总线相连，开机后可对编码器做如下操作实现各参数的写入设定。

1）读码。按下读码键，液晶屏上将显示探测器或模块的地址编码；按“增大”键，对非数字化型探测器或模块将依次显示脉宽、年号、批次号、灵敏度或模块输入参数、设备类型号；对数字化型探测器或模块，将依次显示灵敏度级别或模块输入参数、设备类型号、配置信息（对数字化感温探测器此项为设备子类型，04 为定温探测器，02 为电子差定温探测器；对数字化模块此项表示屏蔽回答参数，40 表示屏蔽回答，其余则表示不屏蔽回答，对其他数字化型设备此项无意义），按“清除”键清除。

2）地址码的写入。在待机状态，输入探测器或模块的地址编码（1~242），按下“编码”键，编码成功显示“P”，错误显示“E”，按“清除”键回到待机状态。

3）探测器灵敏度参数的写入（参数输入方式见表1—5—1）。在待机状态，输入开锁密码，按下“清除”键，此时锁已被打开；按下“功能”键，再按下数字键“3”，屏幕上最后一位会显示一个“—”，输入相应灵敏度或设定参数，按下“编码”键，屏幕上将显示一个“P”，表明相应的灵敏度或模块输入参数已被写入，按“清除”键清除；输入加锁密码，按“清除”键返回。

4）模块输入设定参数的现场设定（参数输入方式见表1—5—1）。GST－LD－I8300 单输入模块、GST－LD－8300 单输入模块出厂默认为常开（4），现场可设定为常闭（7）。

表1—5—1　　参数输入方式

设定参数	输入方式
1	一路自回答两路常开
2	一路常开两路自回答
3	两路自回答
4	两路常开（出厂设置）
5	一路常闭两路常开
6	一路常开两路常闭
7	两路常闭
8	一路自回答两路常闭
9	一路常闭两路自回答
其他	两路常开

GST－LD－IE8301 单输入/单输出模块、GST－LD－8301 单输入/单输出模块出厂默认为常开（4），现场可设定为常闭（7）或自回答（3）。

GST－LD－IE8303 双输入/双输出模块、GST－LD－8303 双输入/双输出模块出厂默认为常开（4），现场可设定为各参数。

GST-LD-8305编码广播切换模块出厂默认为自回答（3），现场可设定常闭（7）或常开（4）。

GST-LD-8306接口模块出厂默认为常闭（7），现场可设定为常开（4）。

GST-LD-I8308单输入/单输出模块出厂默认为常开（4），现场可设定为常闭（7）。

GST-LD-8314火灾光警报器可占用编码点，也可不占编码点。不占编码点时，设备类型定义为20，编码地址设定与探测器地址相同，探测器报警时，GST-LD-8314火灾光警报器同时动作；占编码点时，设备类型号定义为21，占用一个独立地址。

5）设备类型号的写入（对数字化型模块此项为屏蔽回答参数的设定）。在待机状态，定义设备类型号的操作方法与“写灵敏度”相同，数字键选择“4”。注意：在工程现场，设备类型号只可以对JTW-ZCD-G3N感温探测器和GST-DL1000、GST-DL2000线型定温火灾探测器微机调制器进行修改。其中定温探测器的类型号为04，电子差定温探测器的类型号为02。

GST-DL1000线型定温火灾探测器微机调制器出厂默认值为08（双回路感温电缆），若现场只需接一回路感温电缆，则需将其设备类型号更改为18。

GST-DL2000线型定温火灾探测器微机调制器出厂默认值为18（调制器连接不同温度等级感温电缆），若连接为同温度等级感温电缆，则需将其设备类型号更改为08。

对数字化型模块屏蔽回答参数设置为40表示屏蔽回答，其他设置表示不屏蔽回答。

6）模块启动（GST-LD-I8308单输入/单输出模块除外）。每次只可启动一个模块。

① 模块接24 V电源后，将编码器总线与模块总线相连，输入编码器开锁密码，按下“清除”键。

② 按下“功能”键和数字键“7”，屏幕显示“H”，模块动作灯亮，启动成功。

③模块启动后，按下数字键0～7中任何一个，都将启动清除模块，此时屏幕显示“LL”（有些模块清除启动过程中动作灯会闪亮）。

④清除模块启动成功，屏幕显示“0”后，便可进行其他操作。

注意：为防止非专业人员误修改一些重要数据，编码器有密码锁。

7）错误提示。当信息无法写入探测器或模块时，系统将给出错误提示（在液晶屏上显示一个“E”），按“清除”键清除，回到待机状态。

（2）应用于火灾显示盘

将ZF-GST8903火灾显示盘外壳打开，拔掉插针X1上的短路块，将编码器I^2C接口线（鼠标线）与火灾显示盘连接器座XS1相连，可以实现对火灾显示盘的地址码、灯号及二次码的写入和读出。

1）火灾显示盘模式的进入和退出。在待机状态下，输入2、5、8和“功能”键，进入火灾显示盘模式，屏幕显示“0”。执行完相应操作后，再次输入2、5、8和“功能”键，将退出编码器对火灾显示盘的操作模式。

2）地址码的读出和写入

①进入火灾显示盘模式，屏幕显示“0”。

②按下“减小”键，显示当前的地址码。

③若不更改地址码，按下“清除”键，则可进行其他操作。

④若更改地址码，则可直接输入要编写的地址码（1～255），按下“编码”键，若编码成功显示“P”，按下“清除”键，可进行其他操作。

3）灯号及其二次码的编写

①进入火灾显示盘模式，屏幕显示“0”。

②输入要编写的灯号，按下“功能”键，屏幕显示“L 灯号”。此时分两种情况：不更改灯号，则按下“功能”键，屏幕显示“0”，输入要编写的二次码（六位，可从第一个非零数字输入，若输入“减小”键，屏幕显示“—”，表示该位二次码可代表任何数字），按下“编码”键，若编写成功，屏幕显示“P”，编写失败，屏幕显示“E”。更改灯号，则可直接输入要编写的灯号，按下“功能”键，屏幕显示“L 灯号”，再按下“功能”键，屏幕显示“0”，输入要编写的二次码（六位，可从第一个非零数字输入，若输入“减小”键，屏幕显示“—”，表示该位二次码可代表任何数字），按下“编码”键，若编写成功，屏幕显示“P”，编写失败，屏幕显示“E”。

注意：在更改灯号的情况下，若第一次输入的灯号已经写入，则该操作将删除第一次输入的灯号及其二次码，同时将更改后的灯号及其二次码写入，可以实现对某个写错的灯号及其二次码进行修改的功能。最多可写入 100 个灯号，当所有灯号写入后，屏幕显示“PPPP”。

③灯号及二次码写入成功后，屏幕显示“L 下一个灯号”，若该灯号与要写入的灯号一致，则可直接执行，若不一致，按下“清除”键，可重新进行新灯号及其二次码的写入。

4）灯号及其二次码的读出

①进入火灾显示盘模式，屏幕显示“0”。

②输入要读出的灯的序号，按下“读码”键，屏幕显示“E 灯号”。若所输入的灯的序号大于所编写的灯的总数时，将显示“H 灯的总数”。

③按下“增大”键，将依次显示二次码的高四位、二次码的低两位。

④依次按下“读码”键，则从该灯的序号起以灯的序号从小到大的顺序循环显示：下一个灯的灯号及其二次码……最后一个灯的灯号及其二次码、“H 灯的总数”、第一个灯的灯号及其二次码等。

（3）应用于 I^2C 接口设备

将 JTY－HM－GST102 线型光束感烟火灾探测器、JTY－HF－GST102 线型光束感烟火灾探测器、隔爆点型可燃气体探测器等 I^2C 接口设备外壳打开，将编码器 I^2C 接口线（鼠标线）与探测器连接器座相连（对线型光束感烟火灾探测器与 XT3 相连，对隔爆点型可燃气体探测器与 XS1 相连），可对使用 I^2C 编程模式的探测器进行地址码、灵敏度级别、设备类型的读出和写入。

在待机状态下，输入 2、5、9 和“功能”键，进入电子编码器 I^2C 编程模式，屏幕显

示“0”。执行完相应操作后，再次输入2、5、9和“功能”键，将退出电子编码器 I^2C 编程模式，回到待机状态。

1）读码

①进入编码器 I^2C 编程模式，屏幕显示“0”。

②按下“读码”键，屏幕显示地址码。

③按下“增大”键，将依次显示灵敏度级别、设备类型。

2）地址码、灵敏度级别、设备类型的编写。进入电子编码器 I^2C 编程模式后，其地址码、灵敏度级别、设备类型的写入方法同总线式编码的探测器一致。

拓展知识

一、二进制编码

二进制是计算技术中广泛采用的一种数制。二进制数据是用0和1两个数码来表示的数。它的基数为2，进位规则是“逢二进一”，借位规则是“借一当二”，由18世纪德国数理哲学大师莱布尼兹发现。当前的计算机系统使用的基本上是二进制系统。

二、二进制数据的表示法

二进制数据采用位置计数法，其位权是以2为底的幂。例如二进制数据110.11，其权的大小顺序为 2^2、2^1、2^0、2^{-1}、2^{-2}。对于有 n 位整数、m 位小数的二进制数据用加权系数展开式表示，可写为：

$$(a_{n-1}a_{n-2}\cdots a_{-m})_2 = a_{n-1}\times 2^{n-1} + a_{n-2}\times 2^{n-2} + \cdots + a_1\times 2^1 + a_0\times 2^0 + a_{-1}\times 2^{-1} + a_{-2}\times 2^{-2} + \cdots + a_{-m}\times 2^{-m}$$

二进制数据一般可写为：

$(a_{n-1}a_{n-2}\cdots a_1a_0 \cdot a_{-1}a_{-2}\cdots a_{-m})_2$。

【例1—5—1】 将二进制数据111.01写成加权系数的形式。

解： $(111.01)_2 = (1\times 2^2) + (1\times 2^1) + (1\times 2^0) + (0\times 2^{-1}) + (1\times 2^{-2})$

三、二进制运算

二进制数算术运算的基本规律和十进制数十分相似。最常用的是加法运算和乘法运算。

1. 二进制数加法

有四种情况：

0+0=0

0+1=1

1+0=1

1+1=10 进位为1

【例 1—5—2】 求 $(1101)_2+(1011)_2$ 的和。

解：

```
  1101
 +1011
------
 11000
```

2. 二进制数乘法

有四种情况：

$0\times0=0$

$1\times0=0$

$0\times1=0$

$1\times1=1$

【例 1—5—3】 求 $(1110)_2$ 与 $(101)_2$ 之积

解：

```
     1110
 ×    101
---------
     1110
    0000
   1110
---------
  1000110
```

3. 二进制数减法

$0-0=0$

$1-0=1$

$1-1=0$

$10-1=1$

4. 二进制数除法

$0\div1=0$

$1\div1=1$

5. 二进制数与十进制数间的相互转换

（1）二进制数转十进制数

方法："按权展开求和"

【例 1—5—4】 $(1\,011.01)_2=(1\times2^3+0\times2^2+1\times2^1+1\times2^0+0\times2^{-1}+1\times2^{-2})_{10}$

$$= (8+0+2+1+0+0.25)_{10}$$
$$= (11.25)_{10}$$

规律：个位上数字的次数是0，十位上数字的次数是1，依次递增，而十分位数字的次数是-1，百分位上数字的次数是-2，依次递减。

注意：不是任何一个十进制小数都能转换成有限位的二进制数。

（2）十进制数转二进制数

1）十进制整数转二进制数。除以2取余，逆序排列（除二取余法）。

例：$(89)_{10} = (1011001)_2$

89 ÷ 2……1

44 ÷ 2……0

22 ÷ 2……0

11 ÷ 2……1

5 ÷ 2……1

2 ÷ 2……0

1

2）十进制小数转二进制数。乘以2取整，顺序排列（乘2取整法）。

例：$(0.625)_{10} = (0.101)_2$

0.625 × 2 = 1.25……1

0.25 × 2 = 0.50……0

0.50 × 2 = 1.00……1

任务六　使用总线隔离器

任务描述

安装并测试消防总线隔离器。

基础知识

一、总线隔离器概述

总线隔离器也称总线隔离模块，用于隔离消防总线上发生短路的部分，保证短路时总线上的其他设备能正常工作，并能辅助确定总线发生短路的位置。故障修复后，总线隔离器会自行将被隔离出去的部分重新纳入系统。总线隔离器在工程中的应用如图1—6—1所示。

总线隔离器的工作原理：当隔离器输出所连接的电路发生短路故障时，隔离器内部电路中的自复熔丝断开，同时内部电路中的继电器吸合，将隔离器输出所连接的电路完全断开。总线短路故障修复后，继电器释放，自复熔丝恢复导通，隔离器输出所连接的电路重新纳入系统。

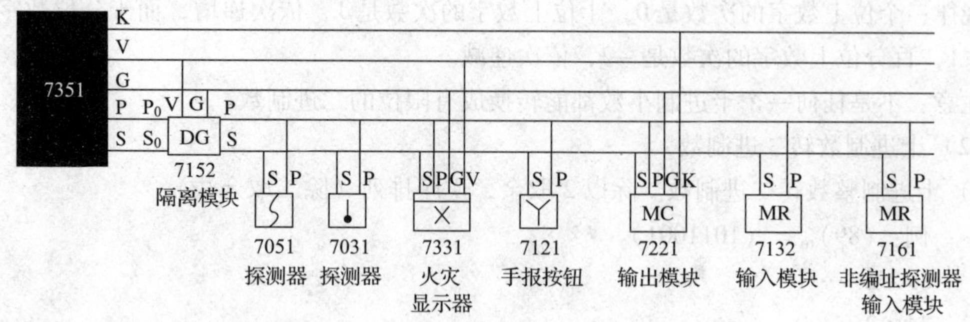

图 1—6—1 总线隔离器在工程中的应用

二、GST－LD－8313 总线隔离器简介

GST－LD－8313 总线隔离器如图 1—6—2 所示。

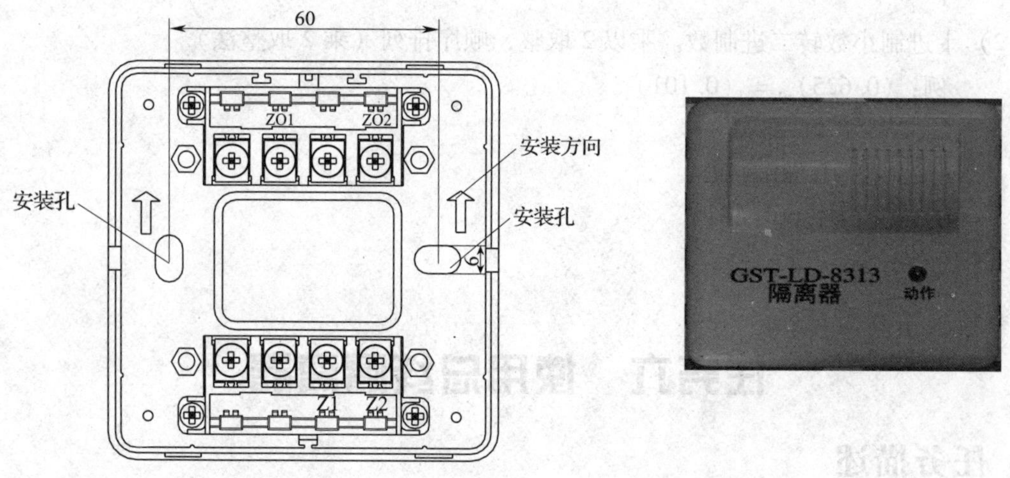

图 1—6—2 GST－LD－8313 总线隔离器

1. 特点

（1）总线短路故障排除后，可自动将被隔离出去的部分重新纳入系统。

（2）输入、输出信号无极性。

（3）有 170 mA、270 mA 两种输出电流可选。

2. 接线端子说明

（1）Z1、Z2。输入信号总线，无极性。

（2）ZO1、ZO2。输出信号总线，无极性，动作电流为 170 mA 或 270 mA（此时 A、

ZO1 短接）。

任务实施

一、安装总线隔离器

隔离器串接到总线中，Z1、Z2 对应输入信号总线，无极性；ZO1、ZO2 对应输出信号总线，无极性。

ZO1 短接时，ZO1、ZO2 输出电流为 270 mA；ZO1 不短接时，ZO1、ZO2 输出电流为 170 mA。

二、测试总线隔离器

将光电感烟探测器的总线端子短接，此时总线隔离器的指示灯点亮；解除短接后，指示灯熄灭。

拓展知识

BDS152 隔离器如图 1—6—3 所示。

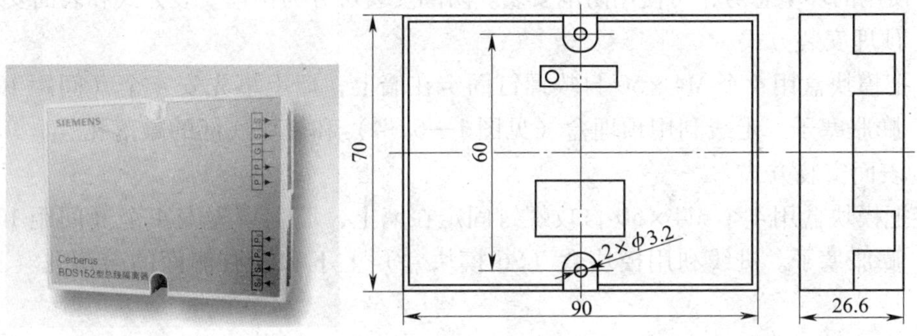

图 1—6—3　BDS152 隔离器

一、BDS152 隔离器的应用

1. 用于 BC80 地址编码两总线模拟量火灾探测报警与消防联动控制系统中，探测总线发生短路故障时隔离短路点，确保系统工作不受影响以及故障排除后系统自动恢复。

2. 并联使用，用于放射状布线的每一个分支起点处。

3. 应用为非编码部件，安装于现场。

二、BDS152 隔离器的特点

1. 当一条回路监控不止一层而是多层时，每层应设隔离模块。

2. 每个 BDS152 隔离模块后最多可接 32 个现场部件。

3. BDS152 输入端 P0、S0 接控制器的 P、S 总线。P0、S0 接线不分极性。

4. BDS152 输出端 P、S 与探测器（或其他现场部件）相连时，不分极性，可任意相接。

5. 控制器对其故障自动巡检。

三、BDS152 隔离器的安装

1. 普通安装

BDS152 隔离器采用企业标准 S5 型明装盒，安装步骤如下：

（1）在安装位置直接把模块盒用 2 个 ST2.9×13－C－H 自攻螺钉固定在墙上，墙上事先安 2 个（间距 60 mm）膨胀塞子。

（2）将模块上输入端的 P、S 端对应接在控制器总线 P、S 上。导线插入接线端子或拆线时，用一字旋具压开端子的弹簧片。

（3）将输出端子 P、S 接到探测器（或其他现场部件）端子上；当同下一级隔离模块串联使用时，将输出端 P、S 同下一级模块的输入端 P、S 对应相接。

2. 防潮安装

如果使用的环境恶劣，可使用防潮安装。防潮安装可分为预埋安装方式和表面安装方式。

（1）预埋安装方式

直接把模块盒用 4 个 M4×50 自攻螺钉固定在墙上，墙上事先安 4 个（间距 106 mm×106 mm）膨胀塞子。走线利用预埋盒（见图 1—6—4）和模块底部的敲落孔。

（2）表面安装方式

直接把模块盒用 4 个 M4×50 自攻螺钉固定在墙上，墙上事先安 4 个（间距 106 mm×106 mm）膨胀塞子。进线利用模块盒（S6 模块盒）上下和左右侧面的敲落孔（见图 1—6—5）。

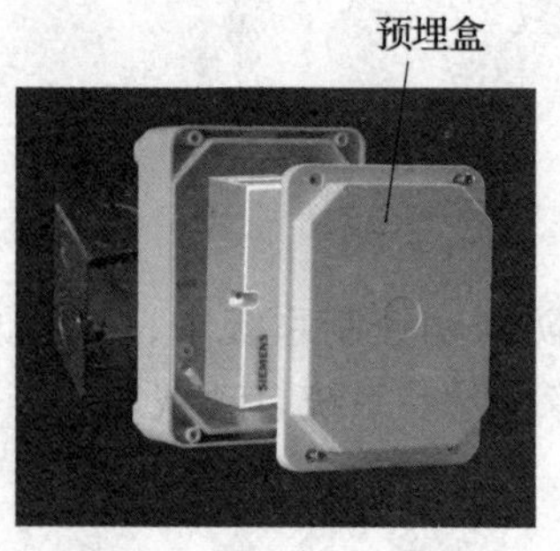

图 1—6—4　预埋安装方式

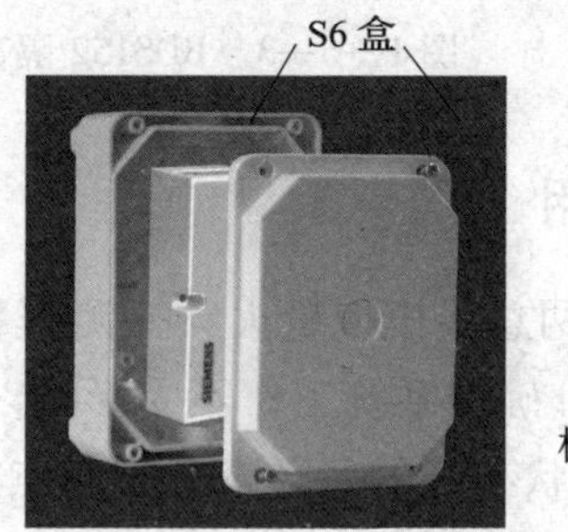

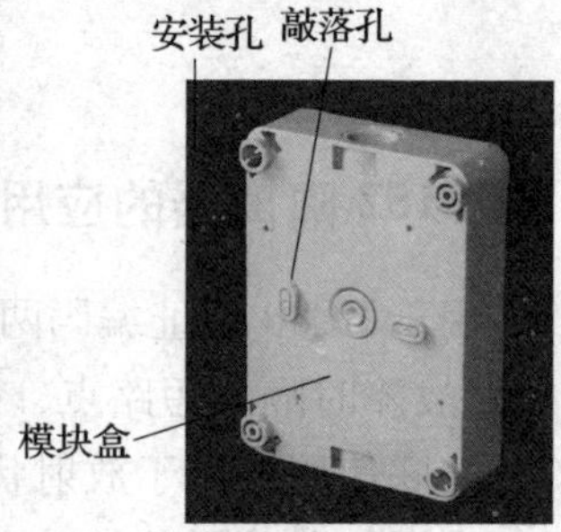

图 1—6—5　表面安装方式

四、BDS152 隔离器的结构

1. BDS152 隔离模块由模块盒（包括盒体和盒盖）和电路板组成。

2. 外形尺寸为 90 mm×70 mm×27 mm，安装固定孔孔距为 60 mm。

五、BDS152 隔离器的原理

系统正常工作时，BDS152 的输入端 P、S 通过继电器触点同输出端 P、S 对应相接通。当输出端 P 和 S 短路时，内部继电器动作，输入 P 和输出 P 断开，这样短路点不会影响隔离模块前面部分，起到隔离作用；当 P、S 两端短路消除后，继电器被驱动闭合，输入端与输出端 P 又自动连接起来，系统恢复正常。

六、BDS152 隔离器的性能（见表 1—6—1）

表 1—6—1　　BDS152 隔离器的性能

工作温度	－20～50℃	
工作湿度	≤95%（40±2℃）	相对湿度
动作电流	1 mA	
导通压降	≤1 V	
确认灯		设备动作后发光二极管常亮
端子接线截面积	1.0～1.5 mm^2	

七、BDS152 隔离器的接线图（见图 1—6—6）

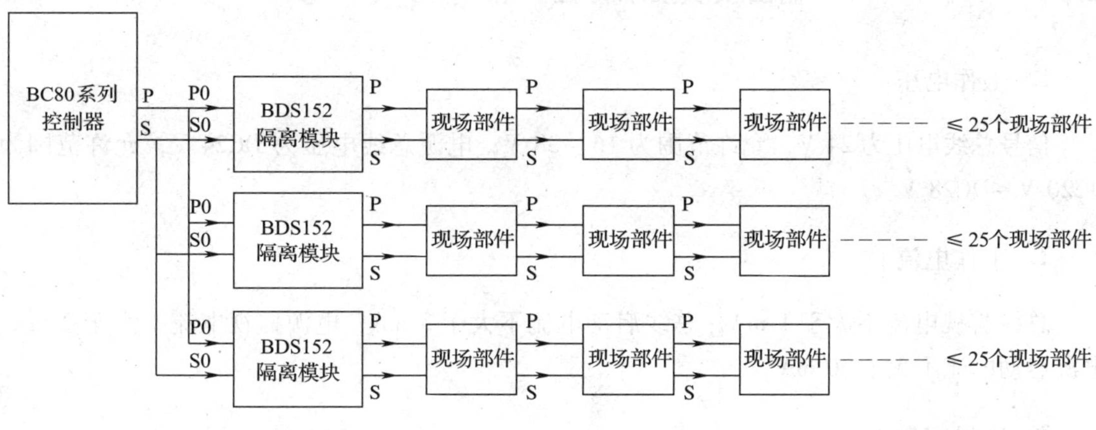

图 1—6—6　BDS152 隔离器接线图

任务七　使用输出模块

任务描述

1. 安装 GST－LD－8305 输出模块。

2. 完成 GST－LD－8305 输出模块在总线制消防广播系统中的接线，以及与防火卷帘门电气控制箱（标准型）的接线、与 GST－LD－8302A 型模块组合连接接线。

3. 为 GST－LD－8305 输出模块编码。

基础知识

一、GST－LD－8305 输出模块简介

GST－LD－8305 输出模块用于总线制消防广播系统中正常广播和消防广播间的切换。输出模块在切换到消防广播后自回答，并将切换信息传回火灾报警控制器，以表明切换成功。

1. 模块与消防广播主机间线路或模块与音箱间线路发生短路、断路，模块向控制器发送故障信号。

2. 地址码为电子编码，可由电子编码器事先写入，也可由控制器直接更改，工程调试简便可靠。

3. 电路部分和接线底壳采用插接方式，接触可靠，便于施工。

GST－LD－8305 输出模块的编码方式为电子编码，在编入一个编码地址后，另一个编码地址自动生成为编入地址＋1。该编码方式简便快捷，现场编码时使用 GST－BMQ－2 型电子编码器进行。

二、GST－LD－8305 输出模块技术特性

1. 工作电压

信号总线电压为 24 V，允许范围为 16～28 V；电源总线电压为 DC24 V，允许范围为 DC20 V～DC28 V。

2. 工作电流

总线监视电流不大于 1 mA，总线启动电流不大于 3 mA，电源监视电流不大于 2 mA，电源启动电流不大于 30 mA。

3. 输出容量

每只模块最多可带 60 W 负载。

4. 动作指示灯

红色（巡检时闪亮，动作时常亮）。

5. 编码方式

电子编码方式，占用一个总线编码点，编码范围可在 1～242 之间任意设定。

6. 线制

与控制器的信号二总线和电源二总线连接；可接入两根正常广播线、两根消防广播线及两根音响线。

7. 使用环境

（1）温度

-10～55℃。

（2）相对湿度

不大于95%，不凝露。

8. 外形尺寸

外形尺寸为86 mm×86 mm×43 mm（带底壳）。

9. 壳体材料和颜色

壳体材料为ABS，颜色为瓷白。

10. 质量

质量约为206 g（带底壳）。

11. 安装孔距

安装孔距约为60 mm。

12. 执行标准

执行标准为GB 16806—2006。

三、GST-LD-8305输出模块结构外形与工作原理

GST-LD-8305输出模块外形示意图如图1—7—1所示。

模块内嵌微处理器，微处理器实现与火灾报警控制器通信、电源总线掉电检测、输入输出线路故障检测、输出控制、输入信号逻辑状态判断、状态指示灯控制。模块接收到火灾报警控制器的启动命令后，吸合继电器，现场音箱从正常广播切换到消防广播并点亮指示灯，同时将回答信号信息传到火灾报警控制器，表明切换成功。

四、GST-LD-8305输出模块的端子与接线说明

1. 端子接线说明

模块端子示意图如图1—7—2所示，接线说明如下：

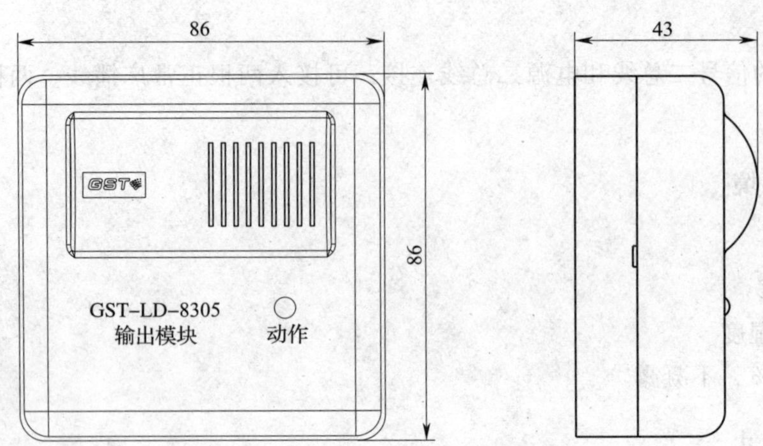

图 1—7—1　GST－LD－8305 输出模块外形示意图

（1）D1、D2

DC24 V 电源，无极性。

（2）Z1、Z2

信号总线输入端，无极性。

（3）ZC1、ZC2

正常广播线输入端子。

（4）XF1、XF2

消防广播线输入端子。

（5）SP1、SP2

与广播音箱连接的输出端子。

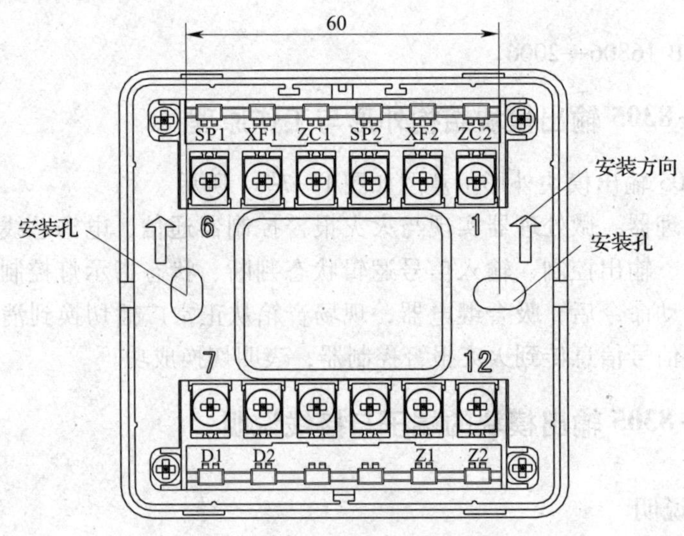

图 1—7—2　端子示意图

2. 接线要求

Z1、Z2 可选用 RVS 双绞线，截面积不小于 1.0 mm^2；DC24 V 电源线应选用 BV 线，截面积不小于 1.5 mm^2；正常广播线 ZC1、ZC2，消防广播线 XF1、XF2 及与连接的线 SP1、SP2 均采用 BV 线，截面积不小于 1.0 mm^2。

3. 接线注意事项

（1）不要将模块触点直接接入交流控制回路，以防强交流干扰信号损坏模块或控制设备。

（2）模块输入端如果设置为“常开检线”状态输入，模块输入线末端（远离模块端）必须并联一个 4.7 kΩ 的终端电阻；模块输入端如果设置为“常闭检线”状态输入，模块输入线末端（远离模块端）必须串联一个 4.7 kΩ 的终端电阻。模块为有源输出时，有源输出端应并联一个 4.7 kΩ 的终端电阻，并串联一个 IN4007 二极管。

任务实施

一、安装 GST－LD－8305 输出模块

安装前应首先检查外壳是否完好无损，标志是否齐全。

若模块采用明装方式，底壳与模块间采用插接式结构安装，安装时只需拔下模块，从底壳的进线孔中穿入电缆并接在相应的端子上，再插好模块即可安装好模块。

若进线管已预埋，可将底壳安装在 86H50 型预埋盒上，安装孔距为 60 mm；当进线管明装时，采用 B－9310 型后备盒安装方式。安装方式分别如图 1—7—3 与图 1—7—4 所示。

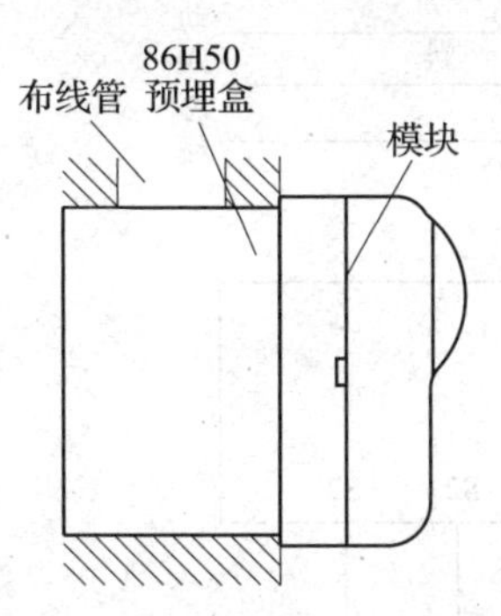

图 1—7—3　进线管预埋示意图

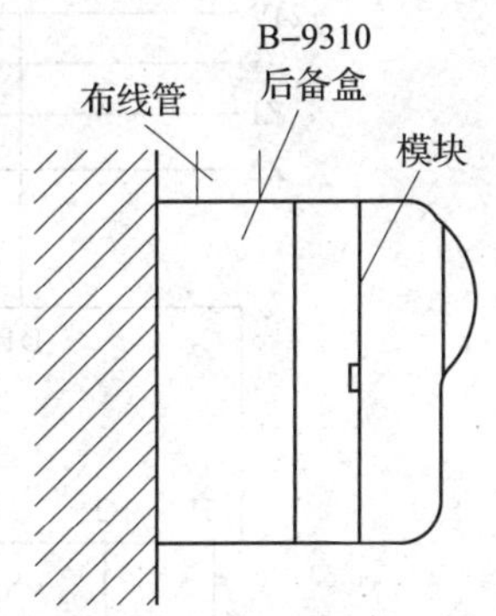

图 1—7—4　进线管明装示意图

二、GST－LD－8305 输出模块接线

1. 在总线制消防广播系统中接线

模块在总线制消防广播系统中的接线方式如图 1—7—5 所示。

注意：

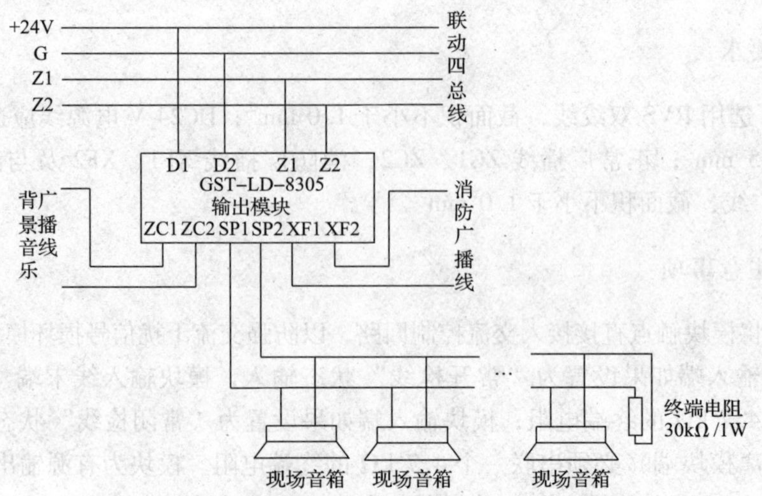

图 1—7—5　在总线制消防广播系统中的连线示意图

（1）安装设备之前，先切断回路的电源并确认全部底壳已安装牢靠且每一个底壳的连接线准确无误。

（2）在广播音箱的末端（远离模块端）必须并联一个 30 kΩ/1 W 的终端电阻（具体接线方法见应用方法）。

2. 与防火卷帘门电气控制箱（标准型）接线

模块与防火卷帘门电气控制箱（标准型）接线如图 1—7—6（无源常开检线输入）、图 1—7—7 所示（无源常闭检线输入）。

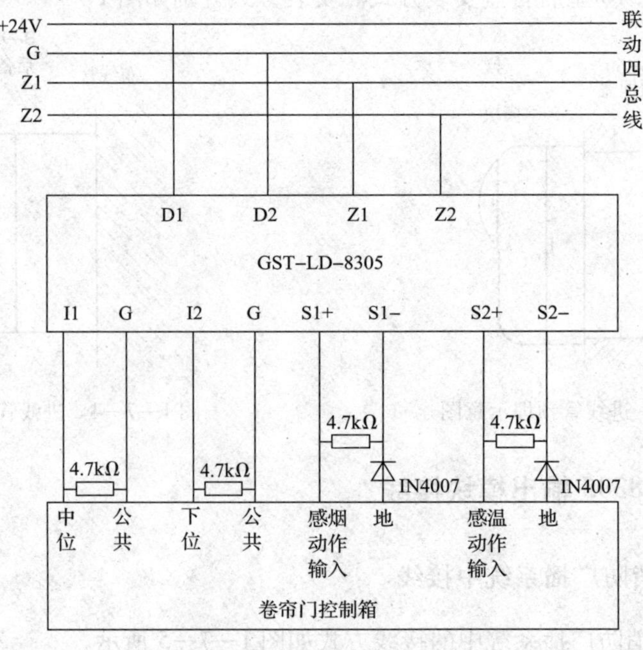

图 1—7—6　与防火卷帘门电气控制箱（标准型）接线（无源常开检线输入）

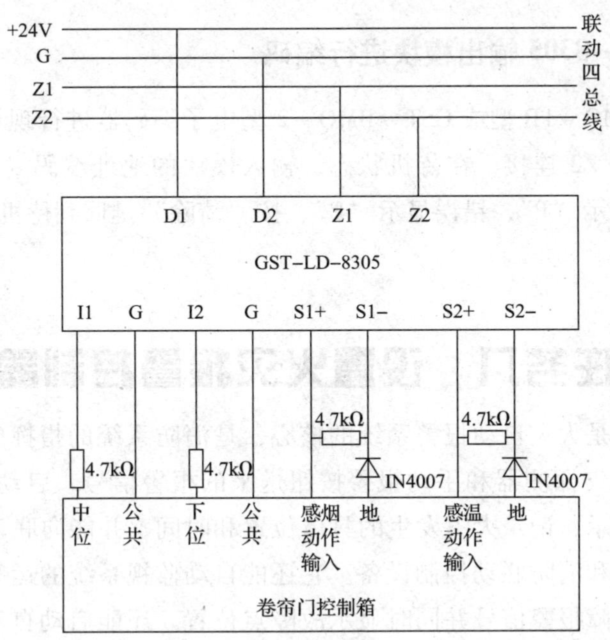

图 1—7—7　与防火卷帘门电气控制箱（标准型）接线（无源常闭检线输入）

3. 组合连接接线

GST-LD-8305 型模块与 GST-LD-8302A 型模块组合连接接线方法如图 1—7—8 所示。

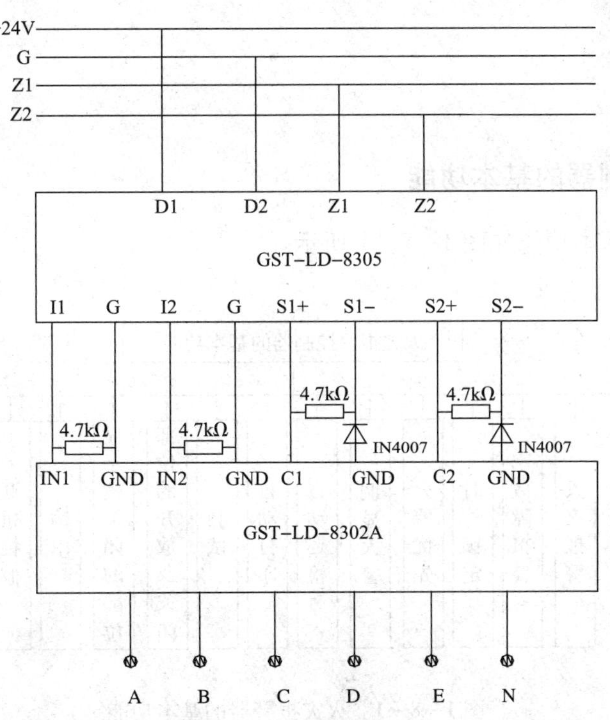

图 1—7—8　与 GST-LD-8302A 型模块组合连接接线

三、对 GST-LD-8305 输出模块进行编码

可利用 GST-BMQ-1B 型或 GST-BMQ-2 型电子编码器进行现场编码。编码时将编码器与总线端子 Z1、Z2 连接，在待机状态，输入模块的地址编码（1~242），按下“编码”键，编码成功显示“P”，错误显示“E”，按“清除”键回到待机状态。

任务八 设置火灾报警控制器

火灾报警控制器是火灾自动报警系统的核心，是消防系统的指挥中心。它可以为火灾探测器供电，接收火灾探测器和手动报警按钮送来的报警信号，启动报警装置，发出声、光报警信号，同时显示、记录火灾发生的具体位置和时间，并能向联动控制器发出联动信号启动自动灭火设备和消防联动控制设备。它还能自动监视系统的运行情况，当有故障发生时，能自动发出故障报警信号并同时显示故障点位置。还能启动自动记录设备，记下火灾状况，以备事后查询。

任务描述

对 GST5000 火灾报警控制器进行设备定义、设备注册、设备检查等操作，并设置启动方式、编辑联动公式。

基础知识

一、火灾报警控制器的基本功能

火灾报警器的基本功能如图 1—8—1 所示。

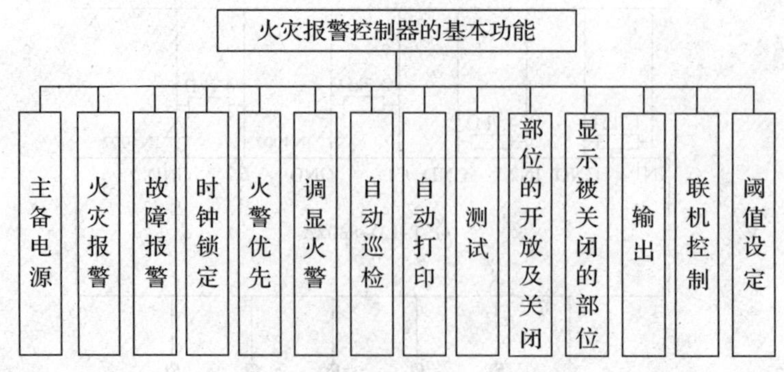

图 1—8—1 火灾报警器的基本功能

二、火灾报警控制器的分类

1. 按结构形式分类

火灾报警控制器按结构可分为壁挂式火灾报警控制器、台式火灾报警控制器、立柜式火灾报警控制器三类，如图 1—8—2 所示。

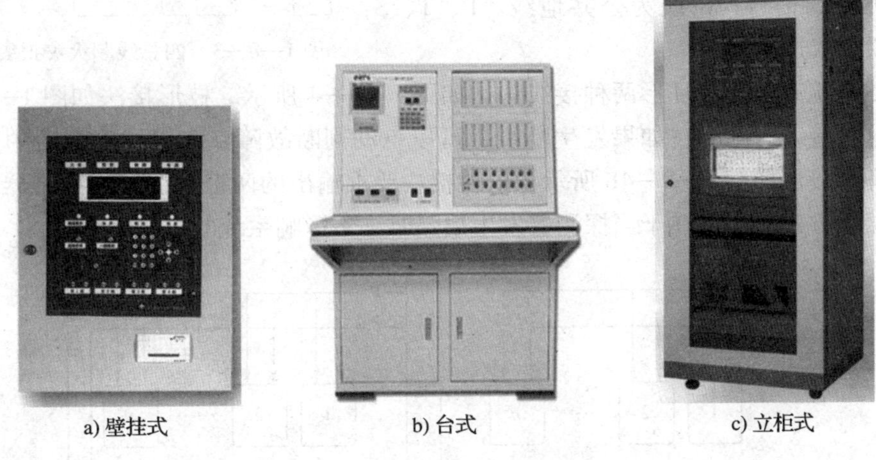
a) 壁挂式　　b) 台式　　c) 立柜式

图 1—8—2　火灾报警控制器

2. 按使用要求分类

（1）区域火灾报警控制器

它直接连接火灾探测器，处理各种报警信息，能组成功能简单的火灾自动报警系统。

（2）集中火灾报警控制器

一般与区域火灾报警控制器相连，处理区域火灾报警控制器送来的报警信号，常用在较大型系统中。

（3）通用火灾报警控制器

兼有区域、集中两级火灾报警控制器的双重特点。通过设置和修改某些参数，既可以直接连接探测器作为区域火灾报警控制器使用，又可以连接区域火灾报警控制器作为集中火灾报警控制器使用。

3. 按系统连线方式分类

（1）多线制火灾报警控制器

其探测器与控制器之间的传输线连接采用一一对应的方式，每个探测器有两根线与控制器连接，其中一根是公用地线，另一根承担供电、选通信息与自检的功能。当探测器数量较多时，连线的数量就较多。该方式只适用于小型火灾自动报警系统。

（2）总线制火灾报警控制器

其探测器与控制器的连接采用总线方式，所有的探测器都并联在总线上。总线有二总线与四总线两种。对每个探测器采用地址编码技术，整个系统只用 2 根或 4 根导线构成总线回路。

四总线制的构成如图 1—8—3 所示。P 线给出探测器的电源、编码、选址信号；T 线给出自检信号，以判断探测器或传输线是否有故障；控制器从 S 线上获得探测器的信号；G 线为公共地线。P、T、S、G 均为并联方式连接。

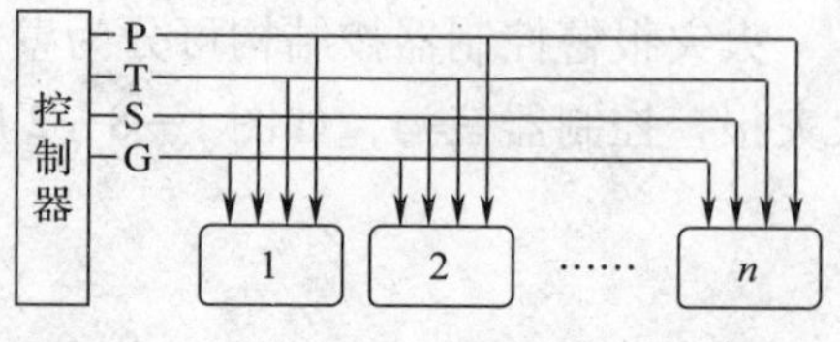

图 1—8—3　四总线制火灾报警控制器

二总线系统有枝形和环形两种接线法，如图 1—8—4 所示。枝形接法如图 1—8—4a 所示。采用这种接线方式时，如果发生断线，可以自动判断故障点，但故障点后的探测器不能工作。环形接法如图 1—8—4b 所示。这种接法要求输出的两根总线返回控制器，构成环形。这种接线方式的优点在于当探测器发生故障时，不影响系统的正常工作。

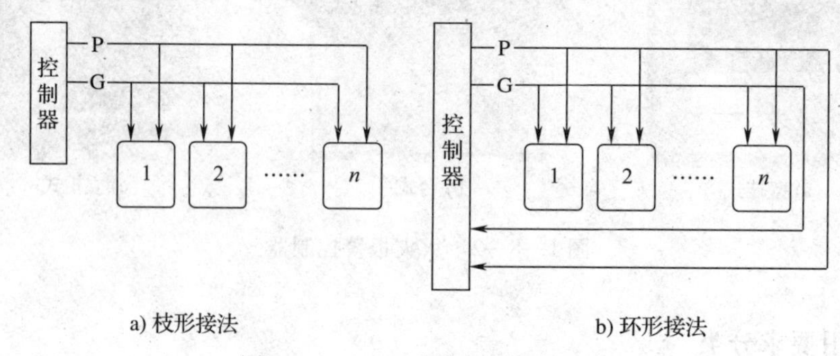

a) 枝形接法　　b) 环形接法

图 1—8—4　二总线制的连接方法

总线制火灾报警控制器具有安装、调试、使用方便的特点。由于整个系统只使用 2 根线或 4 根线，工程造价较低，适用于大型火灾自动报警系统。

三、火灾报警设备联动公式的格式

联动公式是用来定义系统中报警控制器与被控设备间联动关系的逻辑表达式。当系统中的探测设备报警或控制模块的状态发生变化时，控制器可按照这些逻辑表达式自动对被控设备执行“立即启动”或“延时启动”操作。系统联动公式由等号分成前后两部分，前面为条件，由用户编码、设备类型及关系运算符组成；后面为将要联动的设备，由用户编码、设备类型及延时启动时间组成。

例：010011 03 +020011 03 =010012 13 00　010013 19 10

表示：当 010011 号点型感烟探测器或 020011 号点型感烟探测器报警时，010012 号讯响器立即启动，010013 号排烟机延时 10 s 启动。

注意：

（1）联动公式中“ = ”前后的设备都要求由用户编码和设备类型构成，类型不能缺省。

（2）关系符号有“与”“或”两种，其中“+”代表“或”，“×”代表“与”。

（3）“=”后面的联动设备的延时时间为0~99 s，不可缺省，若无延时需输入“00”来表示。

（4）联动公式中允许用通配符“*”表示，用其代替0~9之间的任意数字。通配符既可出现在公式的条件部分，也可出现在联动部分用来合理简化联动公式。当其出现在条件部分时，一系列设备之间隐含“或”关系，例如0*001315即代表01001315+02001315+03001315+04001315+05001315+06001315+07001315+08001315+09001315+00001315；而在联动部分则表示这样一组设备。

（5）联动公式中允许使用因果一致通配符“&”。“&”符号的使用与“*”符号类似，用其代替0~9之间的任何数字，但其替代含义与“*”不同，例如&&&***03+&&&***02+&&&***11=&&&***13 00代表当某一区的任意点型感烟探测器、差定温探测器或手动报警按钮报警时，同一区的任意讯响器设备立即联动启动，即当121***03设备报警时，121***13设备无延时启动。

（6）联动公式中表示因果关系的等号可以是“=”也可以是“==”，它们的区别仅在于启动控制方式中的自动设置为部分允许时，当前面的联动条件成立时，“==”后面的设备联动，而“=”后面的设备不被联动。

（7）在一个联动公式中只能有一处表示因果关系的等于。

任务实施

一、设备定义

1. 设备定义步骤

第一，确保接线完毕，然后打开控制器内的主电源和备用电源。

第二，等系统自检完毕后，单击前面板上的“系统设置”按钮，其中进入密码为空，单击“确认”即可。

第三，依次选择“设备定义”“总线设备定义”“连续定义”，则进入设备定义界面，典型的设备定义界面如图1—8—5所示。

2. 典型设备定义界面的参数

（1）设备编号

设备编号由该设备所在的回路号和自身的编码号组成，回路板和通信板的回路号是从1到20连续设置的，主板定义为第0回路。原始编码与现场布线没有关系。

设备编号编辑完成后，按“确认”键进入现场编码的编辑。现场编码包括用户编号、设备类型、设备状态、注释信息和补充编码。

（2）用户编号

用户编号由六位0~9的数字组成，它是人为定义用来表达这个设备所在的特定的现场环境的一组数，用户通过此编码可以很容易地知道被编码设备的位置以及与位置相关的其他信息。对用户编码的规定如下：

第一、第二位对应设备所在的楼层号，取值范围为0～99。为方便建筑物地下部分设备的定义，规定地下一层为99，地下二层为98，以此类推。

第三位对应设备所在的楼区号，取值范围为0～9。所谓楼区是指一个相对独立的建筑物，例如：一个花园小区由多栋写字楼组成，每一栋楼可视为一个楼区。

第四位、第五位、第六位对应总线制设备所在的房间号或其他可以标志特征的编码。在对火灾显示盘编码时，第四位为火灾显示盘工作方式设定位，第五位、第六位为特征标志位。

设备连续定义中，输入完成并确认后，用户编号将随着第一次输入的值向上增长。其余信息不变，如图1—8—6所示。

图1—8—5　典型的设备定义界面

图1—8—6　总线设备连续定义

（3）设备类型

设备类型参照相关设备类型表中的设备类型输入两位数字，此项内容的输入区前面无“设备类型”字样提示，其输入区与“用户编码”处于同一行，紧跟在“用户编码”输入区的后面。

（4）设备状态

一些具有可变配置的设备，可以通过更改此设置改变配置。可变配置的设备如下：

1）点型感温。可改变点型感温探测器类别，可设置成1 = A1S，2 = A1R，3 = A2S，4 = A2R，5 = BS，6 = BR。各类别对应的特征见表1—8—1。

表1—8—1　各类探测器与温度的关系

探测器类别	应用温度（℃）		动作温度（℃）	
	典型	最高	下限值	上限值
A1	25	50	54	65
A2	25	50	54	70
B	40	65	69	85

注：①S型探测器即使对较高升温速率在达到最小动作温度前也不能发出火灾报警信号。

②R型探测器具有差温特性，对于高升温速率，即使从低于典型应用温度以下开始升温也能满足响应时间要求。

2）点型感烟。可改变点型感烟探测器探测烟雾的灵敏程度，可设置成 1 = 阈值 1，2 = 阈值 2，3 = 阈值 3。各类别对应的特征见表 1—8—2。

表 1—8—2　　各阈值类别的探测器阈值

阈值类别	探测器阈值（dBm^{-1}）
阈值 1	0.1～0.21
阈值 2	0.21～0.35
阈值 3	0.35～0.56

注：阈值数字越小，探测器越灵敏，可以对较少的烟雾报警。

（5）输出方式

可以改变模块的输出方式，输出方式及类别见表 1—8—3。

表 1—8—3　　输出方式及类别

类别	输出方式	输出信号
0	脉冲启	10 s 左右的脉冲信号
1	电平启	持续信号

（6）注释信息

表示该设备的位置或其他相关汉字提示信息。此项最多可由六个四位区位码输入的汉字或阿拉伯数字组成。

（7）补充编号

对于系统中所带的联动设备，此项内容用来对该设备对应的手动消防启动盘上的启动键进行定义。这部分内容由六位数字组成，前两位表示手动消防启动盘所连接的回路板的回路号（1～20），中间两位表示该手动消防启动盘的编号（1～4），每一块回路板最多可外接 4 块手动消防启动盘，最后两位表示手动键号（1～64），每块消防启动盘上有 64 个按键。

3. 关于设备定义的其他说明

（1）在设备定义中，只能输入阿拉伯数字，其余字符视为非法。

（2）汉字输入采用四位标准国标区位码输入，前面的 0 不可缺少。

（3）为了方便操作，对出现频率较高的大写数字，除可用原有的区位码以外，还可用 9000、9001 到 9010 作为输入“零”“一”到“十”的区位码。

（4）另外，阿拉伯数字也可作为注释文字使用，从“0”到“9”区位码对应 0030 到 0039。

（5）对两位阿拉伯数字“00”到“99”可以采用 9100 到 9199 作为区位码输入。

（6）控制器提供了消防工程常用的标准汉字库。对用户特殊要求的汉字还提供最多 88 个汉字容量的定制补充字库。

（7）在进行设备定义时，三套模拟装置对应的输入/输出模块放在同一个回路，其余总线设备放在同一个回路。

（8）在 GST－5000 上进行电话盘和广播盘时，前者盘号定义为 01，后者定义为 02。

二、设备注册

单击“系统设置”后，依次选择“调试状态”“设备注册”，此时会有如图 1—8—7 所示的显示。

三、设备检查

按下“设备检查”键，屏幕显示一个选择设备检查的界面（见图 1—8—8）。

图 1—8—7 设备注册

图 1—8—8 选择设备检查的界面

按下“1”键，进入“注册信息检查”界面（见图 1—8—9）。

四、启动方式设置

按下“启动控制”键，调出启动方式菜单（见图 1—8—10），可按“△”“▽”键选择相应方式，按“确认”键存储，系统即工作在所选的状态下。

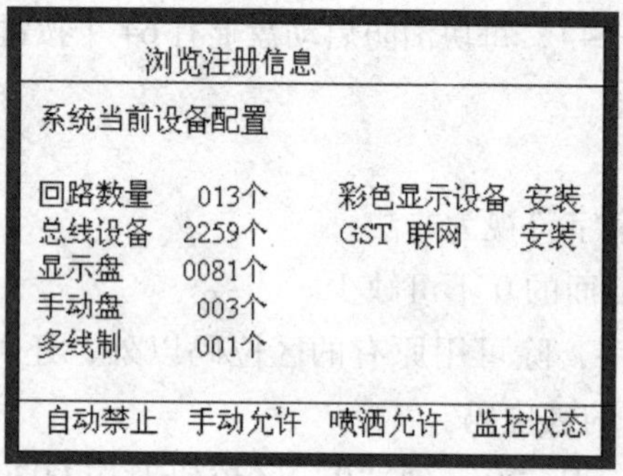

浏览注册信息
系统当前设备配置
回路数量 013个 彩色显示设备 安装
总线设备 2259个 GST 联网 安装
显示盘 0081个
手动盘 003个
多线制 001个
自动禁止 手动允许 喷洒允许 监控状态

图 1—8—9 “注册信息检查”界面

图 1—8—10 启动方式菜单

启动方式可分为手动方式和自动方式两种。

手动方式是指通过主控键盘或手动消防启动盘对联动设备进行启动和停止的操作，手动允许时，面板上的“手动允许”灯点亮。

自动方式是指满足联动条件后，系统自动进行的联动操作，包括不允许、部分允许、

全部允许三种方式。部分自动允许和全部自动允许时，面板上的“自动允许”灯亮。部分自动允许只允许联动公式中含有“ = = ”的联动公式参加联动。

提示方式是指在满足联动条件后，自动方式不允许时，手动盘的指示灯将闪烁提示。其选择方式包括“提示所有联动公式”“只提示含‘ = = ’的公式”以及“没有提示”三种方式。

五、编辑联动公式

根据指导教师提出的联动要求，编辑联动公式并进行测试。联动公式的编辑方法如下：

按下“现场编程”键，屏幕提示输入密码，输入正确的系统密码后，进入现场编程菜单，屏幕上出现两种编程（见图1—8—11）。

按照被联动设备的类型进行选择（被联动设备为气体灭火设备选“2”，为常规设备选“1”）后，屏幕出现联动公式的编辑菜单。

选择“1. 常规设备编程”，出现以下界面（见图1—8—12）。

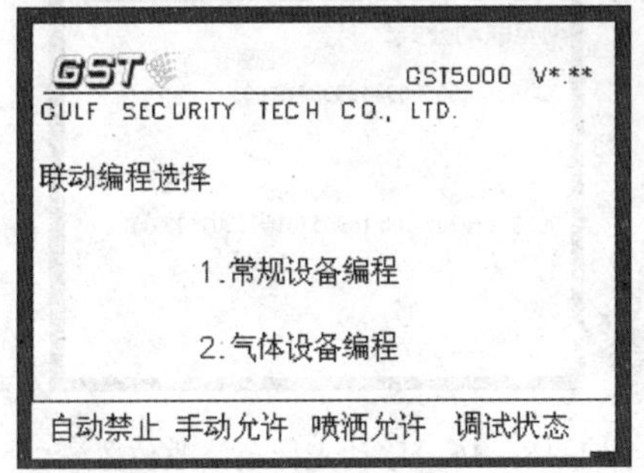

图1—8—11　现场编程菜单

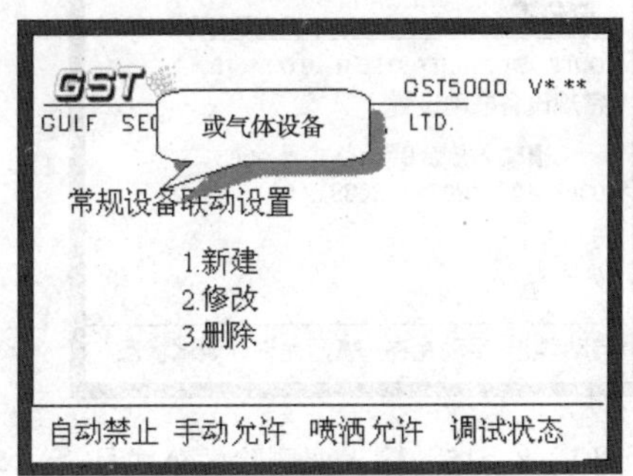

图1—8—12　常规设备联动设置

“新建”：系统自动分配公式序号。输入欲定义的联动公式（见图1—8—13）并按“确认”键后，此条联动公式存于存储区末端。

“修改”：输入要修改的公式序号（见图1—8—14），确认后控制器将此序号的联动公式调出显示，等待编辑修改。修改完成后，按“确认”键将修改后的联动公式存储，按“取消”键放弃修改不予存储。

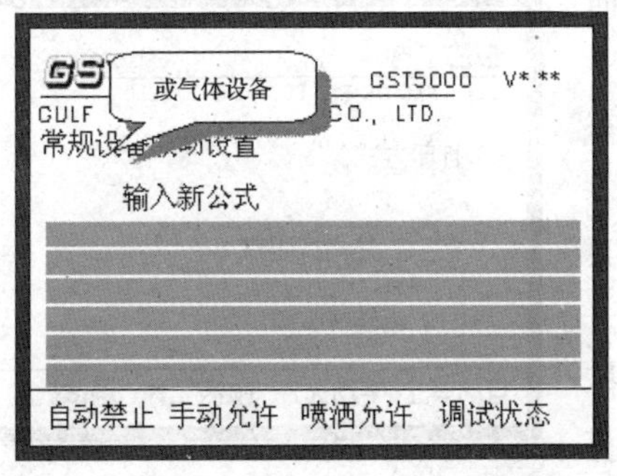

图1—8—13　输入欲定义的联动公式

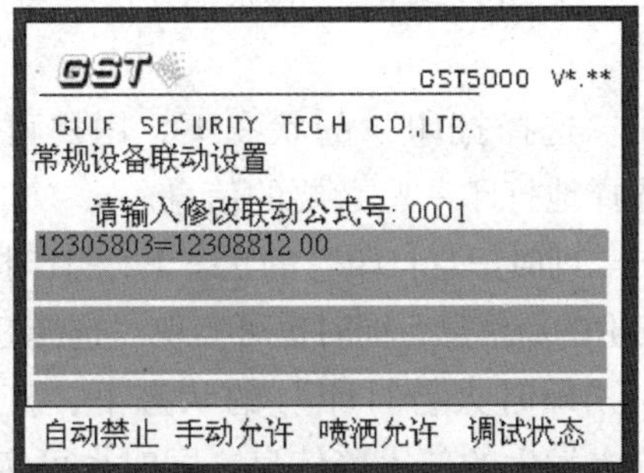

图1—8—14　输入要修改的公式序号

“删除”：输入要删除的公式号（见图 1—8—15）并确认后，控制器显示该序号的联动公式，并提示是否进行删除操作，按“确认”键执行删除，按“取消”键放弃删除。

“公式查询”：在系统待机状态下，按“公式查询”键，再选择“常规设备联动公式浏览”或“气体设备联动公式浏览”，系统从 1 号公式开始显示已存储的联动公式，每屏两条，按“▽̿”键可向后翻页。按下“确认”键，提示输入显示的联动公式序号，输入序号确认后，从此号的联动公式开始浏览显示。

注意：

该系统设有联动公式语法检查功能，若输入的联动公式存在语法错误，在按下“确认”键存储时，系统将报告“输入错误”不存储，等待重新编辑。

进入“修改”状态时，屏幕上的联动公式为高亮显示，此时若想对其局部进行修改，要先按下“≙”或“▽̿”键并将光标移至要修改的位置后，再进行相应的编辑工作（见图 1—8—16）。否则，高亮显示字符全部消失，控制器要求全部重新输入。

图 1—8—15 输入要删除的公式号

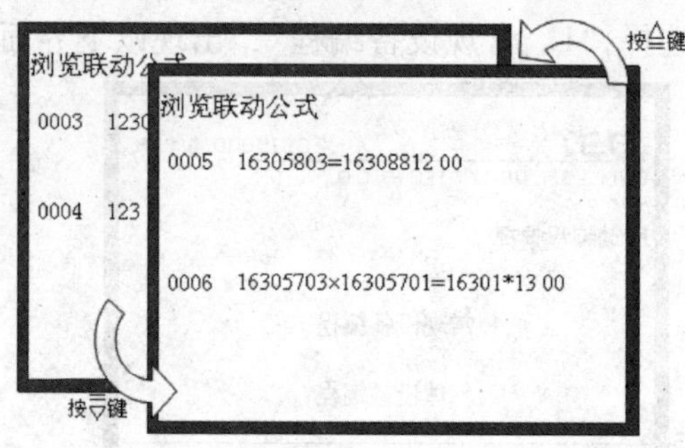

图 1—8—16 移动光标至修改位置

联动公式可以在任意位置添加空格，内容不受影响，但连续空格数不能超过两个，否则将删除空格后面的部分。

拓展知识

打印火灾报警报告可按下述方法进行：

按下“打印控制”键，液晶屏显示设置打印方式菜单，如图 1—8—17 所示。

在“关闭打印机”的状态下，系统不打印任何信息。

在“选择打印”的状态下，用户可在记录检查时有选择地打印一些必要的信息。

在“即时信息打印”的状态下，打印机即时打印系统中发生的新信息，同时也可实现“选择打印”功能。

在“即时火警打印”的状态下，打印机即时打印系统中发生的新火警信息，同时也可实现“选择打印”功能。

图 1—8—17 设置打印方式菜单

任务九　火灾报警控制器的联网

任务描述

1. 连接通信系统。
2. 设置 GST 联网方式。
3. 单监控中心和多监控中心组网。
4. 定义网络控制器二次码。
5. 设置并操作 CRT 显示系统。

基础知识

一、区域火灾自动报警系统

报警控制系统的设计要求如下：

1. 一个报警区域宜设置一台区域火灾报警控制器。
2. 区域火灾报警系统报警器台数不应超过两台。
3. 当一台区域报警控制器垂直方向警戒多个楼层时，应在每个数层的楼梯口或消防电梯前室等明显部位，设置识别楼层的灯光显示装置。
4. 区域报警控制器安在墙上时，底边距地面 1.3 ~ 1.5 m，靠近门轴的侧面距墙不应小于 0.5 m，正面操作距离不应小于 1.2 m。
5. 区域报警器应设置在有人值班的房间或场所。
6. 区域报警器的容量应大于所监控设备的总容量。
7. 系统中可设置功能简单的消防联动控制设备。

图 1—9—1 所示为区域报警控制系统应用实例。

二、集中报警控制系统

1. 集中报警控制系统的设计要求

（1）设一台集中控制器和两台以上区域控制器，或一台集中控制器和两台以上区域显示器（或灯光显示装置）。

（2）应设置在有专人值班的消防控制室或值班室内。

（3）能显示报警部位和控制信号，也可进行联动控制。

（4）系统中应设置消防联动控制设备。

（5）在消防控制室内的布置应符合下列要求：

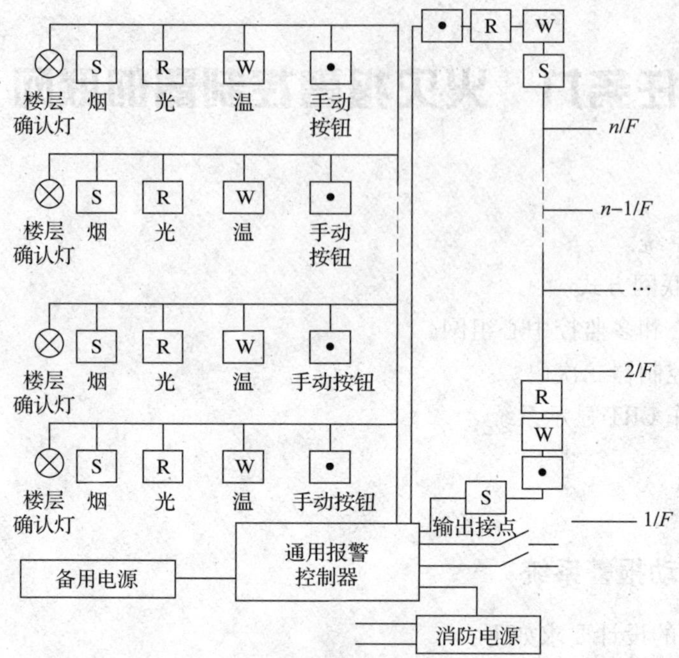

图 1—9—1　区域报警控制系统应用实例

1）设备面盘前操作距离，单列时不应小于 1.5 m，双列时不应小于 2 m。

2）值班人员工作的一面，面盘至墙的距离不应小于 3 m。

3）排列长度大于 4 m 时，两端有宽度不小于 1 m 的通道。

4）设备面盘后的维修距离不宜小于 1 m。

5）安装在墙上时，底边距地为 1.3 ~ 1.5 m，靠近门轴的侧面距墙不应小于 0.5 m，正面操作距离不应小于 1.2 m。

2. 集中报警控制器应用实例（见图 1—9—2）

三、控制中心报警系统

控制中心报警系统用于大型宾馆、饭店、商场、办公楼等大型建筑群和大型综合楼工程中。现代控制中心报警系统是智能型火灾报警系统，包括主机智能系统、分布式智能系统等类型。

控制中心报警系统往往基于高灵敏度空气采样报警系统（HSSD）。HSSD 火灾探测器是高灵敏度空气采样报警系统的主要组成部分，是通过管道空气采样分析判断烟雾粒子浓度的一种烟雾探测器。大多数火灾初起的时候都会有一个有烟阶段，所以高灵敏度空气采样报警系统跟普通的探测器相比，能更早发现火情。

GST－119NET 城市火灾自动报警监控管理网络系统是一种控制中心报警系统，其联网示意图如图 1—9—3 所示。

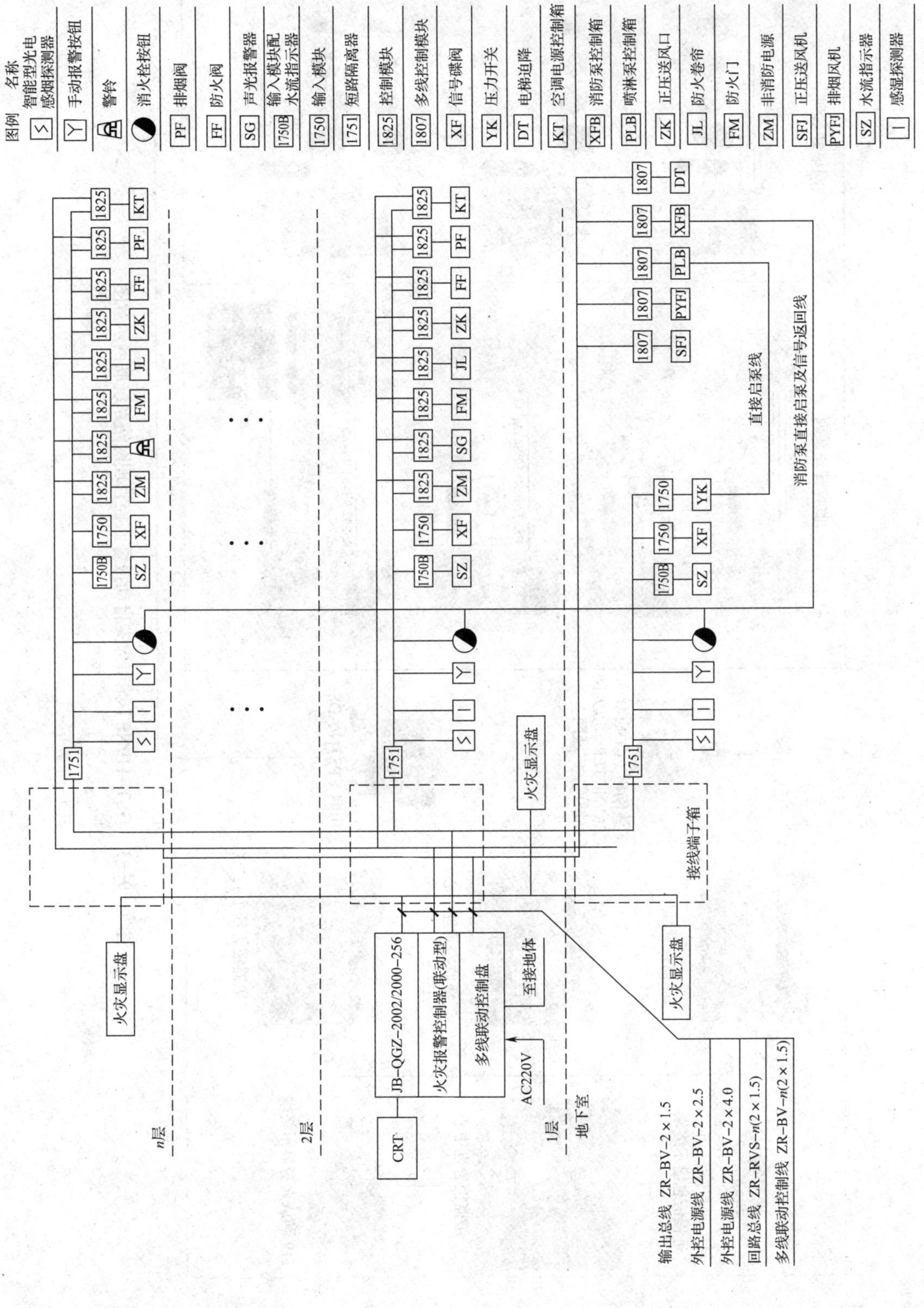

图例	名称
S	智能型光电感烟探测器
Y	手动报警按钮
	警铃
	消火栓按钮
PF	排烟阀
FF	防火阀
SG	声光报警器
1750B	输入模块配水流指示器
1750	输入模块
1751	短路隔离器
1825	控制模块
1807	多线控制模块
XF	信号碟阀
YK	压力开关
DT	电梯迫降
KT	空调电源控制箱
XFB	消防泵控制箱
PLB	喷淋泵控制箱
ZK	正压送风口
JL	防火卷帘
FM	防火门
ZM	非消防电源
SFJ	正压送风机
PYFJ	排烟风机
SZ	水流指示器
I	感湿探测器

n层
2层
1层
地下室
CRT
JB-QGZ-2002/2000-256
火灾报警控制器(联动型)
多线联动控制盘
AC220V
至接地体
火灾显示盘
接线端子箱
直接启泵线
消防泵直接启泵及信号返回线

输出总线 ZR-BV-2×1.5
外控电源线 ZR-BV-2×2.5
外控电源线 ZR-BV-2×4.0
回路总线 ZR-RVS-n(2×1.5)
多线联动控制线 ZR-BV-n(2×1.5)

图1—9—2 集中报警控制器系统

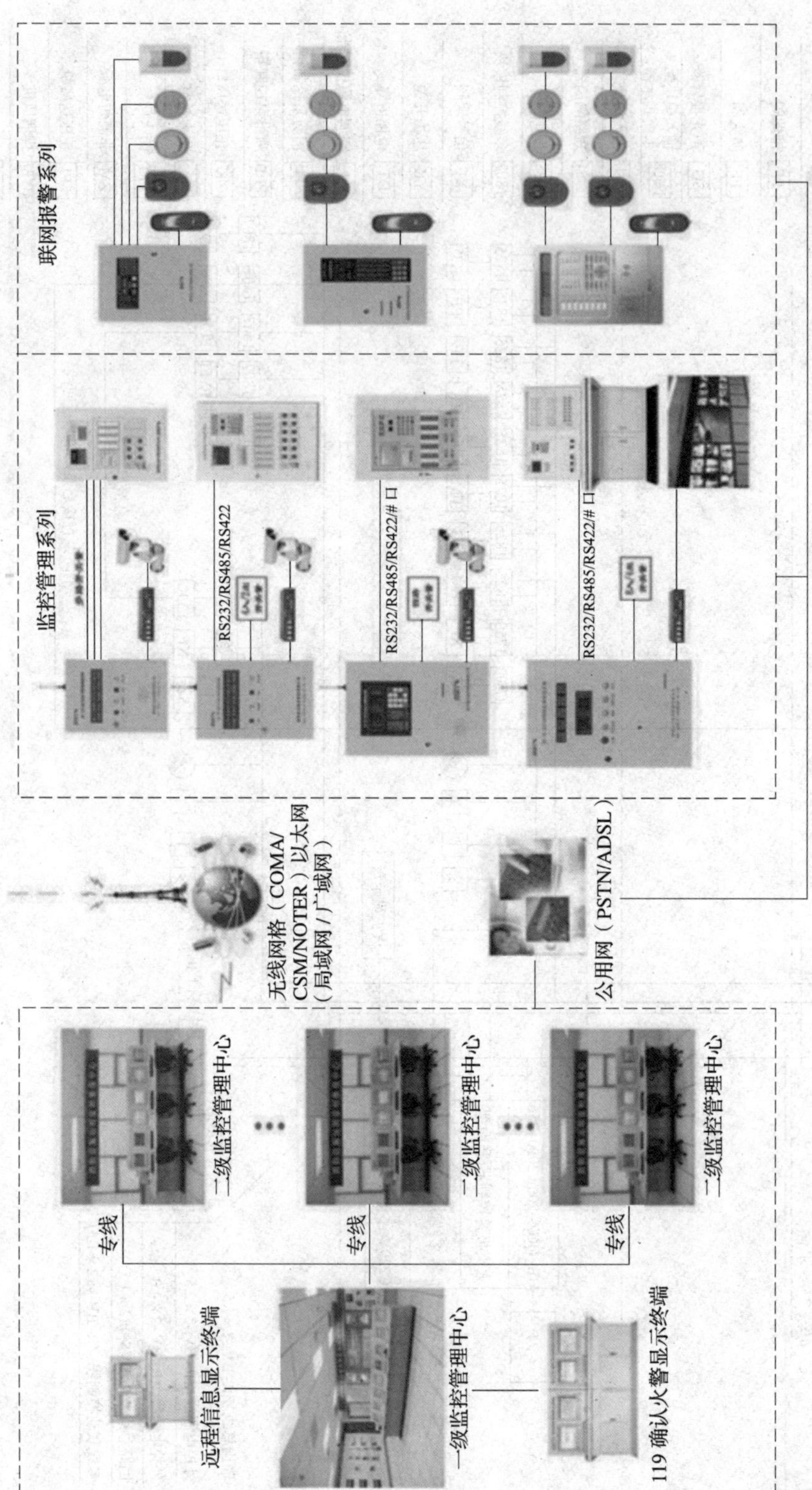

图 1—9—3 GST-119NET 城市火灾自动报警监控管理网络系统联网示意图

四、GST500/GST5000 系列控制器网络系统应用示例

本示例是由三台控制器（分别位于 1、2、3 号楼区）组成的单监控中心式 GST 网络系统。三台控制器均接入本地网卡后，将各控制器通过此卡连接起来构成 GST 网络系统。网络连接后，将三台控制器的地址分别设置为 01、02、03（参照“组网方式”），且将控制器均设置为“显示”状态。

三台控制器所连接的部分外部设备及存储的部分联动公式（手动盘键号定义）见表 1—9—1。

表 1—9—1　外部设备及存储的部分联动方式

控制器	外部设备		联动公式（手动盘键号定义）
	用户码	设备类型	
01	011001	讯响器	6 号键用于启动 022032 号排烟机
02	022026	点型感烟探测器	02202603 + 02202703 + 02202803 = 01100113 00 02203013 00
	022027	点型感烟探测器	
	022028	点型感烟探测器	
	022030	讯响器	
	022032	排烟机	
03			02202603 + 02202703 + 02202803 = 02203219 30

1. 现 2 号楼区的点型感烟探测器 022026、022027 报警。此时 02 号控制器将显示本机报警信息，由于 01、03 号控制器为“显示”状态，也将显示该报警信息，实现网络信息显示。

2. 由于点型感烟探测器 022026、022027 报警满足了 02 号控制器内的联动公式，则位于 1 号楼区监控中心的 011001 讯响器及位于 2 号楼区的 022030 号讯响器将立即动作。

3. 此时如果监控中心值班人员在岗，将会根据显示的报警信息按下控制器 01 的第 6 号手动盘按键来手动启动位于 2 号楼第 2 层楼的 022032 号排烟机，实现网络启动控制操作。

4. 由于点型感烟探测器 022026、022027 报警也满足了 03 号控制器内的联动公式，如果监控中心的值班人员未在岗或在火警发生的 30 s 内未手动启动 022032 号排烟机，此时控制器 03 将自动联动 022032 号排烟机动作。

五、CRT 显示系统

控制器接入监控网卡后即可与控制计算机连接实现图形化的监视与控制。CRT 显示系统可通过上位控制计算机完成与火灾报警控制器相同的显示和控制操作，包括设备检查、记录检查、联动检查、隔离、释放、启动、停动、设备定义、联动编程等操作。CRT 显示系统提供图形界面，使用户直观地了解系统的设备状况，并可对设备进行便捷的控制。

任务实施

JB－QB－GST500、JB－QG/QT－GST5000 火灾报警控制器（联动型）通过与不同功能的网卡连接可以实现 GST 系列控制器间的联网；也可与 CRT 显示系统连接完成图形化监控。GST500/GST5000 控制器界面显示相同。

一、通信系统的连接

1. 光栅机通信卡的连接

控制器光栅机通信卡与光栅机之间的通信采取 RS－485 总线方式，总线采用截面积不小于 1.0 m^2 的双绞线，且总线的总长度应不大于 1 km。

2. GST500/GST5000 系列控制器控制网络的连接

组成 GST500/GST5000 系列控制器控制网络的各控制器本地网卡的总线端子均接入 RS－485网络总线，总线采用截面积不小于 1.0 m^2 的双绞线，且总线的总长度应不大于 1 km。

可采用 GST－NET100 远距联网接口，使网络中每 2 台控制器间的总线距离延长到 4 km。

3. CRT 显示系统的连接

控制器监控网卡提供了一个标准九针 RS－232 接口。

当构成 CRT 系统时，RS－232 接口通过三芯屏蔽线与上位控制计算机（PC 机）相连接构成 CRT 显示系统。应注意：

（1）连接线最大距离不大于 15 m。

（2）屏蔽线屏蔽层接大地。

（3）计算机机壳接大地。

二、GST500/GST5000 系列控制器联网设置

要完成 GST500/GST5000 系列控制器联网，首先必须对接入网络的控制器进行网络地址设置，每台控制器均有一个唯一的地址，且其地址号范围为 1～32。回路编号设为 03；网络编号设为 1（GST5000 的地址）。

一台控制器可以支持多块联网板，每块联网板均可以与其他控制器的联网板组成各自的网络，传递信息。

如图 1—9—4 所示的界面中，回路编号为联网板所在的回路号，图中的编号为 02；网络编号为该台控制器在以 02 号联网板组建的网络中的网络地址，设置完成按“确认”键保存设置。若输入的网络地址为 01，即为主机，则屏幕提示该条网络上的联网控制器总数。

输入联网总数后确认，屏幕显示如图 1—9—5 所示。

控制器需要对每块联网板进行网络信息设置。

1. 网络信息显示—允许

控制器接收并显示网络上传来的火警、故障、恢复、延时、自检等网络信息。

图 1—9—4　GST 联网设置界面

图 1—9—5　网络信息设置界面

2. 网络信息显示—不允许

控制器不接收不显示网络上传来的火警、故障、恢复、延时、自检等网络信息。

3. 网络命令接收—允许

控制器接收网络上传来的启动、停动、屏蔽、取消屏蔽、自检等网络命令，并执行这些命令。

4. 网络命令接收—不允许

控制器不接收、不执行网络上传来的启动、停动、屏蔽、取消屏蔽、自检等网络命令。

5. 网络命令发送—允许

控制器向网络上发送在本机执行的启动、停动、屏蔽、取消屏蔽、自检等网络命令。

6. 网络命令发送—不允许

控制器不向网络上发送在本机执行的启动、停动、屏蔽、取消屏蔽、自检等网络命令。

输入完成后按“确认”键后保存网络信息设置。

三、单监控中心组网

单监控中心组网是指 GST500/GST5000 系列控制器网络系统中只有一台控制器全部显示整个网络的所有火警、动作、故障及启动（停动）信息，监控人员仅监控此台控制器便可了解整个网络系统的运行情况。

四、多监控中心组网

当有多于一台的控制器显示整个网络的所有火警、动作、故障及启动（停动）信息时，称为多监控中心组网方式。

采用何种组网方式可根据联网系统监控区域的结构和用户要求而定。

五、网络控制器二次码定义

GST500/GST5000 系列控制器联网时，联网控制器必须定义网络中所有的控制器。定义方式同总线设备定义，如图 1—9—6 所示。进入设备定义界面，在回路号编辑框中输入控制器的联网板号，设备号为要定义的控制器联网地址（范围为 001 ~ 032），如 001 号是指该网络中的 1 号从机，002 号指的是该网络中的 2 号从机，003 号指的是 3 号从机。用户编码是指各个从机的控制器二次码，设备类型为 39 - 从机。

若控制器系统中还存在其他的联网板，如编号为 2 号的联网板，则还需对 2 号联网板所在的网络进行网络控制器二次码定义，定义方法同上。

六、设置并操作 CRT 显示系统

控制器接入监控网卡、与控制计算机正确连接并完成设置后，便可进行 CRT 显示系统操作。一台 CRT 可最多和 99 台火灾报警控制器相连构成 CRT 系统，每台控制器有一个唯一的地址，要求地址设置从 1 开始连续设置。设置过程如下：

进入控制器“系统设置”菜单，选择第四项“通讯设置”菜单，再选择第 5 项“彩色显示器 CRT”，输入本机地址（见图 1—9—7）。输入完成后，重新启动令设置生效。因此，在本系统中，GST5000 控制器的地址设为 01，其余 16 台控制器的地址依次设置为 02、03、04、05、06、07、08、09、10、11、12、13、14、15、16、17。

图 1—9—6 定义网络中的控制器

图 1—9—7 设置 CRT 显示系统

任务十 上位机监控

任务描述

操作上位机监控软件：

1. 创建监控工程。
2. 实践登录系统、主界面操作、系统操作。

3. 简单分析异常信息和控制状态信息。

基础知识

一、上位机监控的软件概述及功能

报警监控客户端是整个消防系统的监控中心，用户能够直观地了解工程设备的布置情况，当设备火警、故障、动作时，能够使用户最快、最直观地掌控发生事件的位置信息。

GSTCRT彩色监控系统从底层重新构建整个系统的构架，使其具有很好的伸缩性、可扩展性，适用于网络分布式应用，实现网络监控。GSTCOM底层通信控件为服务器与控制器的通信层，能够很好地屏蔽控制器类型细节，实现操作界面高度统一，方便对控制器进行扩展。系统利用GSTAPI实现监控端与服务器的通信，GSTAPI为客户提供一套统一的操作接口和事件接口，使得与服务器操作透明化，无须再对通信进行进一步处理。系统监控端界面美观大方，突出监控内容的图像信息，操作方便简洁，适用于不同用户人群。

二、上位机软件系统的安装及卸载

1. 上位机软件的安装

系统的安装程序发布文件名称为GstCrt 2. 1. exe，双击GstCrt 2. 1. exe文件，系统提示开始安装消防监控系统，如图1—10—1所示。

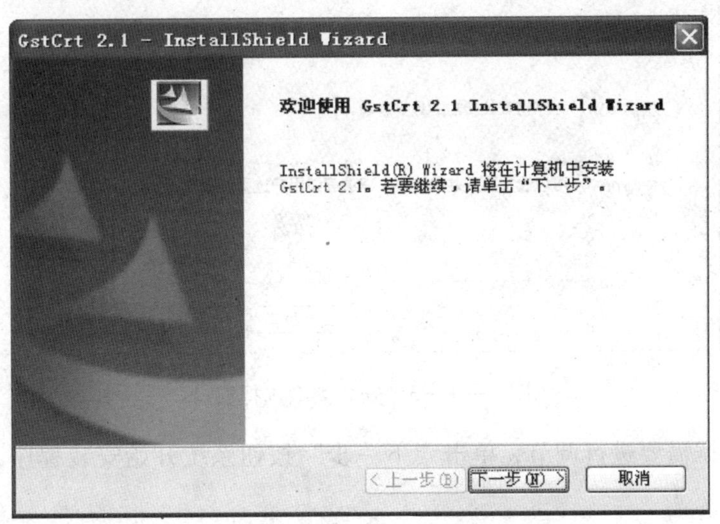

图1—10—1 开始安装消防监控系统

单击“下一步”按钮，经过几步后系统弹出询问选择目的路径对话框，如图1—10—2所示。

系统默认安装到Program Files目录下的Gst Software子目录，用户可以更改此安装目录。单击“下一步”按钮出现安装类型选择窗口，如图1—10—3所示。

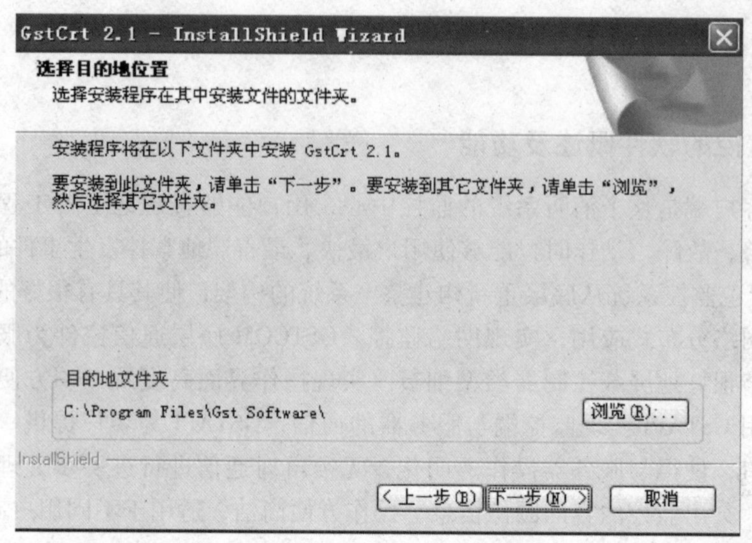

图 1—10—2　询问选择目的路径对话框

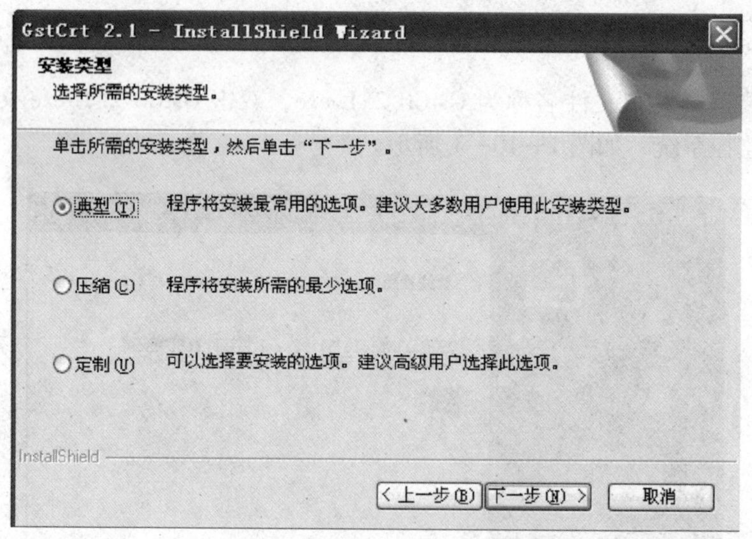

图 1—10—3　安装类型选择窗口

用户可以根据需要进行调节，单击“下一步”按钮系统开始安装程序，如图 1—10—4 所示。

系统安装完成后提示如图 1—10—5 所示的信息。安装成功后提示用户是否安装 USB 驱动程序，如果用户使用的是 USB 串口通信，则需要安装此驱动程序。

2．运行上位机软件

上位机软件安装结束后，即可调用运行（见图 1—10—6）。

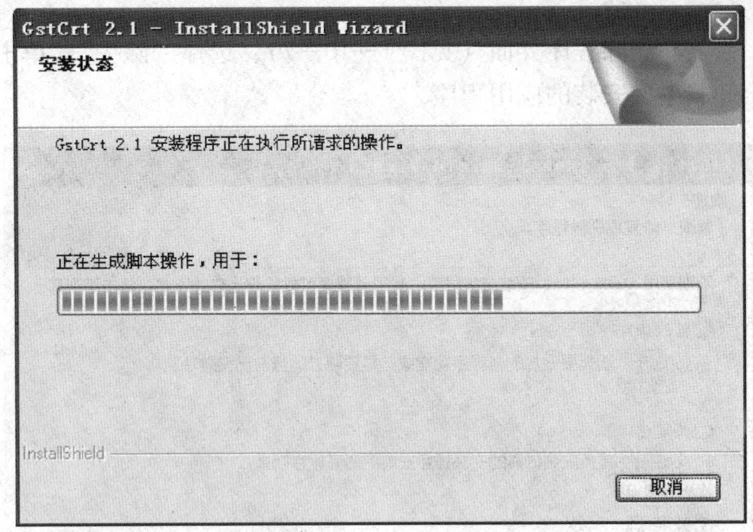

图 1—10—4　开始安装程序

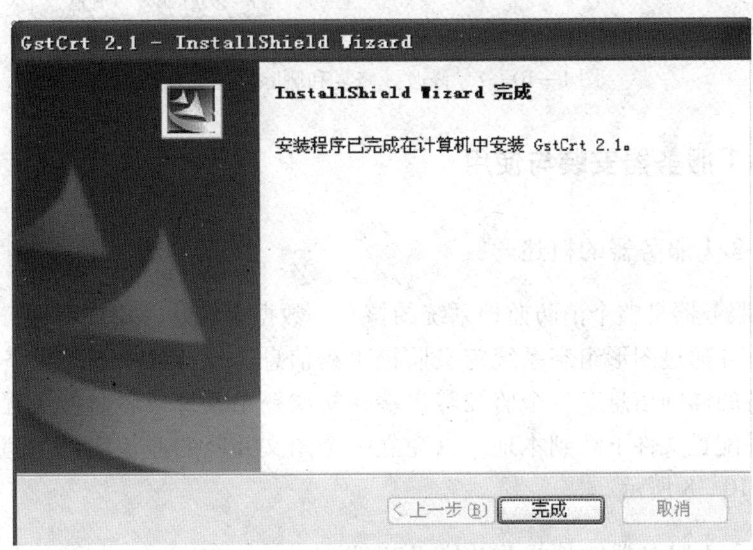

图 1—10—5　系统安装完成后的提示

图 1—10—6　运行上位机软件

3. 卸载上位机软件

进入修改、修复和删除程序界面（见图1—10—7），选择“除去”，单击“下一步”按钮，就可以完全卸载上次安装的应用程序。

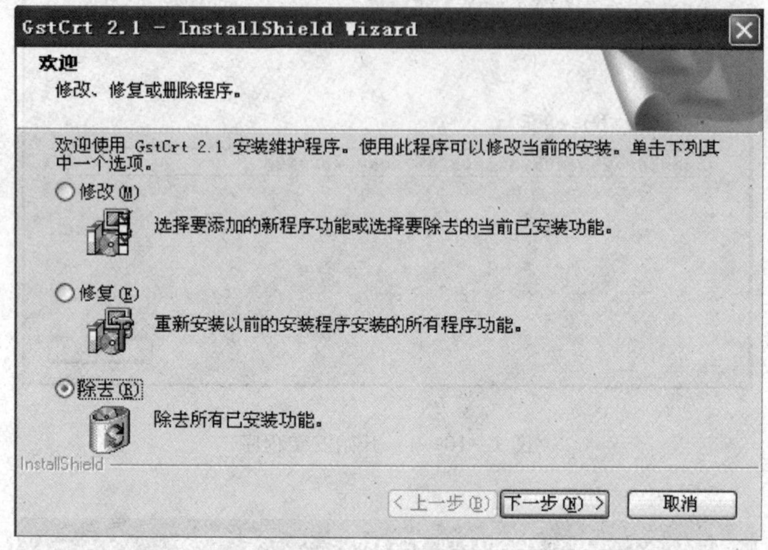

图1—10—7　修改、修复和删除程序界面

三、GstCrt 2.1服务器安装与使用

1. GstCrt 2.1服务器的概述

GstCrt 2.1服务器是整个消防监控系统的核心、数据中转站，用户在服务器端对控制器进行组态定义，并通过图形组态系统定义监控工程信息，包括各个消防设备在监控区域的布局和消防设备的详细信息。各个监控客户端在初次登录系统或者监控工程信息发生更新时，自动把相关配置文件下载到本地，以建立一个图文并茂的监控实例。消防监控服务器主界面如图1—10—8所示。

2. GstCrt 2.1服务器软件操作步骤及说明

（1）控制器通信端口配置

单击“与控制器的通讯”中的“设置”按钮（在停止与控制器通信的情况下），系统弹出“串口设置”对话框，如图1—10—9所示。

控制器地址：用户根据实际情况进行设定。

控制器类型：用户根据实际控制器的类型进行设定。

串口号：计算机串行口，系统设为99个。

状态：控制器状态，反映控制器此时的状态（启动和停止两种情况）。

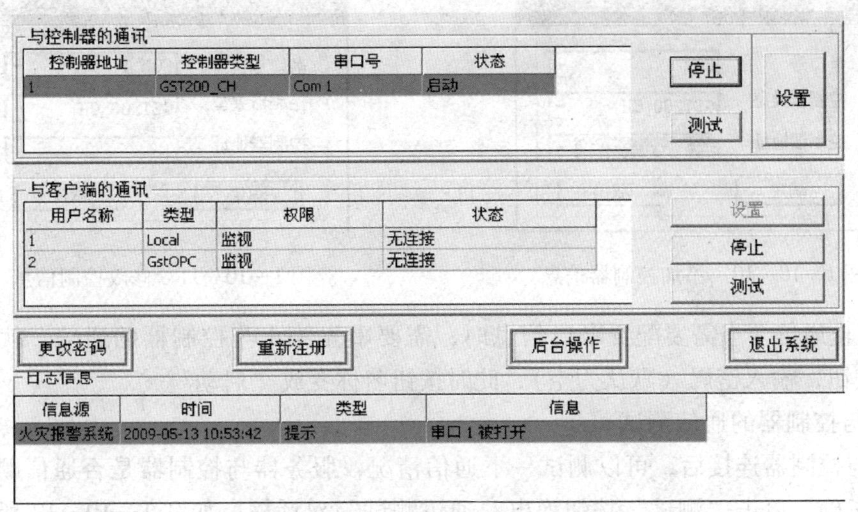

图 1—10—8　消防监控服务器主界面

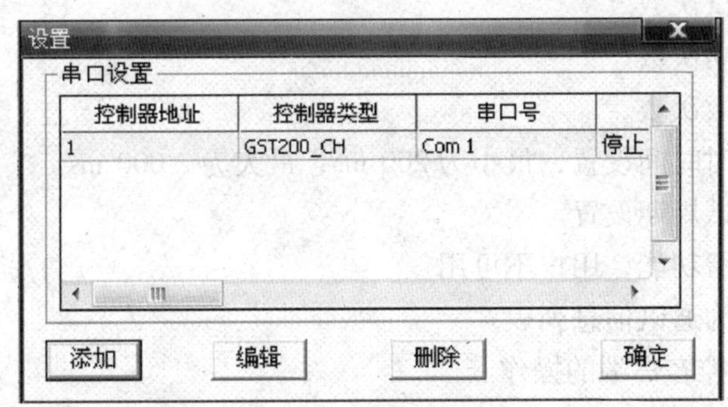

图 1—10—9　“串口设置”对话框

(2) 添加控制器信息

单击“添加”按钮，弹出如图 1—10—10 所示添加控制器信息对话框。

串口号：计算机串行口，系统设为 99 个。

控制器类型：用户根据实际控制器类型进行设定。

控制器地址：系统设为 255 个。

(3) 修改控制器信息

选中图 1—10—9 串口设置中需要修改的控制器信息后，单击“编辑”按钮，弹出如图 1—10—11 所示对话框。

若需删除控制器信息，则选中需要删除的控制器信息后，单击“删除”按钮，将其删除。

(4) 开始、停止与控制器通信

1) 开始通信。当配置完串口信息后，可以单击“启动”按钮（与“停止”为同一按钮），此时按钮名称变为“停止”。

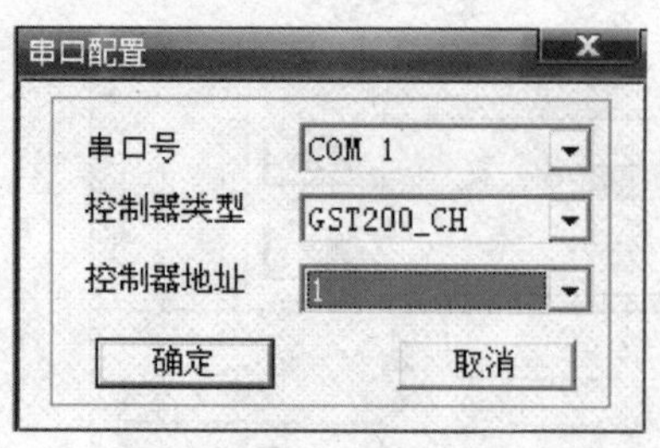

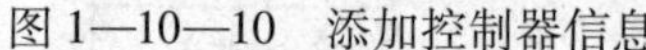
图 1—10—10　添加控制器信息

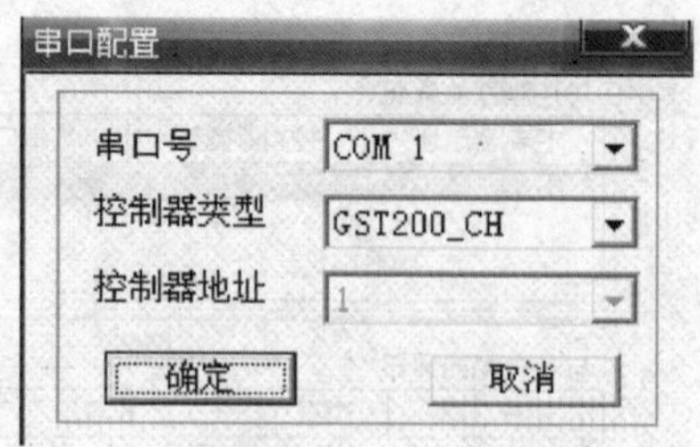

图 1—10—11　修改控制信息

2）停止通信。当需要配置串口信息时，需要事先停止与控制器的通信，就可以单击“停止”按钮，输入密码（默认为空），此时按钮名称变成“启动”。

（5）与控制器的通信测试

开始与控制器连接后，可以测试一下通信情况，服务器与控制器是否通信顺畅，通信内容是否正确。单击“测试”按钮弹出“通讯测试”对话框，如图 1—10—12 所示，它将如实地反映控制器上传给消防监控服务器的信息。

测试次数：为测试次数。

成功：为通信成功次数。

失败：为测试失败次数。

超时调节：为超时时间设置，最小为 200 ms，最大为 2 000 ms。

测试周期：为测试周期设置。

日志：为系统保留功能，用户不可用。

通讯详细信息：为通讯信息列表。

（6）服务器与监控客户端的操作

此操作为服务器配置客户端，包括客户端名称、密码和操作权限。

1）配置客户端。单击“与客户端的通讯”中的“设置”按钮，弹出“用户定义”对话框，如图 1—10—13 所示。

用户名称：客户端账号，只有此账号的用户可以登录到服务器。

类型：客户类型，包括 Local、Remote、GSTAPI、GSTOPC 等，本机同时使用客户端和服务器时类型设为 Local，Remote 是由监控客户端连接时使用的客户类型，GSTAPI 是第三方软件通过 GSTAPI 控件连接服务器时使用的类型，GSTOPC 是 OPC 用户连接服务器时使用的用户类型。

权限：客户端权限。

2）添加监控用户。单击“添加”按钮，弹出如图 1—10—14 所示的对话框。

用户：监控客户端。

密码：客户端登录密码。

登录方式：客户端连接类型。

3）修改监控用户信息。单击图 1—10—13 中的“编辑”按钮后，弹出类似图 1—10—14 所示的修改对话框，根据需要修改内容，单击“确定”按钮即可。

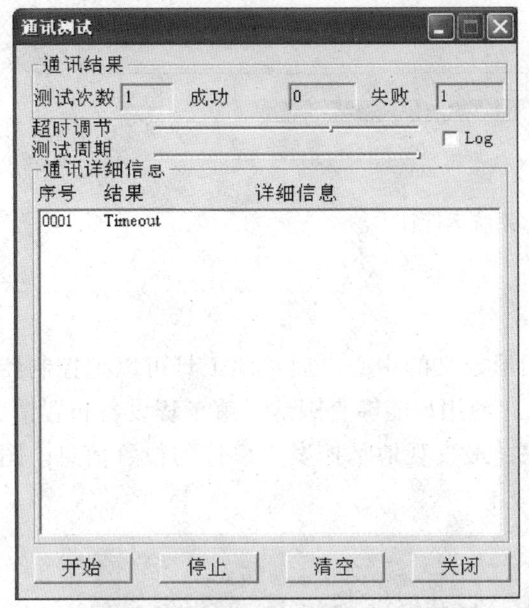

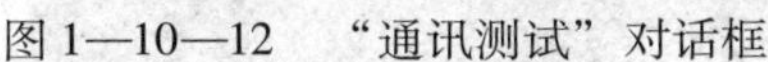

图 1—10—12　“通讯测试”对话框

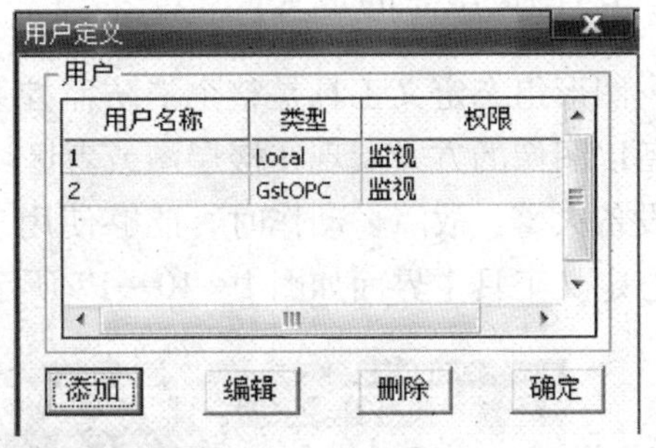

图 1—10—13　“用户定义”对话框

4）删除监控用户信息。选中图 1—10—13 所示用户列表中想要删除的客户账号，单击“删除”按钮即可。

（7）开始、停止与监控客户端的通信

1）开始通信。当配置完监控用户信息后，可以单击“启动”按钮（与“停止”为同一按钮），此时按钮名称变为“停止”。

2）停止通信。当需要配置监控用户信息时，需要事先停止与控制器的通信，可以单击“停止”按钮，输入密码（默认为空），此时按钮名称变成“启动”。

3）与监控客户端的通信测试。当监控客户端与服务器连接后，可以测试通信情况，单击“测试”按钮弹出通信测试窗口，如图 1—10—15 所示。

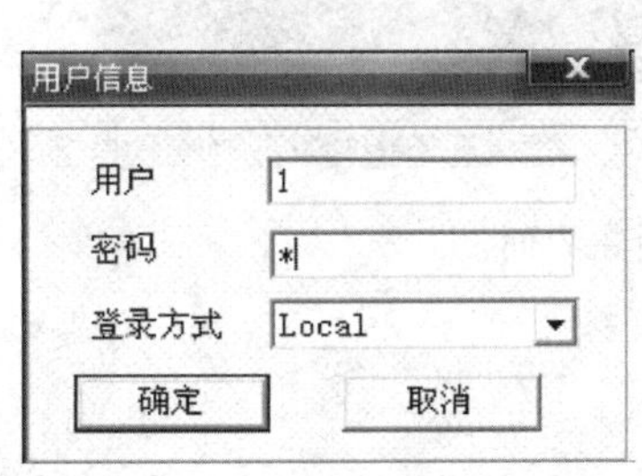

图 1—10—14　“用户信息”对话框

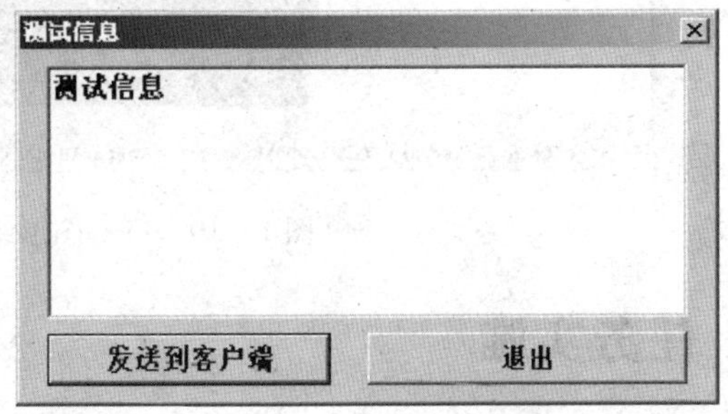

图 1—10—15　通信测试窗口

单击“发送到客户端”按钮后，文本框中的信息将发送给所有与服务器连接的客户端。

4）系统运行日志。服务器在整个运行过程中如实地记录与控制器的通信情况和与客户端的通信情况，并根据日志的类型用不同的颜色显示，如图 1—10—16 所示，其中信息源为日志信息来源，信息列为信息内容。

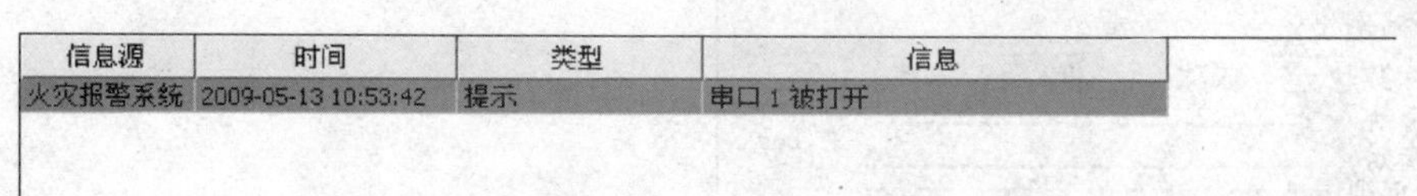

信息源	时间	类型	信息
火灾报警系统	2009-05-13 10:53:42	提示	串口 1 被打开

图 1—10—16　系统运行日志

3. 图像组态的定义

图形组态定义工具是整个消防监控系统图形定义的中心，通过此工具可以把控制器的设备以图像的方式展现在楼层图或者区域图上，使用户能够直观地了解工程设备布置情况，当设备火警、故障、动作时，能够使用户最快、最直观地掌控发生事件的位置信息。图形组态定义工具主界面如图 1—10—17 所示。

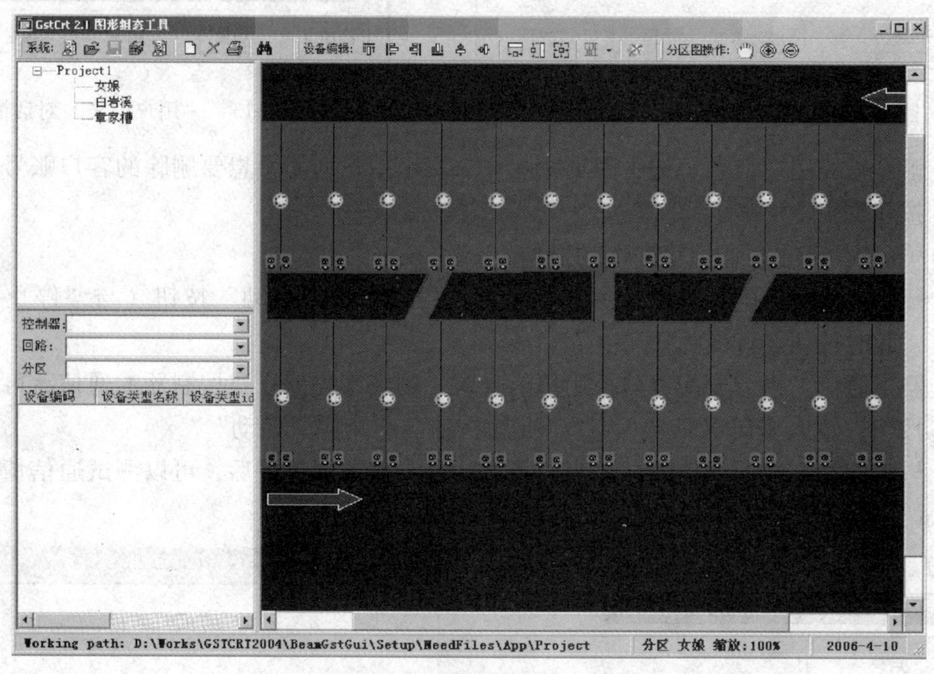

图 1—10—17　图形组态定义工具主界面

任务实施

一、创建监控工程

在运行此系统时，系统默认工程为 Project1，如果想定义一个容易识别的名称，用户可以单击工具条上的创建工程按钮，弹出如图 1—10—18 所示对话框；或者右击系统默认工程 Project1，选中“编辑工程”后弹出类似图 1—10—18 所示对话框。

工程名称：监控工程名称。

背景图片：监控工程背景图片。

分区大小：监控工程内的分区大小，默认值为1 010×592；如果和实际工程中底图的分辨率不符，可单击分区大小栏后的按钮，将分区大小设置为和工程底图分辨率一致。

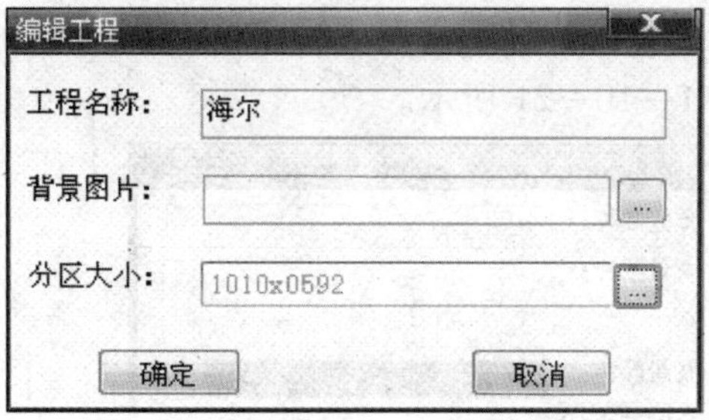

图 1—10—18　“编辑工程”对话框

1. 打开已有监控工程

如果想编辑以前建立的监控工程，可以单击工具条上的打开工程按钮，系统弹出“打开”对话框，如图 1—10—19 所示。工程配置文件名称为 config. xml，打开它即可。

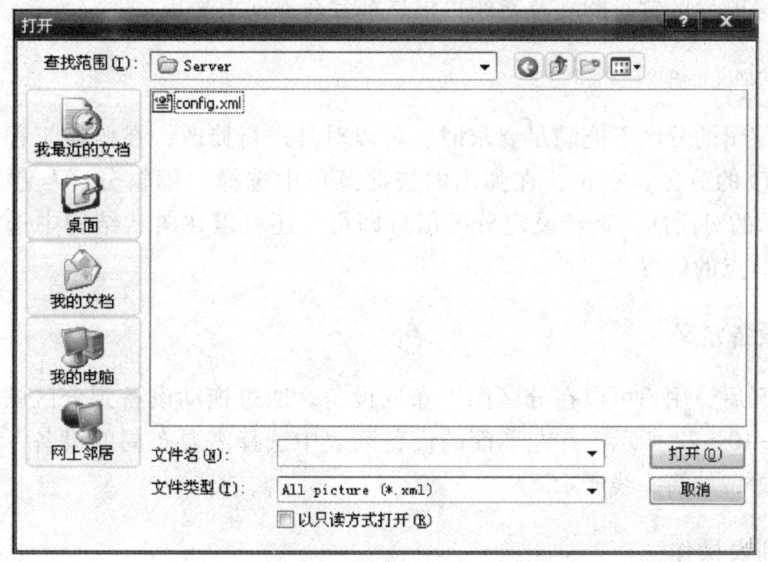

图 1—10—19　“打开”对话框

2. 发布工程

当工程定义完毕，需要发布此工程以使整个系统能够正常运行时，可以单击工具栏上的“工程发布”按钮发布此工程，系统自动把需要发布的文件复制到适当的地方，无须人为操作，方便简单。

3. 建立分区

单击工具条上的“创建分区”按钮，系统弹出如图 1—10—20 所示的对话框。

分区名称：分区名称。

背景图片：如果此分区有背景图片可以指定，背景图片一般包括楼层图、区域图等。

背景颜色：背景颜色，指定此分区的背景颜色，可以使设备图标和背景的对比度增强，增强视觉效果。

分区信息定义完成后，单击“确定”按钮，系统会把分区添加到监控工程列表项，如图 1—10—21 所示。

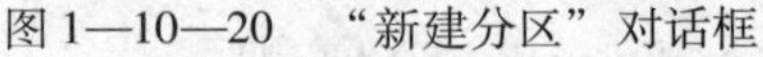

图 1—10—20 “新建分区”对话框

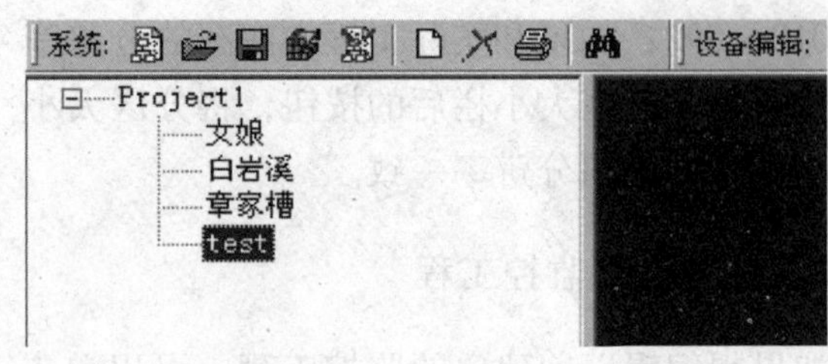

图 1—10—21 监控工程列表项

用户所定义的分区背景图、背景颜色信息都会在界面上呈现。

4. 编辑分区

当用户所编辑的分区不能满足要求时，可以对其进行修改，在监控工程的分区树形结构中选择要修改的分区，右击，在弹出的快捷菜单中选择“编辑分区”项，弹出类似图 1—10—20 所示的对话框，重新设定分区信息即可。还可以在树状结构中选中分区节点拖动，改变分区节点的位置。

5. 图形设备定义

定义完分区后，用户可以在分区图上布局设备，通过拖动设备到分区图中，完成设备布局，如图 1—10—22 所示。在左下面的设备列表中选择需要布局的设备，拖动它到分区图中相应的位置，如箭头线所示。

6. 设备列表操作

设备列表如图 1—10—23 所示。

控制器：控制器 ID，可以通过设置这一项选择工程中不同的控制器。

回路：相应控制器中的回路号。

分区：相应控制器中的分区号。

通过对控制器、回路、分区三项的不同选择，可以对设备进行过滤，便于用户更好地选择需要的设备。

二、软件的操作及步骤

1. 登录系统

用户在进行图形监控之前需要登录到服务器，系统启动时弹出如图 1—10—24 所示的对话框，用户输入用户名、密码后单击“登录”按钮，如果成功登录，系统进入监控模式中，默认情况下，定义的各分区图轮流切换显示。

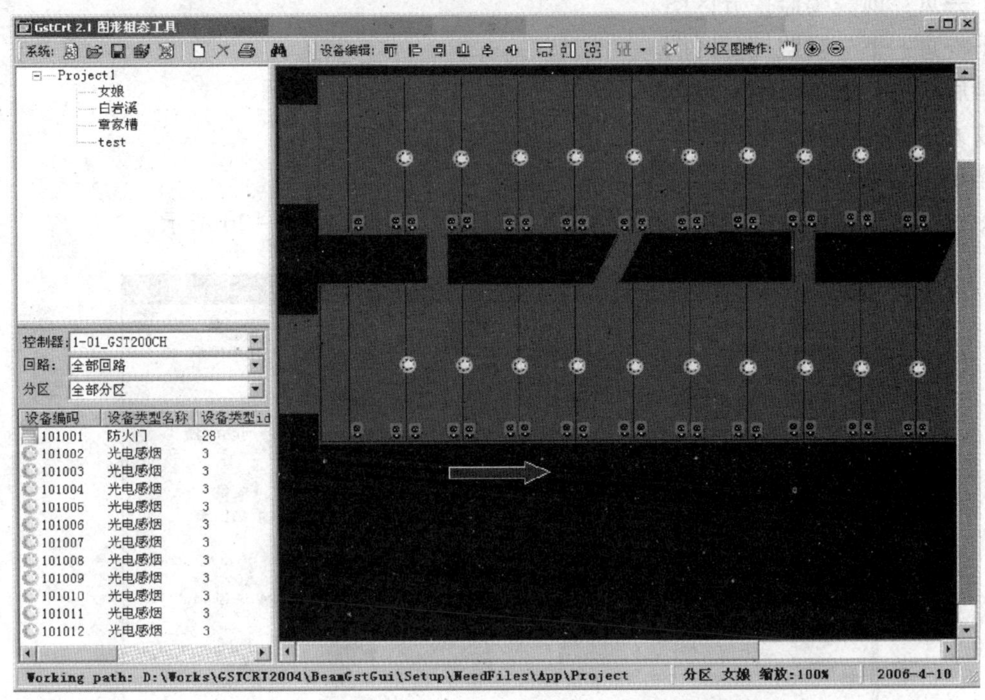

图 1—10—22　拖动设备到分区图中以完成设备布局

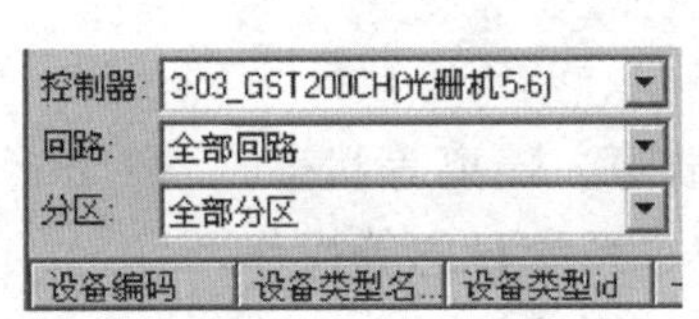

图 1—10—23　设备列表

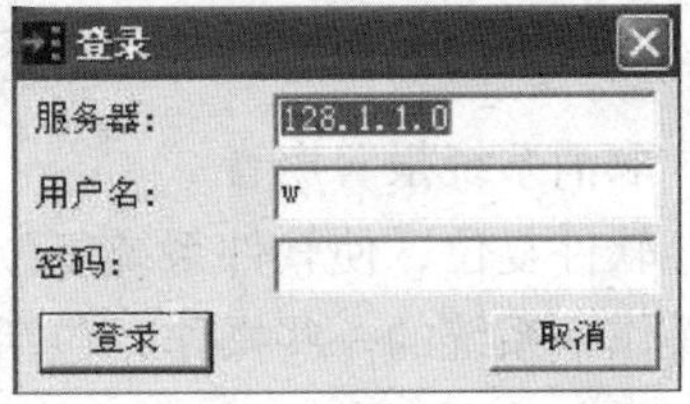

图 1—10—24　“登录”对话框

2. 主界面操作

主界面操作主要是切换监控界面和放大、缩小监控界面，显示图例，消音，复位等操作，如图 1—10—25 所示。

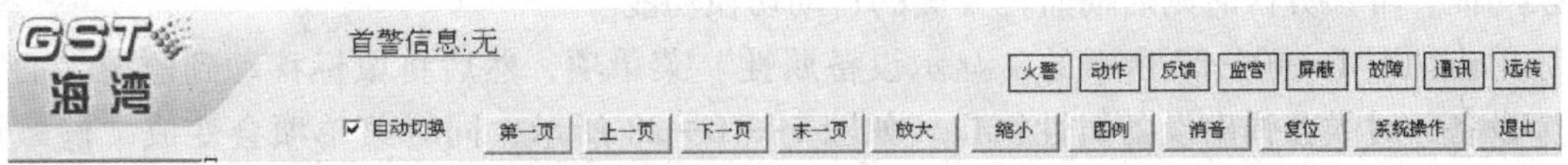

图 1—10—25　主界面

（1）按钮用途

如图 1—10—25 所示，具体按钮的用途如下。

第一页：切换到第一幅监控分区。

上一页：前一幅监控分区图。

下一页：下一幅监控分区图。

最后一页：最后一幅监控分区图。

放大：放大监控分区图。

缩小：缩小监控分区图。

图例：显示监控分区图里面所使用的设备类型，如图 1—10—26 所示。

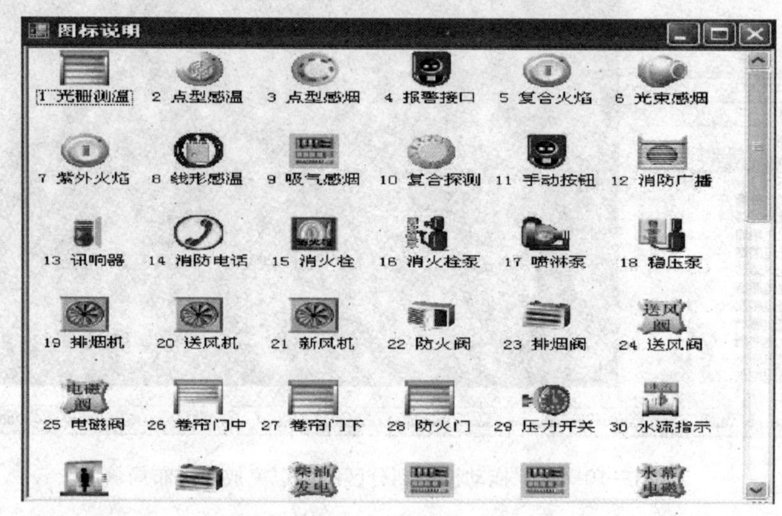

图 1—10—26　图标说明界面

消音：取消系统报警声音。

复位：软件复位，使软件系统复位，消除报警、故障、隔离等状态。

系统操作：系统的一些操作，包括添加/删除用户、系统日志等操作。

退出：退出系统，单击“退出”按钮后经过密码验证系统将退出，并同时关闭装置电源。

（2）快捷菜单

在监控分区图中右击就会弹出快捷菜单，如图 1—10—27 所示。

菜单中第一分区、下一分区、前一分区、最后分区所定义的内容和第一种方式定义的内容一致。

锁定分区和解锁分区与主界面上的自动切换功能一致，锁定分区时取消监控界面自动切换功能，解锁分区时则启动监控界面的自动切换功能。

单击如图 1—10—27 所示的“显示设备属性”菜单项，然后将鼠标移动到监控界面上某个设备的时候会弹出设备属性窗口，如图 1—10—28 所示，同时菜单项会变成“隐藏设备属性”，再次单击“隐藏设备属性”，则鼠标移动到设备上的时候将不出现设备属性。

单击“放大分区”“缩小分区”“实际大小”，系统会缩放监控界面的大小，和主界面上的“放大”“缩小”按钮具有一样的功能。

单击“查找设备”弹出图 1—10—29 所示对话框。查找设备为通过设备编码查找设备所在位置。

锁定分区

第一分区
下一分区
前一分区
最后分区

放大分区
缩小分区
实际大小

显示设备属性

查找设备

图 1—10—27　快捷菜单

设备编码：　015045
设备类型：　3-光电感烟
控制器地址：1
回路号：　1
分区号：　0
状态：　正常
位置：　电子一层库房

图 1—10—28　设备属性窗口

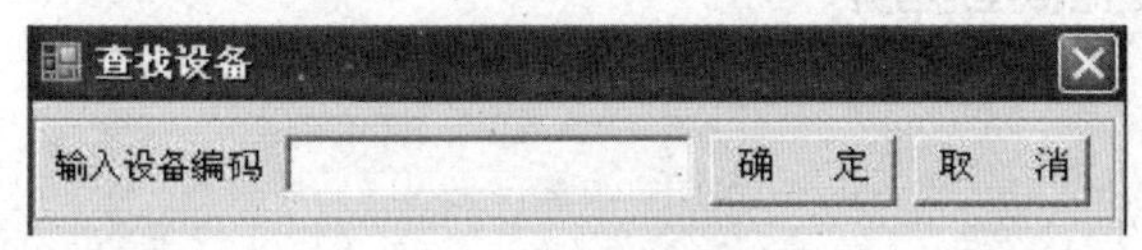

图 1—10—29　“查找设备”对话框

如图 1—10—29 所示，输入设备编码，然后单击“确定”按钮，如果设备存在则会跳转到设备所在分区页面，并选中所要查找的设备。

3. 系统操作

单击主界面上的“系统操作”按钮，系统将弹出如图 1—10—30 所示的界面（“更改用户”和“添加/删除用户”用超级用户登录才可操作）。

图 1—10—30　系统操作界面

（1）更改用户

要更改当前监控系统的用户，应单击“更改用户”按钮，系统将弹出输入当前用户密码的校验对话框，如图 1—10—31 所示，校验正确后，系统弹出切换用户的对话框，如图 1—10—32所示：输入要登录的用户名和密码，校验正确后即可成功切换，错误则切换不成功，并给用户提示。

（2）维保记录

维保记录是当前用户可以输入的对消防设备和产品进行的维护保养的内容和时间等。单击“维保记录”按钮，系统将弹出当前用户密码校验对话框，校验正确后将弹出添加维护记录窗口，如图 1—10—33 所示，添加完毕后单击“添加”按钮，即可添加到数据库中，单击“退出”按钮，退出当前界面。

（3）设备信息

添加系统中所有设备的信息，包括设备类型、生产商、有效期等信息；单击“设备信息”按钮，系统首先进行密码验证，验证正确后进入添加设备信息界面，如图 1—10—34 所示。

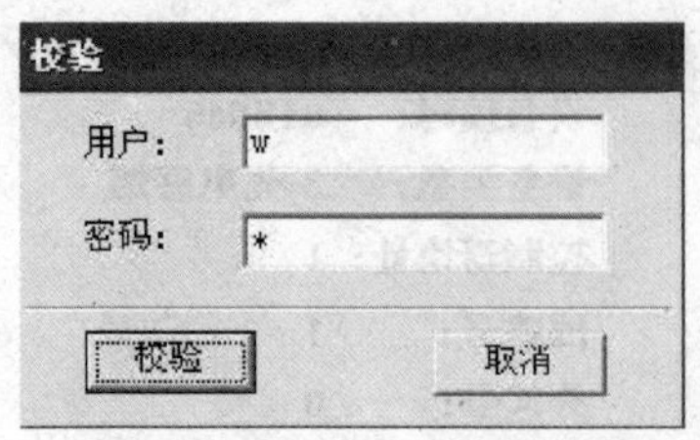

图 1—10—31　用户密码校验对话框

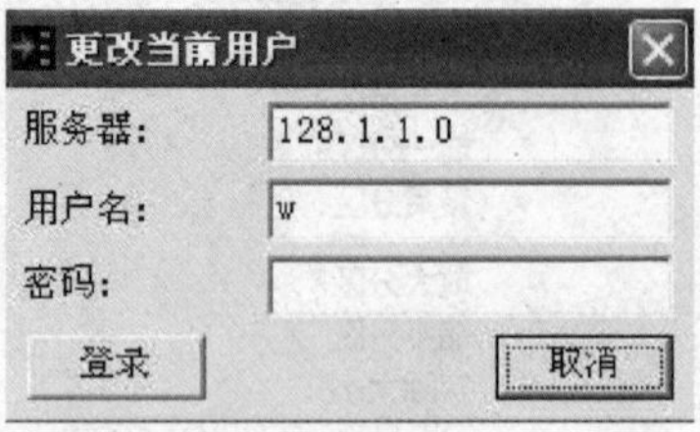

图 1—10—32　切换用户对话框

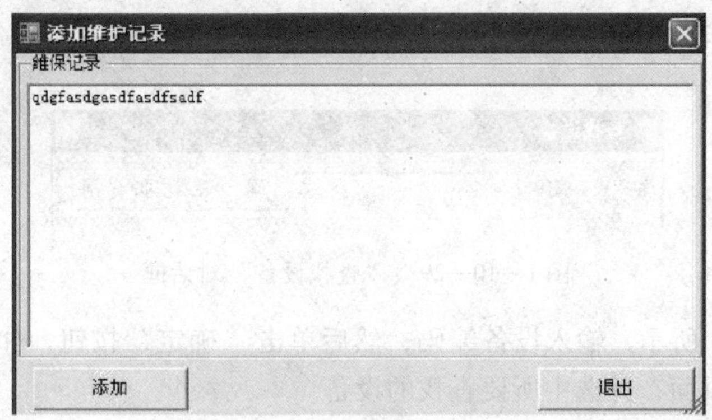

图 1—10—33　添加维护记录窗口

如图 1—10—34 所示，添加设备信息时可以按产品在系统中的编码添加，也可以按产品的类型进行添加，用户可以根据实际情况分别选中“按产品编码添加”或“按产品类型添加”单选按钮，然后填入相关信息，最后单击“添加”按钮即可。添加成功后系统给出“添加成功”的提示信息。

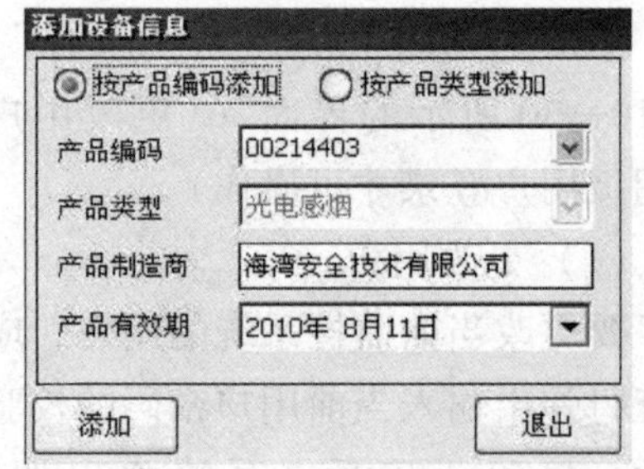

图 1—10—34　“添加设备信息”对话框

4. 异常信息显示

当火警、故障、屏蔽、反馈、监管信息传输到监控客户端界面时，相应的设备图会根据异常信息类型的不同用不同的颜色进行显示，并伴有其他显示模式同时定位信息。

(1) 模式一

当异常信息到来时，系统右上角的指示灯会根据异常信息类型用不同的颜色显示，用户可以单击指示灯下面的文字来查看详细的异常信息，如图 1—10—35 所示。

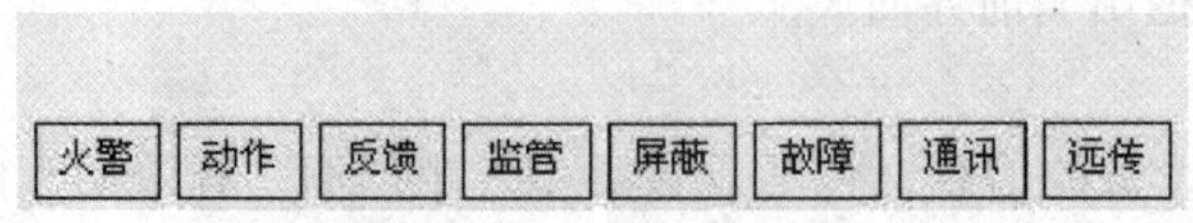

图 1—10—35　异常信息显示模式一

（2）模式二

在屏幕的右下角显示异常信息窗口，并根据异常信息类型进行统计，如图 1—10—36 所示。

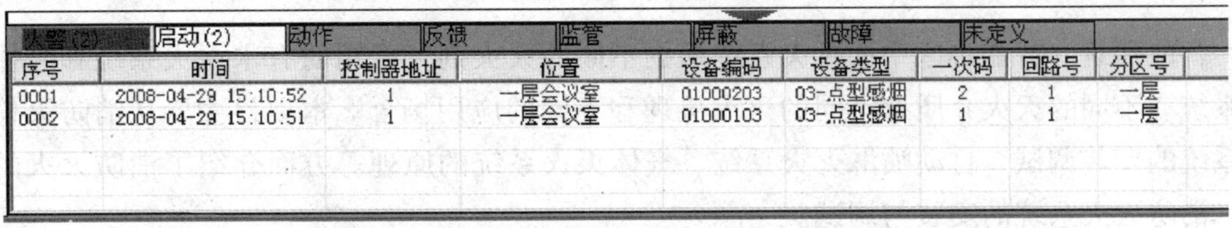

火警(2)　启动(2)　动作　反馈　监管　屏蔽　故障　未定义

序号	时间	控制器地址	位置	设备编码	设备类型	一次码	回路号	分区号
0001	2008-04-29 15:10:52	1	一层会议室	01000203	03-点型感烟	2	1	一层
0002	2008-04-29 15:10:51	1	一层会议室	01000103	03-点型感烟	1	1	一层

图 1—10—36　异常信息显示模式二

（3）模式三

在显著位置显示首警信息，如图 1—10—37 所示，用户在此信息上单击，可以定位到发生火警的设备。

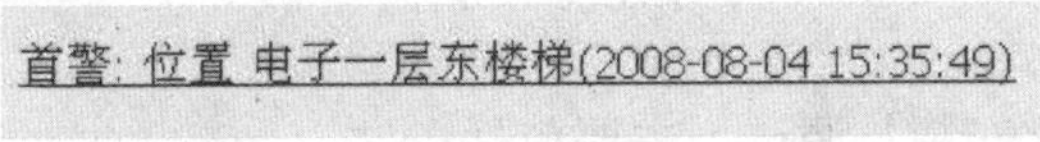

首警: 位置 电子一层东楼梯(2008-08-04 15:35:49)

图 1—10—37　异常信息显示模式三

5．控制器状态信息

用户能够实时了解每个控制器的当前状态信息，如图 1—10—38 所示。

图 1—10—38　控制器状态信息

在监控界面的最底部，可以选择需要监视的控制器，那么与此控制器相关的主电故障、备电故障、自动允许、手动允许、喷洒允许的状态信息就会实时显示在此监控栏上。如果监控的工程为几个控制器联网的工程，那么控制器状态信息只显示主控制器的状态信息。

项目二　消防灭火系统安装与调试

智能建筑、智能小区中的灭火系统根据不同的灭火剂，常用的有水灭火系统和气体灭火系统。不同的灭火介质有不同的灭火机理和不同的应用场合。本项目主要从消防火栓灭火系统的安装调试、自动喷淋灭火系统、气体灭火系统的原理等方面介绍了消防灭火的方法、消防灭火系统的安装与调试。

任务一　安装与调试消火栓灭火系统

任务描述

实践消火栓灭火系统安装与调试，主要包括：

1. 施工准备。
2. 安装干管、支管、附件。
3. 固定箱体。
4. 管道试压、冲洗。
5. 系统调试。

基础知识

一、灭火的基本原理

由燃烧所必须具备的几个基本条件可以得知，灭火就是破坏燃烧条件使燃烧反应终止的过程。其基本原理归纳为冷却、窒息、隔离和化学抑制四个方面。

二、灭火的方式

1. 冷却灭火

对一般可燃物来说，能够持续燃烧的条件之一就是它们在火焰或热的作用下达到了各自的着火温度。因此，对一般可燃物火灾，将可燃物冷却到其燃点或闪点以下，燃烧反应就会中止。水的灭火机理主要是冷却作用。

2. 窒息灭火

各种可燃物的燃烧都必须在其最低氧气浓度以上进行，否则燃烧不能持续进行。因此，

通过降低燃烧物周围的氧气浓度可以起到灭火的作用。通常使用的二氧化碳、氮气、水蒸气等的灭火机理主要是窒息作用。

3. 隔离灭火

把可燃物与引火源或氧气隔离开来，燃烧反应就会自动中止。火灾中，关闭有关阀门，切断流向着火区的可燃气体和液体的通道；打开有关阀门，使已经发生燃烧的容器或受到火势威胁的容器中的液体可燃物通过管道导至安全区域，都是隔离灭火的措施。

4. 化学抑制灭火

就是使用灭火剂与链式反应的中间体自由基反应，从而使燃烧的链式反应中断使燃烧不能持续进行。常用的干粉灭火剂、卤代烷灭火剂的主要灭火机理就是化学抑制作用。

三、消防用水量

智能住宅小区的消防用水量应该包括室外消防用水量和室内消防用水量两部分，可按下式计算：

$$Q_X = K(Q_W + Q_N)$$

式中　Q_X——住宅小区消防用水系统的用水量，L/s；

Q_W——住宅小区室外消防用水系统的用水量，L/s；

Q_N——住宅小区室内消防用水系统的用水量，L/s；

K——消防用水系统用水量的附加系数，一般取1.1～1.2。

住宅小区室外用水系统的用水量（L/s）与同一时间内的火灾次数及一次灭火用水量有关。可按下式计算：

$$Q_W = NQ_Y$$

式中　Q_W——住宅小区室外消防用水系统的用水量，L/s；

N——住宅小区同一时间内火灾次数；

Q_Y——住宅小区一次灭火用水量，L/s。

1. 住宅小区同一时间内火灾次数

住宅小区同一时间内火灾次数是指当第一次火灾尚未扑灭时，同时有第二次、第三次火灾发生，也就是在同时间内有数起火灾同时发生，而又需要同时用同一消防供水系统供水灭火。同一时间内的火灾次数与住宅小区的规模、房屋的建筑高度、建筑材料、建筑密度等有关，同时也与人们的消防意识有关。人口越多，住宅小区的规模越大，同一时间内的火灾次数也相应越多。表2—1—1说明同一时间内的火灾次数与人口数量的关系。

表 2—1—1　　同一时间内的火灾次数与人口数量的关系

人数（万人）	同一时间内火灾次数	一次灭火用水量（L/s）
≤1.0	1	10
≤2.5	1	15
≤5.0	2	25
≤10.0	2	35

2. 住宅小区一次灭火用水量

住宅小区一次灭火用水量是灭火用消防水枪的数量与每支水枪的用水量的乘积，可按下式计算：

$$Q_Y = NQ_S$$

式中 Q_Y——住宅小区一次灭火用水量，L/s；

N——灭火用消防水枪的数量；

Q_S——每支水枪的用水量，L/s。

任务实施

室内消火栓系统安装工艺流程如图 2—1—1 所示。

一、干管安装

消火栓系统的管道，工作压力不小于 1.20 MPa 时，采用热镀锌钢管；工作压力大于 1.20 MPa 时，采用热镀锌无缝钢管。*DN*100 mm 及以下采用螺纹连接，*DN*100 mm 以上采用沟槽式连接。

干管安装要求与自动喷淋管道安装要求相同。在立管安装时，立管底部的支吊架要牢固，防止立管下坠。在消火栓管道的安装中，除按设计要求安装外，还应注意标明各种控制阀门实际的安装位置，并在施工图中标明，以免在意外时无法及时关闭阀门，同时阀门应有明显的标志和状态显示。

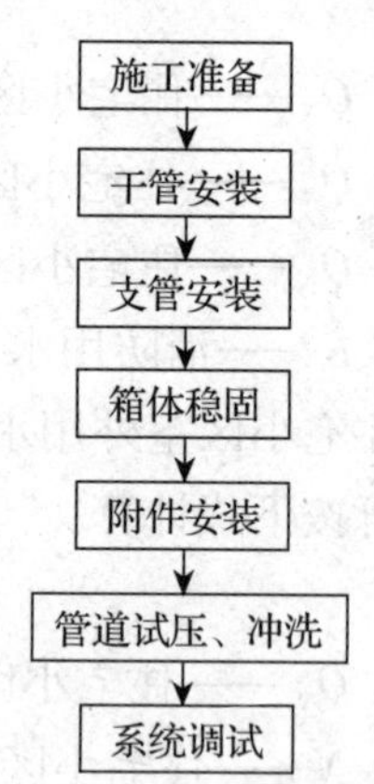

图 2—1—1　室内消火栓系统安装工艺流程

二、支管的安装

消火栓支管要以栓阀的坐标、标高定位甩口，消火栓支管采用螺纹连接。

三、箱体的安装

消火栓箱是消火栓系统中最直接的设备，是进行灭火时的主要工具，其内部主要有消火栓、水枪、水龙带。在有的消火栓箱内还设有消防水喉设备。

消火栓箱安装有两种形式：一种是暗装，即箱体埋入墙中，立、支管均暗藏在竖井或吊顶中；另一种是明装，即箱体立于地面或挂在墙上，立、支管为明管敷设。

1. 暗装消火栓箱体安装

（1）根据箱体尺寸及设计安装位置，检查预留孔洞位置及尺寸。

（2）将箱体固定在预留孔洞内，用水平尺找平、找正。

（3）箱体外表面距毛墙面应保留土建装饰厚度，使箱体外表面与装饰完的墙面相平。

（4）箱体下部用砖填实，其他与墙相接，各面用水泥砂浆填实。

2. 明装消火栓箱体安装

明装消火栓箱有挂式和立式两种。挂式消火栓箱主要为单栓式，立式消火栓箱主要为双栓式。

（1）挂式消火栓箱安装

1）根据箱体结构，确定消火栓在箱体中的安装位置，要求消火栓阀门中心距地面1.2 m。

2）根据消火栓在物体中的位置，确定出箱体安装高度及位置，并在墙上画出标志线。

3）将消火栓箱用膨胀螺栓固定在墙上。

（2）立式消火栓箱与挂式消火栓箱安装基本相同，只是在箱体下面需砌一个水泥台，以防地面积水渗入消火栓箱。水泥台的高度为消火栓阀中心距地面距离（1.2 m）减去消火栓在箱体中的安装高度。

四、消火栓的安装

消火栓是具有内扣式接头的球形阀式龙头，有直径50 mm和65 mm两种口径。本项目选用65 mm口径。为减少局部水头损失，便于在紧急情况下操作，其出水方向宜向下或设置与消火栓箱成90°并栓口朝外。阀门中心距地面1.1 m，允许偏差20 mm，阀门距箱侧面140 mm，距箱后内表面100 mm，允许偏差5 mm。

五、管道的试压和冲洗

1. 管道试压

系统安装完后，应按设计要求对管网进行强度、严密性试验，以验证其工程质量。管网的强度、严密性试验一般采用水压进行试验。

（1）强度试验

水压强度试验压力为设计工作压力的1.5倍，但不低于1.4 MPa。水压试验的测试点应设在系统管网的最低点，注水时应注意将管内的空气排净，并缓慢升压。水压达到试验压力后，稳压30 min，管网不渗不漏，压力降不大于0.05 MPa为合格。

（2）严密性试验

严密性试验在水压强度试验和管网冲洗合格后进行。试验压力为工作压力，稳压 24 h，不渗不漏为合格。

在主管道上起切断作用的主控阀门，必须逐个做强度和严密性试验，其试验压力为阀门出厂规定的压力值。

2. 管道冲洗

（1）消火栓在安装后应分段进行冲洗。冲洗的顺序应按干管、立管、支管进行。

（2）消火栓系统冲洗流量为 14 ~25 L/s，水冲洗流速应不小于 3 m/s，不得用海水或含有腐蚀性化学物质的溶液对系统进行冲洗。

（3）冲洗前，应对系统内的仪表采取保护措施，并将减压设备暂时拆下，待冲洗工作结束后随即复位。不允许冲洗的设备应与冲洗系统隔离，冲洗前应检查管道支、吊架的牢固程度，必要时应予以临时加固。

（4）对不能冲洗或冲洗后可能留存脏物、杂物的管道和设备，应采取其他方法进行清理。

（5）冲洗大直径管道时，应对焊缝、死角和管道底部重点敲打，但不得损伤管子。

（6）冲洗到进、出水色泽一致为合格。管道冲洗合格后，除规定的检查及恢复工作外，不得再进行影响管内清洁的其他作业。

六、系统调试

系统调试主要包括水泵测试、水源测试和消火栓试验。其中，消防水泵性能测试与喷淋泵的性能测试要求相同，消火栓系统水源测试与自动喷水灭火系统水源测试相同。此处重点介绍屋顶消火栓试验。该试验步骤如下：

（1）利用屋顶水箱向系统充水，检查系统和阀门是否有渗漏现象。

（2）启动消防稳压泵，检查屋顶试验消火栓水压力及低层消火栓口压力。

（3）连接好屋顶试验消火栓水龙带给水枪，打开屋顶试验消火栓，并启动消火栓泵，此时消火栓水枪充实水柱应不小于设计规定。

（4）关停消火栓泵，用消防车通过水泵接合器向系统加压，水枪充实水柱应满足设计要求。

七、系统验收

系统的竣工验收由建设单位主持，公安消防监督机构、建设、设计、施工等单位参加。验收不合格不得投入使用。

1. 系统竣工后，应对系统的供水水源、管网、喷头布置以及功能等进行检查和试验，并填写系统验收表。

2. 系统的流量、压力试验应符合下列要求：通过启动消防水泵，测量系统最不利点试

水装置的流量、压力应符合设计要求。

3．消防泵房的验收应符合下列要求：

（1）消防泵房设置的应急照明、安全出口应符合设计要求。

（2）工作泵、备用泵、吸水泵，出水管及出水管上的泄压阀、信号阀等的规格、型号、数量应符合设计要求；当出水管上安装闸阀时应锁定在常开位置。

（3）消防水泵应采用自灌式引水或其他可靠的引水措施。

（4）消防水泵出水管上应安装试验用的放水阀及排水管。

（5）备用电源、自动切换装置的设置应符合设计要求。

4．消防水泵接合器数量及进水管位置应符合设计要求，消防水泵接合器应进行充水试验，且系统最不利点的压力、流量应符合设计要求。

5．消防水泵验收应符合下列要求：

（1）分别开启系统的每一个末端试水装置，水流指示器、压力开关等信号装置功能均应符合设计要求。

（2）打开消防水泵出水管上放水试验阀，当采用主电源启动消防水泵时，消防水泵应启动正常；关掉主电源，主、备电源应能正常切换。

6．管网验收应符合下列要求：

（1）管道的材质、管径符合设计规范及设计要求。

（2）系统最末端，每一分区末端试水装置、预作用系统设置的排气阀应符合设计要求。

（3）管网不同部位安装的报警阀、闸阀、止回阀、电磁阀、信号阀、水流指示器、减压孔板、节流管、减压阀、压力开关、柔性接头、排水管、排气阀、泄压阀等均应符合设计要求。

（4）预作用喷水灭火系统充水时间不应超过 3 min。

（5）报警阀后的管道上不应安装有其他用途的支管或水龙头。

7．报警阀组的验收应符合下列要求：

（1）打开放水试验阀，测试的流量、压力应符合设计要求。

（2）水力警铃的设置位置应正确。测试时，水力警铃喷嘴处压力不应小于 0.05 MPa，且距水力警铃 3 m 远处警铃声强，不应小于 70 dB。

（3）打开手动放水阀或电磁阀时，雨淋阀组动作应可靠。

（4）控制阀均应锁定在常开位置。

8．喷头公称动作温度应符合设计要求。

9．系统进行模拟灭火功能试验时，应符合下列要求：

（1）报警阀动作，警铃鸣响。

（2）水流指示器动作，消防控制中心有信号显示。

（3）压力开关动作，信号阀开启，空气压缩机或排气阀启动，消防控制中心有信号显示。

（4）电磁阀打开，雨淋阀开启，消防控制中心有信号显示。

（5）消防水泵启动，消防控制中心有信号显示。
（6）加速排气装置投入运行。
（7）其他消防联动控制系统投入运行。
（8）区域报警器、集中报警控制盘有信号显示。

拓展知识

消防泵故障现象、产生原因和排除方法见表 2—1—2。

表 2—1—2　消防泵故障现象、产生原因和排除方法

序号	故障现象	可能产生的原因	排除方法
1	水泵不出水	①进出口阀门未打开，进出管路阻塞，叶轮流道阻塞 ②电动机运行方向不对，电动机缺相转速很慢 ③吸入管漏气 ④泵没灌满液体，泵腔内有空气 ⑤进口供水不足，吸程过高，底阀漏水 ⑥管路阻力过大，泵选型不当	①检查、去除阻塞物 ②调整电动机转向，紧固电动机接线 ③拧紧各密封面，排除空气 ④打开排气阀，排除空气 ⑤停机检查、调整自来水供水进口 ⑥减少管路弯道，重新选泵
2	水泵流量不足	①先按 1 原因检查 ②管道、泵流道或叶轮部分阻塞，水垢沉积、阀门开度不足 ③电压偏低 ④叶轮磨损	①先按 1 排除 ②去除阻塞物，重新调整阀门开度 ③稳压 ④更换叶轮
3	功率过大	①超过额定流量使用 ②吸程过高 ③泵轴承磨损	①调节流量，关小出口阀门 ②降低吸程高度 ③更换轴承
4	杂音振动	①管道支撑不稳 ②液体混有气体 ③产生气蚀 ④轴承损坏 ⑤电动机超载运行	①稳固管路 ②提高吸入压力，排气 ③降低真空度 ④更换轴承 ⑤按 4 调整
5	电动机发热	①流量过大，超载运行 ②局部摩擦 ③电动机轴承磨损 ④电压不足	①关小出口阀门 ②检查排除 ③更换轴承 ④稳压
6	水泵漏水	①机械密封磨损 ②泵体有砂孔或破裂 ③密封面不平整 ④安装螺栓松解	①更换 ②焊补或更换 ③修整 ④紧固

任务二　安装与操作自动喷淋灭火系统

任务描述

1. 安装自动喷淋灭火系统。
2. 设置伺服状态。
3. 进行喷淋灭火实验。

基础知识

一、自动喷淋灭火系统的分类

自动喷水灭火属于固定式灭火系统，是目前世界上较为广泛应用的一种固定式消防设施。它具有价格低廉、灭火效率高等特点，能在火灾发生后，自动地进行喷水灭火，并能在喷水灭火的同时发出警报。在一些发达国家的消防规范中，几乎所有的建筑都要求使用自动喷水灭火系统。在我国，随着建筑行业的快速发展及消防法规的逐步完善，自动喷水灭火系统也得到了广泛的应用。

按照灭火所使用物质的性质不同，自动喷淋灭火系统可分为湿式喷水灭火系统、干式喷水灭火系统、干湿两用灭火系统、预作用喷水灭火系统、雨淋灭火系统、水幕系统、泡沫雨淋系统。

二、自动喷淋灭火系统的工作原理

QSBA – PL1 喷淋灭火系统实训装置依据《自动灭火系统设计规范》的相关标准设计。该系统具有湿式喷淋灭火系统的典型结构，能够完成火灾探测、火灾报警、现场灭火等演示性实训项目，同时还能清楚地展示喷淋灭火系统的典型设备构成和系统工作原理。通过对该装置的操作学习，学生可以对楼宇中喷水灭火系统的结构有一个全面的了解，掌握建筑物内部主要灭火设备的应用，熟悉楼宇中湿式报警阀、水流指示器、压力开关等灭火设备的结构和原理，熟悉灭火系统的控制原理和工作过程。该系统适用于学习《建筑灭火系统》《楼宇给排水系统》《楼宇消防控制系统》等专业课的中职业院校的实训教学。

1. 系统特点

（1）具有试验性喷淋启动功能，当自动控制系统出现故障时，可手动启动喷淋泵。

（2）自带控制器，可实现本地控制，也可实现消防报警联动控制。

（3）模型框架和水箱等主要部件全部使用不锈钢器件，不生锈、不易老化。

（4）湿式报警阀、水流指示器、压力开关等设备全部通过国家强制性产品认证。

2. 工作原理

自动喷水灭火湿式系统伺服状态时，整个管网充满设计要求的压力水，湿式报警阀由于阀瓣自重而关闭。在湿式系统保护区内，一旦发生火灾，在火灾温度的作用下，闭式喷头的感温元件动作，喷头自动开启喷水灭火。这时湿式报警阀管网一侧水压下降，阀瓣上、下发出响声报警。系统中装有压力开关、水流指示器，可将水流动信号转换为电信号送至报警控制器，发出声、光报警，并显示着火区域，同时启动消防泵补充水源。消防水泵启动，启泵信号将消防信号送至消防控制室，且水力警铃报警。当支管末端放水阀或试验阀动作时，也将有相应的动作信号送入消防控制室。这样既保证了火灾动作无误，又方便平时维修检查。

自动喷淋灭火系统的工作原理示意如图 2—2—1 所示，湿式喷淋系统工作原理示意如图 2—2—2 所示。

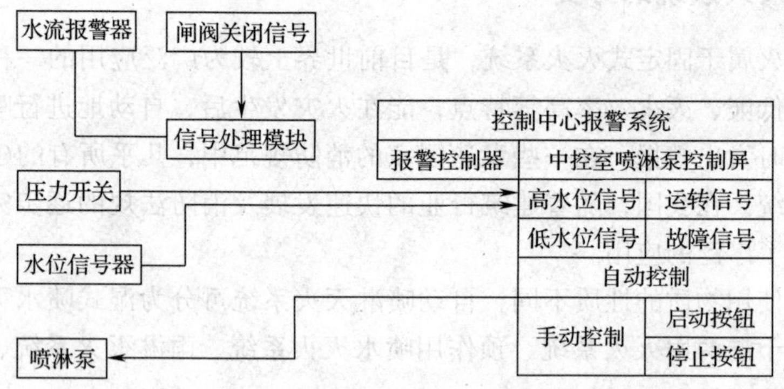

图 2—2—1　自动喷淋灭火系统的工作原理示意

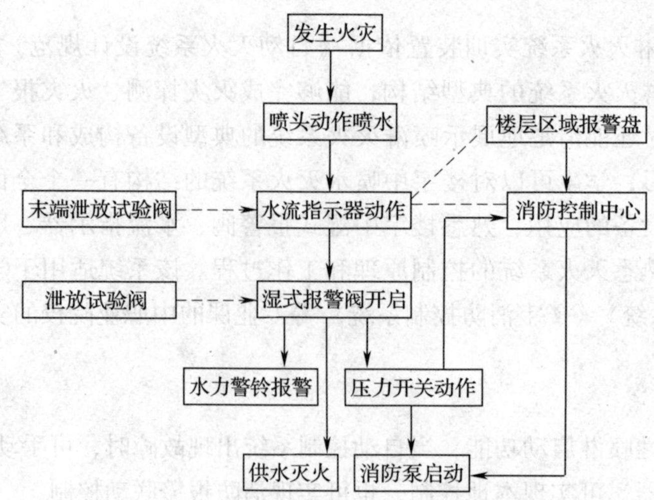

图 2—2—2　湿式喷淋系统工作原理示意

三、自动喷淋主要设备

ZSS系列自动喷水灭火湿式系统是目前世界上使用最为广泛的一种固定灭火设备，它具有自动检测报警和喷水灭火的功能。

该系统由ZSDZ系列湿式报警阀、水力警铃、延迟器、闭式洒水喷头、供水管网、水流指示器、压力开关、报警控制装置、末端试水装置及带有信号装置的蝶阀等组成。系统更安全可靠，不会因为控制阀门关闭导致自动喷水灭火系统失效。

系统适应状态时，信号蝶阀开启，由开启信号输入消防控制中心，指示板处于垂直（管道轴线平行）位置，整个管网充满设计要求的压力水，湿式报警阀阀瓣因自重而将阀关闭。一旦发生火灾，在湿式系统保护区内，在火灾温度的作用下，使闭式洒水喷头感温动作，开启喷头灭火，使管网系统侧水压下降，阀瓣上、下形成压差，阀瓣开启，供水灭火，同时一部分水流入扫警管道，延迟5～20 s后，水力警铃发出铃声报警。在系统中装有压力开关、水流指示器等设置，可将水流信号转换为电信号，向报警控制器发出报警信号，显示着火区域，同时启动消防泵。它适用于高层建筑、宾馆、商场、医院、剧院、工厂、仓库及地下工程，能用水灭火的建筑物、构作物内。其结构简单，维护方便，成本低廉，使用期长，适用范围广泛，安全可靠，控火灭火效果显著。

ZSS系列自动喷淋系统结构示意如图2—2—3所示。

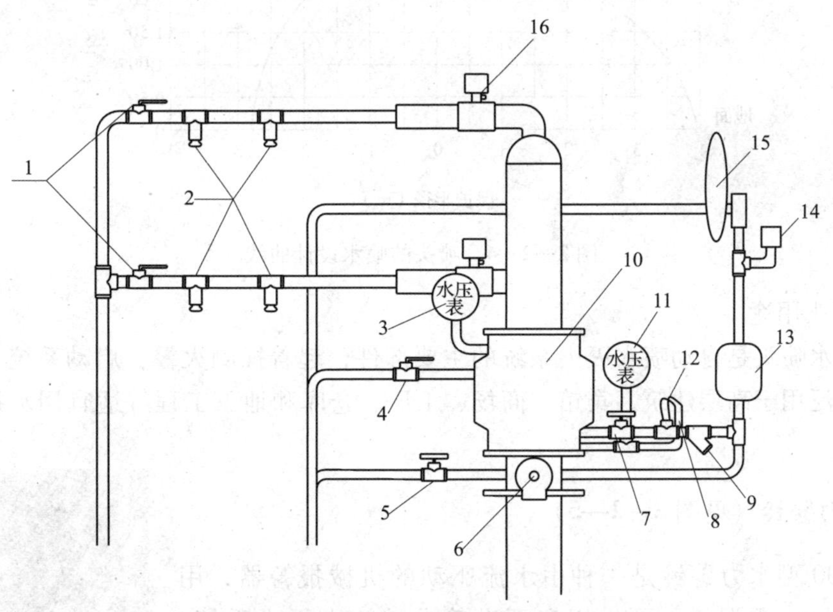

图2—2—3　ZSS系列自动喷淋系统结构示意

1—系统侧水阀　2—闭式洒水喷头　3—系统侧压力表　4—放水球阀　5—延时器的排水阀　6—供水信号蝶阀　7—报警管闸阀　8—试铃球阀　9—过滤器　10—报警阀　11—供水侧压力表　12—高压软管　13—延时器　14—压力开关　15—水力警铃　16—水流指示器

1．闭式洒水喷头

闭式洒水喷头是由热敏感元件及密封组件组成的自动洒水喷头。在火灾温度作用下按预定温度开启喷头，并按设计的形状和水量在保护面积内喷水灭火。

（1）喷头的主要技术参数（见表2—2—1）

表2—2—1　　喷头的主要技术参数

额定温度（℃）	玻璃球色标	动作温度范围（℃）	使用环境最高温度（℃）	保护面积
57	橙	54～74	27	9～12 m²
68	红	65～86	38	
79	黄	76～99	49	
93	绿	90～113	63	
141	蓝	138～163	111	

（2）喷头的喷水设计曲线（见图2—2—4）

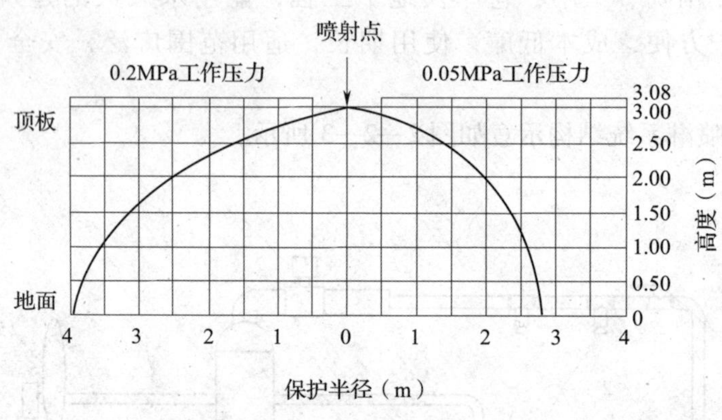

图2—2—4　喷头的喷水设计曲线

（3）喷头用途

闭式洒水喷头是自动喷水灭火系统的主要部件，起着探测火警、启动系统、喷水灭火的作用，广泛用于高层建筑、宾馆、商场、工厂、仓库和地下工程等适宜用水扑灭火灾的场所。

2．水力警铃（见图2—2—5）

ZSJL 200型水力警铃是一种由水流驱动的机械报警器，用于湿式、干式、干湿式、预作用和雨淋等自动喷水灭火系统。系统启动灭火时，水流冲击叶轮旋转，从而带动铃锤，自动地发出连续而响亮的报警声。水力警铃结构轻巧，安装、使用方便、可靠。

图2—2—5　水力警铃

主要技术参数如下：

水力警铃各项性能按 GB 5135.2—2003 的规定检验。

（1）额定工作压力为 1.2 MPa。

（2）水力警铃喷嘴进口压力为 0.2 MPa，离警铃 3 m 处三个位置的响度平均值不小于 85 dB（A），而且任何一点均不小于 80 dB（A），当喷嘴压力为 0.05 MPa 时，三点平均响度值不低于 70 dB（A）。

3. 延时器（见图 2—2—6）

（1）工作原理

ZSPY 是一种罐式容器，安装在湿式报警阀与水力警铃之间，防止发生误报警。其原理是：当水源压力瞬间波动较大时，可能引起湿式报警阀阀瓣短暂开启，水则从其报警口流入延迟器，从下部溢流孔排出，从而避免了水力警铃误报警。只有失火时报警阀持续开启，水流不断流入延迟器，此时延迟器的排水量小于进入量，延迟 5 ~ 20 s 后，水漫出延迟器并从顶部排水孔流出，以一定速度和压力启动水力警铃和压力开关发出声、光报警信号。

图 2—2—6　延时器

延时器为不锈钢容器，上端 ZG3/4" 处与水力警铃处管道相接，下端 ZG3/4" 与连接三通相接，在连接三通上有进水口、溢流孔、排水口。

（2）主要技术参数

延迟器各项性能按 GB 5135.2—2003 的规定检验。

1）延迟器额定工作压力为 1.2 MPa。

2）延迟器应能承受 2.4 MPa 静水压，保持 5 min 无渗漏和损坏。

3）延迟器应能自动排水，最大排水时间不超过 5 min，在系统放水后 5 ~ 90 s 内可使报警装置连续报警。

4. 压力开关（见图 2—2—7）

（1）工作原理

ZSJY 压力开关是自动喷水灭火系统的一个重要配套件，可启动自动喷水灭火湿式系统、干式系统、预作用系统和雨淋系统的电警铃和报警控制器。其原理是当报警控制阀阀瓣开启后，其中一部分压力水经报警管进入压力开关阀体内，膜片受压后触点闭合发出电信号输入报警控制器，从而启动消防泵。

（2）技术参数

1）额定最大工作压力为 1.2 MPa。

2）动作压力为 0.035 MPa。

3）开关触点容量为 DC24 V 3 A。

4）接管螺纹为 ZG1/2"。

图 2—2—7　压力开关

5）工作介质为气、水。

6）外形尺寸长×宽×高为 51 mm×47 mm×79 mm。

5. 流水指示器（见图 2—2—8）

（1）工作原理

ZSJZ 系列流水指示器主要用于湿式自动喷水灭火系统，一般安装在系统各分区的配水干管上，是将水流信号转换为电信号的部件。该流水指示器是由本体、印制电路板、永久磁铁、桨片及法兰底座（或丁字管）组成，当系统中某分区发生火警，使洒水喷头感温动作、喷水灭火，由于水流推动桨片，接通延时电路延时后，使继电器动作，给出水流信号传至报警控制器或控制中心显示该分区火警信号。

（2）技术参数

1）额定工作压力为 1.2 MPa。

2）灵敏度为 15 ~37.5 L/min。

3）延时范围为 5 ~30 s。

4）电源电压为 DC24 V ±10%。

5）继电器触点形式为常开常闭。

6）继电器触点负荷为 24 VDC 3 A。

7）临监视状态下电流强度为 7 mA。

8）工作状态下电流强度为 40 mA。

6. 信号蝶阀（见图 2—2—9）

图 2—2—8　流水指示器

图 2—2—9　信号蝶阀

ZSOF373X －16 型信号蝶阀是消防工程中 ZS 系列自动喷水灭火系统的控制阀，是一种蜗轮传动对夹式带有信号装置的蝶阀，有显示灭火装置水源启闭状态的功能。该产品具有结构简单、重量轻、操作简便、密封性能好、启闭灵活、显示位置准确、可靠等特点。

该阀采用蜗轮、蜗杆传动，随着凸轮转动按预定位置将信号装置上触头压下或放开，

相应输出通、断电信号，显示蝶阀的启闭状态。

其尺寸结构如图2—2—10所示。

输出信号特性如图2—2—11所示。

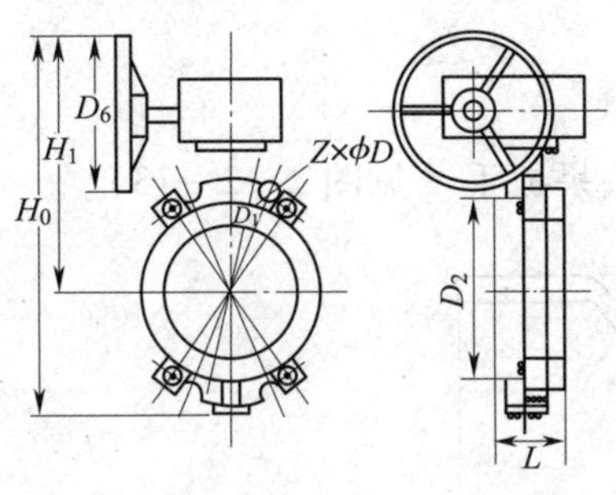

图2—2—10　信号蝶阀的尺寸结构

	全开位	全闭位
	启闭全行程x	
	1/4x	3/4x
接线柱1.3（常开触点）	断	通
接线柱2.4（常闭触点）	通	断

图2—2—11　信号蝶阀输出信号特性

规格及参数如下：

（1）工作介质为水。

（2）工作温度为－10～75℃。

（3）最大工作压力为1.6 MPa。

（4）信号触点容量为电压24 V，电流1 A。

7. 湿式报警阀（见图2—2—12）

（1）工作原理

该阀属于隔板座圈式结构，用于管网中始终充满清水的自动喷水灭火湿式系统。阀瓣将阀体内部分成上下两腔，上腔与系统相接，下腔与进水管道相接。一旦保护区内发生火灾，由于自动洒水喷头感温动作，系统侧水压降低，阀瓣离开阀座，水不断流向开启的洒水喷头，使其不断喷水灭火。同时，水流过阀座内小孔和报警管道，进入延迟器延时后驱动水力警铃报警。同时启动压力开关，发出报警信号或启动消防泵。

报警阀阀瓣中心的补水装置可以避免由于压力波动而引起的误报警。当管道压力短暂升高时，补水装置的钢球上升，压力水进入系统侧，使阀瓣的上、下侧压力达到平衡，从而避免阀瓣开启引起误报警。

（2）主要技术参数

报警阀的密封性能、阀体强度、动作报警试验、不动作性能等技术指标均按GB 5135.2—2003的规定检验。

1）额定工作压力为1.2 MPa。

2）静水压密封试验为2.4 MPa，可保持5 min无渗漏。

3）水力摩阻损失：在流速为4.5 m/s时，通过阀门而产生的摩阻损失不超过0.02 MPa。

图2—2—12　湿式报警阀

任务实施

一、安装自动喷淋灭火系统

1. 安装 ZSTZ 直立型玻璃球闭式洒水喷头

（1）喷头安装时应采用配套的专用扳手，如开口双头呆扳手（见图 2—2—13）。

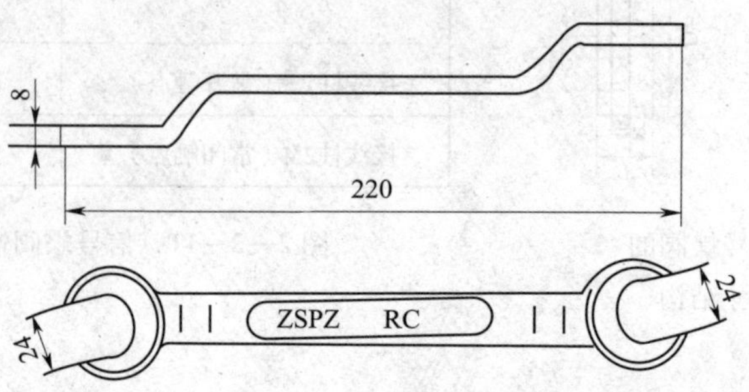

图 2—2—13 开口双头呆扳手

（2）安装时，若发现有渗漏，不密封，则更换喷头，严禁在扳手上加套管安装。因为安装力过大，可使喷头变形而发生泄漏。

（3）喷头安装不能保证密封时，要检查管件螺纹，若不合格，应加以修复或更换，严禁修理喷头上的连接螺纹。

图 2—2—14 为安装 ZSTZ 直立型玻璃球闭式洒水喷头示意图。

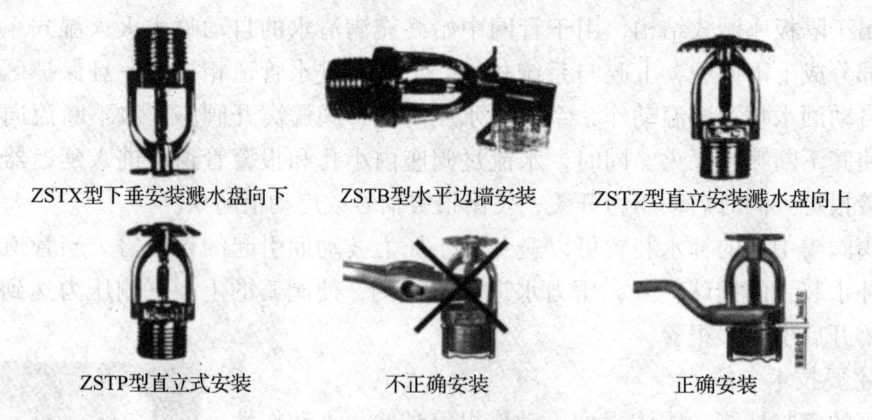

图 2—2—14 安装 ZSTZ 直立型玻璃球闭式洒水喷头

2. 水力警铃安装与维护

水力警铃结构如图 2—2—15 所示。

安装时螺纹接口处要防止漏水，排水口处接入排水管道将水排入地下。

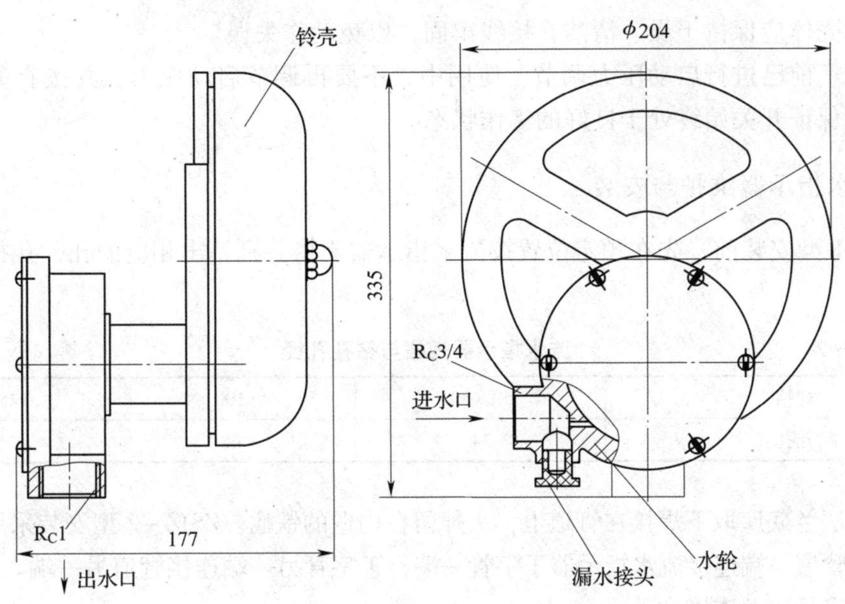

图 2—2—15　水力警铃结构

定期检查水力警铃，每月打开试警铃阀放水球阀，延迟一定时间后水力警铃将发出报警。若发现水力警铃不响，应检查通向警铃的过滤器或报警管道、座圈上小孔有无阻塞，若有阻塞物应清除，使水流畅通。若仍无响声，应拆开水力警铃检查，更换损坏零件。

3. 延时器安装与维护

延迟器溢流孔排出水必须排入地下管道。

定期检查延迟器，可打开试警铃阀，水立即从延迟器溢流孔流出，若无水流出应检查过滤器和进水口有无脏物，或再进一步查看报警阀座进水小孔。

4. 压力开关安装与维护

压力开关（见图 2—2—16）应垂直安装在延迟器之后和水力警铃之前支管旁通管道上，它作为水—电转换装置，在系统安装完毕后，应对其进行联动调试开通。

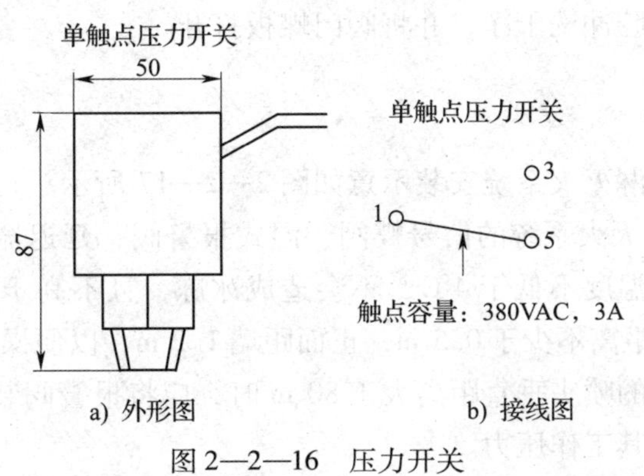

图 2—2—16　压力开关

安装中壳体应保持干燥、清洁，接线牢固，以免动作失误。

产品出厂前已进行启动压力调节。使用中，不要再调节启动压力，并按有关规定定期进行检查，保证开关始终处于良好的工作状态。

5. 流水指示器维护与安装

ZSJZ－1型安装前，先在预定位置按流水指示器规格分别钻出相应的孔，孔径大小见表2—2—2。

表2—2—2　　流水指示器规格与钻孔孔径　　mm

规格	50～80	100	125～150
钻孔孔径	34	48	60

然后将法兰底座取下焊接在管道上，去掉留在内壁的铁瘤。ZSJZ－2型安装采用丁字管螺纹连接，将管道一端连接流水指示器丁字管一端，丁字管另一端连接管道另一端。ZSJZ－3型安装采用丁字管法兰连接。

安装时必须前后保持有5倍管径的直管段，水流方向应与流水指示器上标记一致，严禁倒向。

接线时，接线端子"＋"为红线接电源"＋"，24 VDC，"－"端为黑线接地线，"常开"端为黄线接报警系统中的信号端。"公共点"为蓝线，为减少引线，可将其与"＋"相短接。

流水指示器调试和定期检查时，可打开分区末端试水装置，放通水流进行模拟试验，检查流水指示器是否动作，若发现故障，应分别检查流水指示器及报警装置，排除故障，使系统处于伺服状态。

6. 信号蝶阀安装与使用

安装前应首先确认产品性能与运行工况相符，并将阀门内擦拭干净。接信号线时，先拆下塑料壳，在接线板红线处接DC24 V电源。将黄线（或白线）接至消防控制中心，作为输出信号线即可。接线完毕，可旋转手轮检查有无启闭信号输出。安装后，管道进行强度试验前，应将管道内腔冲洗干净，并将阀门蝶板打开。

7. 系统安装规则

现实生活中自动喷淋灭火系统安装示意如图2—2—17所示。

(1) 自动喷水湿式灭火系统的信号蝶阀、湿式报警阀、延迟器等应集中在建筑物底层或地下控制室，其环境温度不低于4℃，不会造成冰冻，且不高于70℃。报警阀安装高度距地面宜为1 m，两侧距离不少于0.5 m，正面距墙1.2 m，以便操作，安装应按规定进行。当报警阀装置与其控制的喷头垂直距离大于80 m时，应将报警阀装置的位置升高，确保报警阀承受的压力不大于其工作压力。

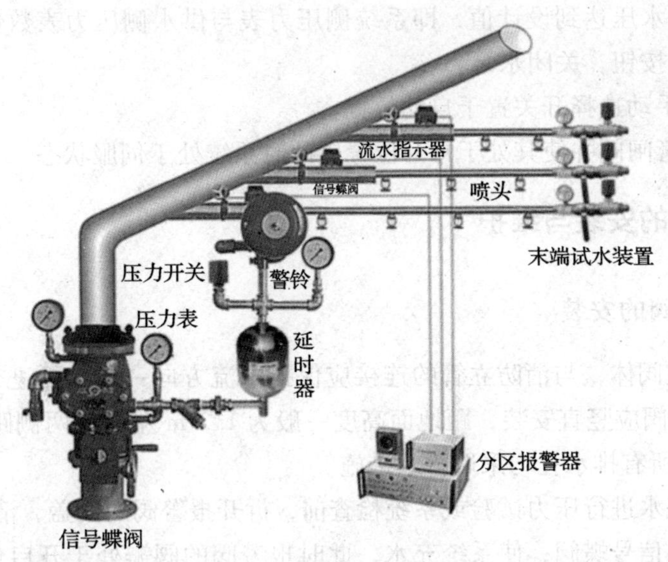

图 2—2—17　自动喷淋灭火系统安装

（2）水力警铃应设在建筑物的主要通道或经常有人停留的场所附近，管径为 20 mm，总长不应大于 20 m，离报警阀高度不超过 5 m。

（3）系统放水阀、试警铃阀、延迟器溢水孔和水力警铃排水管应分别接入下水道，其排水管直径不应小于报警阀配套试验阀通径的 2 倍。

（4）信号阀按水流方向与报警阀配套安装完毕后，打开塑料罩壳，红线接 24 V 电源，将黄线和蓝线接到消防控制中心，作为输出信号线。接线后，可旋转手轮检查有无启闭信号输出。然后将信号蝶阀置于最大开启位置。

（5）调试时可打开试水警阀，使温室式报警阀动作，经延迟时间后水力警铃发出报警声。最后可对系统进行综合试验，按分区逐一找开末端试水装置放水阀，对系统管路、流水指示器、压力开关、报警控制器、湿式报警阀和水力警铃的工作状态进行综合试验和调试。

（6）每月进行一次水力警铃试验，每两个月对管道上流水指示器进行一次检查，若发现问题，必须及时排除故障。

二、伺服状态设置

1. 首先给水箱充水，半箱即可。

2. 关好系统侧水阀和放水球阀、试铃球阀及报警管闸阀，并且打开供水信号蝶阀，底部水箱与水泵相通的阀门及主设备与压力罐相通的阀门，以便用水泵给系统及压力罐充水。

3. 给系统上电。打开控制盒上的漏电断路器，按下电源的启动按钮。

4. 把自动、手动选择开关置于手动位置。

5. 按下手动启动水泵按钮，向系统侧管道进水，同时也给压力罐充水充压。使湿式系统进口侧和系统侧水压达到设计值，即系统侧压力表与供水侧压力表数值一致并保持平衡时，按下手动停止按钮，关闭水泵。

6. 把自动、手动选择开关置于自动位置。

7. 打开报警管闸阀并使其处于常开位置。此时系统处于伺服状态。

三、湿式报警阀的安装与维护

1. 湿式报警阀的安装

（1）应先安装阀体，与消防立管的连接应保持水流方向一致，再进行报警阀辅助管道的连接。湿式报警阀应竖直安装，距地面高度一般为 1.2 m 左右，两侧距墙不小于 0.5 m，正面距墙 1.2 m，所有排水孔均采取排水措施。

（2）在系统充水进行压力试验或系统检查前，拆开报警阀的阀盖，清除阀内杂物。

（3）打开供水信号蝶阀，使系统充水，此时报警阀的阀瓣处于开启位置，待上下压力平衡后，阀瓣由于自重而关闭。

（4）定期检查报警阀，每季度打开试警铃阀放水球阀，延迟一定时间后水力警铃将发出报警。若发现水力警铃不响，应检查通向警铃的过滤器或报警管道、座圈上小孔有无阻塞，若有则清除污垢，使水流畅通。

（5）系统上的报警管闸阀应用锁链锁至开启位置。

发现水从阀瓣泄漏到报警管道，检查湿式报警阀内部有无脏物，将阀瓣顶开而造成不密封。若橡胶密封件磨损，应及时更换。

2. 湿式报警阀的调试

（1）先关好系统侧水阀和放水球阀、试铃球阀及报警管闸阀。

（2）向系统侧管道缓慢进水，使湿式系统进口侧和系统侧水压达到设计值，即系统侧压力表与供水侧压力表数值一致并保持平衡，然后打开报警管闸阀并使其处于常开位置。此时系统处于伺服状态。

（3）稍微打开一点放水球阀，使系统侧慢慢放水，此时报警阀阀瓣因水压差而自动打开，水流经过过滤器流入延迟器，延迟 5～20 s 后，水力警铃发出报警声，压力开关动作，控制室收到报警信号。

（4）对报警阀装置调试完毕后确认功能正常，关闭放水球阀，并将报警管闸阀锁定在开启位置。

四、喷淋灭火实验步骤

1. 模拟着火情形

方法 a：用打火机烧闭式洒水喷头，温度达到一定程度玻璃喷头会爆炸，系统侧放水

(此喷头是一次性的，每次做试验都要重新换新的，为了方便学生实验，在用过的破掉的闭式洒水喷头上部加了电磁阀，电磁阀开启一次就相当于玻璃洒水喷头爆炸一次，在此用另外一种火灾探测器即光电感烟探测器来启动电磁阀，具体步骤即方法 b)。

方法 b：一直向光电感烟探测器吹烟，相当于火灾现场不断有烟雾产生，这时当光电感烟探测器探测到烟雾时常开触点就会闭合，相当于一个开关，给电磁阀上电，电磁阀打开，系统侧放水。要模拟真实的着火情形，不停地向光电感烟探测器吹烟也是有一定麻烦及困难的，但不一直吹烟，光电感烟探测器探测不到烟雾时就会断开，电磁阀失电关闭，系统侧就不再放水，影响下面实验效果。为方便起见使用方法 c。

方法 c：按下光电感烟探测器上面的 TEST 按钮，光电感烟探测器常开触点也会闭合，给电磁阀上电，电磁阀打开，系统侧放水。光电感烟探测器有两个按钮，一个测试键 TEST 按钮，一个复位键 RESET 按钮，按下 TEST 键光电感烟探测器的常开触点就一直闭合，相当于一直探测到烟雾动作了。

2. 判断火情

系统侧放水，此处的水流指示器常开触点动作，信号传入控制室，相应的指示灯亮。此时，报警阀阀瓣因水压差而自动打开，水流经过过滤器流入延迟器，延迟 5 ~ 20 s 后，水力警铃发出报警声，压力开关动作，与此同时，压力开关信号启动水泵，以维持水源的供应。同时光电感烟探测器信号、流水指示器信号、压力开关动作信号均传入控制室，声光报警器报警，通告相关部门，根据流水指示器和光电感烟探测器的指示灯可以知道具体哪一层发生了火灾，以便更快捷准确地进行扑救。

3. 系统启动后的恢复

当确认火灾已经彻底扑灭，调制到手动状态，关掉水泵。关闭供水信号蝶阀，打开放水球阀，将管道剩余水排出。

如果灭火时用方法 a 烧毁闭式洒水喷头的玻璃喷头，此时就要换上类型、温级完全相同的喷头。如果用方法 b 一直向光电感烟探测器吹烟，就停止吹烟使光电感烟探测器触点断开，恢复原来状态。如果用方法 c 按下 TEST 键使光电感烟探测器触点闭合的，就要按下 RESET 按钮使其恢复原来状态。

实验到此结束，但在实际生活中还有一个步骤。

应关好系统侧水阀和放水球阀、试铃球阀及报警管闸阀，并且打开供水信号蝶阀、底部水箱与水泵相通的阀门及主设备与压力罐相通的阀门，使系统重新恢复到伺服工作状态。

拓展知识

喷淋系统常见故障的检修内容如下：

1. 发现水力警铃不响，应检查通向警铃的过滤器或报警管道、座圈上小孔有无阻塞，若有则清除污垢，使水流畅通。若仍无响声，应拆开水力警铃检查，更换损坏零件。

2. 延迟器溢流孔排出水必须排入地下管道。打开试警铃阀，水立即从延迟器溢流孔流出，若无水流出应检查过滤器和进水口有无脏物，或再进一步查看报警阀座进水小孔。

3. 流水指示器指示灯不动作时常亮或动作了但不亮。不亮时注意看安装时水流方向是否与水流指示器上标记一致，严禁倒向。常亮时看系统侧是否有漏水使系统侧压力变小，或水流指示器中间的垫圈过大，挡住管路底部无法恢复。再者看接线方式，“常开”端为黄线接报警系统中的信号端，“公共点”为蓝线，注意是否接错，此种接法不接入电源为无源接入，应把电路板上开关拨到无源一侧。若拨到有源一侧时接线方法为接线端子“+”为红线接电源“+”，24 VDC，“-”端为黑线接地线，“常开”端为黄线接报警系统中的信号端，“公共点”为蓝线。为减少引线，可将其与“+”相短接。

4. 若水泵启动了系统侧仍无水供应，查看供水信号蝶阀是否关闭，注意保持供水信号蝶阀的常开状态。

5. 若供水侧压力表压力很低或为零，注意查看试铃球阀是否关闭，工作时应保持关闭状态。再者查看与压力罐相通的阀门是否打开，注意工作时应将此阀打开。

6. 在调制伺服状态时若系统侧与供水侧压力都小于 200 kPa，则查看水泵的供水能力，查看水泵电源的相序是否有误，换一下相序再试试看。

在现实中需要对系统进行定期检查，检查内容见表 2—2—3。

表 2—2—3 系统定期检查的内容

部位	工作内容	周期
水源	调试供水能力	每年
蓄水池水箱	检测水位及消防储备水不被他用措施	每月
气压水罐	检查气压	每月
设置储水设备的房间	检查室温	寒冷季节每天
储水设备	检查结构材料	每两年
消防水泵	启动试运转	每月
报警控制阀	试铃球阀	每月
信号蝶阀、报警控制装置	日测巡检	每天
系统所有控制阀门	检查铅封、锁链情况	每月
室外阀门井中控制阀门	检查开启状况	每季
水泵接合器	检查完好状况	每月
流水指示器	末端放水试验报警指示灯	每两月
喷淋喷头	检查	每月

任务三 安装与调试气体灭火系统

任务描述

1. 安装气体灭火设备。
2. 进行气体灭火系统调试。

基础知识

一、气体灭火系统的灭火原理

气体灭火系统是利用气体作为灭火介质，对特定对象或区域实施灭火作业的装置或系统（见图2—3—1）。

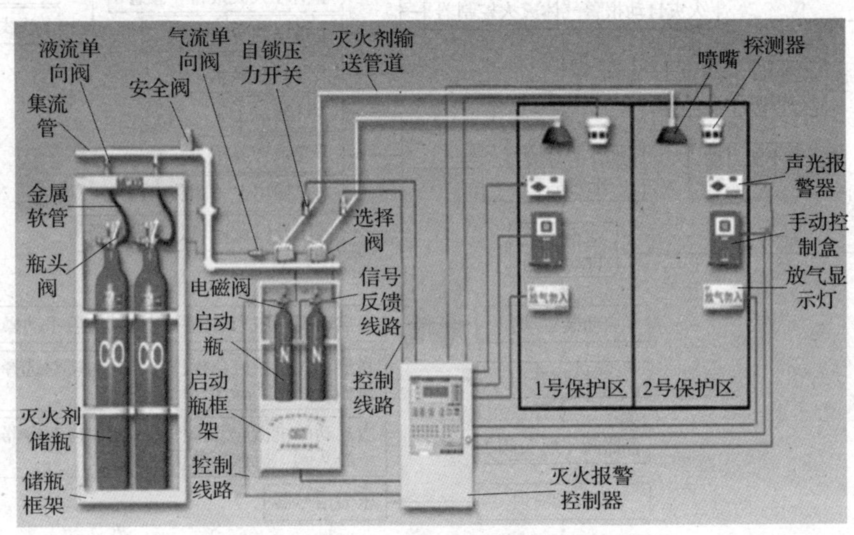

图2—3—1　气体灭火系统示意

气体灭火系统防护区发生火灾后，火灾探测器先动作，并向火灾报警灭火控制器报警，确认后发出声、光报警信号，同时启动联动装置（关闭防护区开口、停止空调和通风机等），延时一定时间（一般为30 s）后打开启动气瓶的瓶头阀，利用气瓶中的高压氮气将灭火剂储存容器上的容器阀打开，灭火剂经管道输送到喷头喷出实施灭火。灭火气体施放时，压力开关动作发出反馈信号，灭火控制器同时发出施放灭火剂的声、光报警信号。

延时一定时间主要有三个方面的作用：一是考虑防护区内人员的疏散，二是及时关闭防护区的开口，三是判断有没有必要启动气体灭火系统。

气体灭火系统一般由灭火剂储存瓶组、液流单向阀、气流单向阀、压力开关、选择阀、阀驱动装置、喷头、集流管、释放管网及报警灭火控制器等组成。

气体灭火系统功能及动作原理如图2—3—2所示。

二、气体灭火系统的类型

1. 按照使用的灭火剂分类

（1）卤代烷灭火系统

（2）二氧化碳灭火系统

（3）卤代烷替代灭火系统

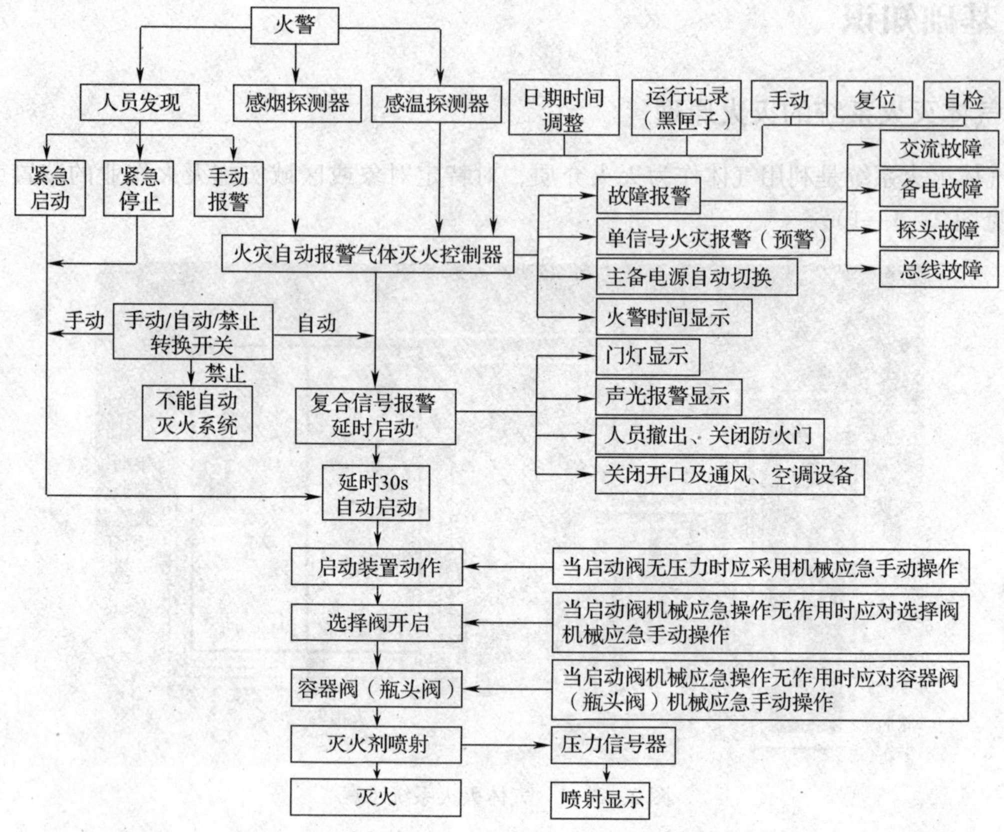

图 2—3—2 气体灭火系统功能及动作原理

1）IG541 灭火系统。

2）七氟丙烷灭火系统。

3）三氟甲烷灭火系统。

4）SDE 灭火系统。

2. 按灭火方式分类

（1）全淹没气体灭火系统

全淹没气体灭火系统是灭火剂储存装置在规定的时间内向防护区喷射灭火剂，使防护区内达到设计所要求的灭火浓度，并能保证一定的浸渍时间，以达到扑灭火灾而不复燃效果的灭火系统。这种灭火系统的特点是防护区内任何位置均能形成足够的均匀的灭火剂浓度，足以扑灭火灾。

（2）局部应用气体灭火系统

局部应用气体灭火系统是由一套灭火剂储存装置在规定的时间内直接向燃烧着的可燃物表面喷射一定的灭火剂的灭火系统，用于没有固定封闭的防护区，也可用于大型封闭设备中局部的危险区。

3．按管网的布置分类

（1）单元独立系统

单元独立系统结构如图 2—3—3 所示。

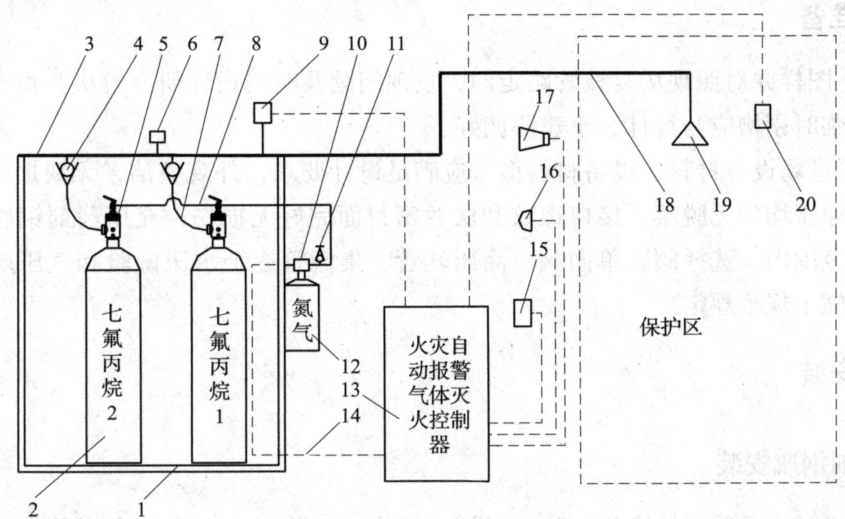

图 2—3—3　单元独立气体系统结构

1—灭火剂储瓶框架　2—灭火剂储瓶　3—集流管　4—液流单向阀　5—瓶头阀　6—安全阀　7—高压软管　8—启动管路　9—压力信号器　10—启动阀　11—低压安全泄漏阀　12—启动钢瓶　13—火灾自动报警气体灭火控制器　14—控制线路　15—手动启动控制盒　16—放气灯　17—声光报警器　18—灭火剂输送管道　19—喷嘴　20—火灾探测器

（2）组合多区分配系统

组合多区分配系统如图 2—3—4 所示。

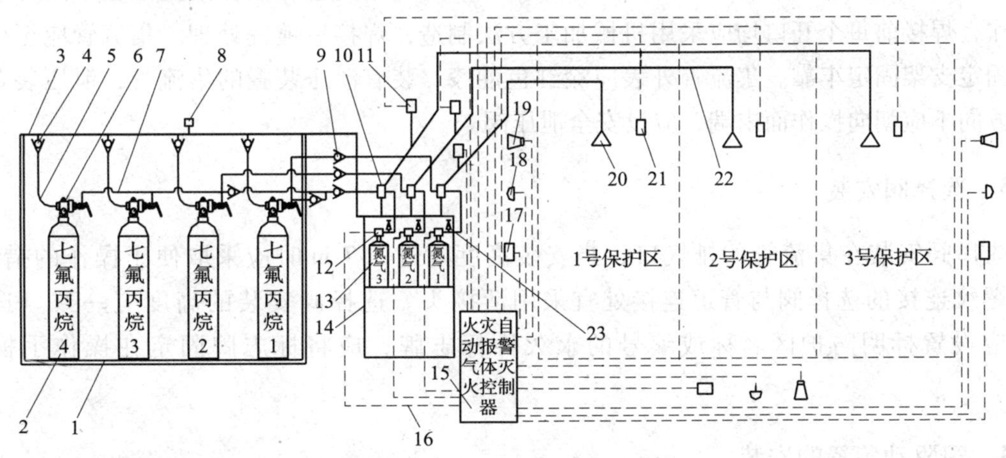

图 2—3—4　组合多区分配系统

1—灭火剂储瓶框架　2—灭火剂储瓶　3—集流管　4—液流单向阀　5—高压软管　6—瓶头阀　7—启动管路　8—安全阀　9—气流单向阀　10—选择阀　11—压力信号器　12—启动阀　13—启动钢瓶　14—启动瓶框架　15—火灾自动报警气体灭火控制器　16—控制线路　17—手动启动控制盒　18—放气灯　19—声光报警　20—喷嘴　21—火灾探测器　22—灭火剂输送管道　23—低压安全泄漏阀

任务实施

气体灭火系统的安装工艺流程为：安装准备→设备安装→系统调试及功能验收。

一、安装准备

1. 熟悉图样并对照现场复核管路走向，发现问题及时与设计研究解决。检查预留预埋是否正确；临时剔槽应与设计、土建协调好。

2. 检验进场设备材料。设备材料型号应满足设计要求，外观整洁，无缺损、变形及锈蚀，镀锌或涂漆均匀无脱落，接口螺纹和法兰密封面完好无损伤；充压药剂钢瓶压力表指针应在指定范围内。选择阀、单向阀、高压软管、集流管逐个水压试验和气压严密性试验结果应满足施工规范规定。

二、设备安装

1. 药剂钢瓶安装

钢瓶运输时应采取保护措施，防止碰撞、擦伤。安装时压力表观察面及产品标牌应朝外。钢瓶应排列整齐，间距符合设计要求。钢瓶重量用楼板承担，其固定一般是先在墙面上固定一根槽钢，再用抱卡将钢瓶与槽钢卡在一起。抱卡的高度应在钢瓶 2/3 左右并尽量避开标牌。当槽钢在墙面上不能固定时，也可做成框架在地面上生根。

2. 集流管安装

药剂钢瓶一般通过弯管接头、高压软管和单向阀与集流管相接。集流管宜采用焊接方法制作，焊接前每个开口均应采用机械加工方法制造，焊接后镀锌处理。集流管应至少设两个固定支架固定牢靠。集流管外表应涂红色油漆，装有泄压装置的集流管，泄压装置的泄压方向不应朝向操作面末端，应设安全泄压阀。

3. 选择阀安装

选择阀安装在集流管的排气口，当安装高度超过 1.7 m 时应采取便于操作的措施。采用螺纹连接的选择阀与管道连接处宜采用活接头。选择阀安装的高度应一致。选择阀上应设置标明防护区名称或编号的永久性标志牌，应将标志牌固定在操作手柄附近。

4. 阀驱动装置的安装

（1）阀驱动装置的作用是在保护区域发生火灾时开启药剂钢瓶容器阀和火灾区域的选择阀。驱动方式有电磁驱动、气动驱动和机械手动驱动等。控制方式分为自动、手动和应急制动。

（2）电磁驱动装置的电气连接线应沿固定灭火剂储存容器的支架、框架或墙面固定。

（3）拉索式手动驱动装置包括保护箱、拉线盒、拉线手柄、钢丝绳和手动阀。钢丝绳应设外防腐的钢管保护。拉索转弯处采用专用导向滑轮。套管及保护盒应固定牢靠。

（4）安装以物体重力为驱动力的机械驱动装置时，应保证重物在下落行程中无阻挡，其行程应超过阀开启所需行程 25 mm。

（5）气动驱动装置由氮气瓶、铜管和压力启动阀等组成。氮气瓶安装与药剂钢瓶安装基本相同，铜管采用扩口器扩口，用接头零件连接。铜管安装应横平竖直，固定支架间距及平行管道固定夹间距均不宜超过 0. 6 m，转弯处应增设一个管箍，安装后应进行气压严密性试验，试验压力不应低于氮气瓶内的储存压力，压力升至试验压力后，关闭加压气源，稳压 5 min，以不降压为合格。

5. 压力开关安装

压力开关的作用是在系统工作时受压动作从而反馈工作状态信号，一般在集流管的末端用螺纹连接安装，或在管接头连接件上用螺纹连接。

6. 喷嘴安装

喷嘴开孔规格与开孔朝向必须满足设计要求，安装时应采用专用扳手。

三、系统调试及功能验收

气体灭火系统安装完应按防护区总数（不足 10 个按 10 个计）的 10% 进行模拟喷气试验。喷气的区域应做好防护措施。试验结果应满足设计要求。

灭火气体应采用氮气进行模拟试喷，氮气瓶充装压力不应低于药剂钢瓶储存压力，且容器结构、型号、规格应相同，数量不少于药剂瓶的 20%，且不得少于 1 个。

拓展知识

一、干粉灭火的基本概念

干粉灭火中的干粉是一种干燥的、易于流动的微细固体粉末，由能灭火的基料和防潮剂、流动促进剂、结块防止剂等添加剂组成，主要成分是碳酸氢钠、滑石粉、云母粉和硬脂酸。干粉灭火器钢瓶内装有干粉和二氧化碳。使用时将灭火机的提环提起，干粉剂在二氧化碳气体作用下喷出粉雾，覆盖在着火物上，使火焰熄灭。干粉适用于扑灭油罐区、库房、油泵房、发油间等场所的火灾，不宜用于精密电气设备的火灾。碳酸氢钠干粉灭火器适用于易燃、可燃液体、气体及带电设备的初起火灾，磷酸铵盐干粉灭火器除可用于上述几类火灾外，还可扑救固体类物质的初起火灾，但都不能扑救金属燃烧火灾。

二、干粉灭火器的分类与使用

干粉灭火器按移动方式分为手提式、背负式和推车式三种。

使用外装式手提灭火器时，一只手握住喷嘴，另一只手向上提起提环，干粉即可喷出。

使用推车式灭火器时，将其后部向着火源（在室外应置于上风方向），先取下喷枪，展开出粉管（切记不可有拧折现象），再提起进气压杆，使二氧化碳进入储罐，当表压升至0.7～1 MPa时，放下进气压杆停止进气。这时打开开关，喷出干粉，由近至远扑火。如扑救油类火灾时，不要使干粉气流直接冲击油渍，以免溅起油面使火势蔓延。

使用背负式灭火器时，应站在距火焰边缘5～6 m处，右手紧握干粉枪握把（若为氮气动力，则只能握住木制把手，否则可能被低温气体冻伤），左手扳动转换开关到“3”号位置（喷射顺序为3、2、1），打开保险机，将喷枪对准火源，扣扳机，干粉即可喷出。如喷完一瓶干粉未能将火扑灭，可将转换开关拨到2号或1号的位置，连续喷射，直到喷射完为止。

项目三　消防联动系统安装与调试

火灾时的联动控制是指对消防设施环网其他必要的设备进行联动控制。联动控制器与火灾报警控制器配合，通过数据通信，接收并处理来自火灾报警控制器的报警点数据，然后对其配套执行器件发出控制信号，实现对各类消防设备的控制。

任务一　消防广播联动系统的安装与调试

任务描述

1. 安装消防广播系统。
2. 设置并调试消防广播联动。

基础知识

一、应急广播概述

应急广播系统是指当应用现场出现紧急情况时（如火警、匪警及其他突发性灾害事件），可通过中心指挥系统将指挥指令或事先准备播放的内容，及时、可靠、准确地广播出去。

二、消防广播系统的组成

消防应急广播设备主要由音源设备、广播功率放大器、火灾报警控制器（联动型）、输出模块、音箱等设备构成。

三、广播分配盘的作用

广播分配盘作为广播系统输出控制，具有检查登记并在开机后实时检测各区域线路及负载状态，对线路短路、开路故障有声光告警功能；具有串口外控和遥控输出接口，可实现无人值守的紧急广播输出；具有禁播输出、告警输入和静音输入功能；具有消防广播输出监听功能。GST - GBFB - 200/MP3 广播分配盘采用标准插盘结构安装，其面板如图3—1—1所示。

该分配盘按键及指示灯的功能如下所述。

1. 手持黑话筒（PTT）

即随机提供的专用话筒，用于对外进行话筒广播。

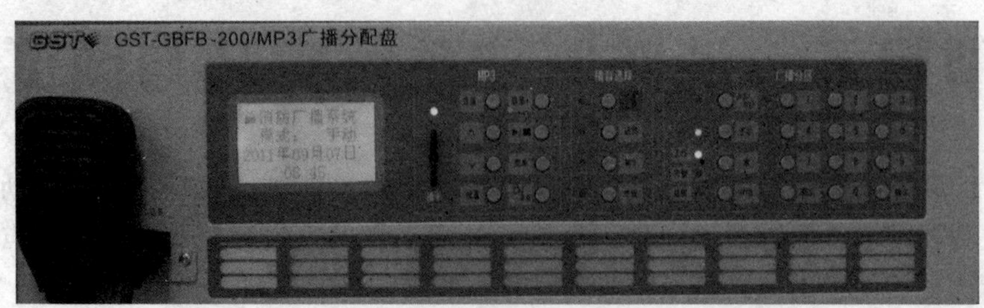

图 3—1—1　GST - GBFB - 200/MP3 广播分配盘

2. 液晶显示器（LCD）

机器操作及显示界面，用于机器控制及状态显示。

3. SD 卡插口及指示灯

用于 MP3 音频存储，插入 SD 卡后，SD 卡指示灯亮。

4. 音量 -

音量调节按键，用于减小音量。

5. 音量 +

音量调节按键，用于增大音量。

6. 上翻键

用于液晶滚屏上翻（MP3 播音模式时用于选曲上一首，长按用于向上翻页）。

7. 下翻键

用于液晶滚屏下翻（MP3 播音模式时用于选曲下一首，长按用于向下翻页）。

8. 播放/暂停键

MP3 音源播音时，用选定歌曲进行播放暂停控制。

9. 设置键

用于进行分区、时钟等系统设置工作。

10. 解锁/录音键

用于设备进入有高级操作权限的解锁状态，以及电子语音的录制。

11. 菜单键

用于 MP3 音源的功能选择。

12. 应急广播键及指示灯

用于进入或退出应急广播播音状态（单纯用于应急广播，需在解锁状态下操作），红灯用于显示工作状态。

13. 话筒键及指示灯

用于进入或退出话筒播音状态（锁定状态下进入正常广播状态，解锁状态下进入应急广播状态），双色灯，灯亮为绿色表明在背景话筒播音状态，灯亮为红色表明设备处于应急话筒播音状态。

14. MP3 键及指示灯

重复按键可进入或退出 MP3 播音，绿色工作指示灯。

15. 外线键及指示灯

重复按键可进入或退出外线播音，绿色工作指示灯。

16. 工作指示灯

绿灯，点亮时表明本机供电正常。

17. 告警指示灯

红灯，点亮时说明出现了火警信息。

18. 故障指示灯

黄灯，点亮时说明广播线路出现了故障。

19. 手动键及指示灯

用于系统进入手动模式，不接受控制器发来的强制启动分区命令。

20. 消音/自检键及指示灯

用于消除警告来临时的蜂鸣器声响，以及系统自检。

21. “＊”键

通配符＊，用于多个广播分区的启动，＊＊＊＊＊＊表示通播请求。

22. 分组键及指示灯

用于开启或关闭一组分区。

23. 数字键

用于0~9的数字输入选择。

24. 退出键

用于分区关闭及返回上一级。

25. 确认键

用于分区开启及输入确认。

四、广播功率放大器的作用

广播功放器是音频功率放大器。此系列功放为开关式音频功率放大器，设备自身消耗少，整机功率在80%以上；配有两个内部并联的0 dB音频输入口，具有过载保护、故障报警和告警输出功能。以GST－GF150W广播功率放大器为例进行说明，其面板如图3—1—2所示。

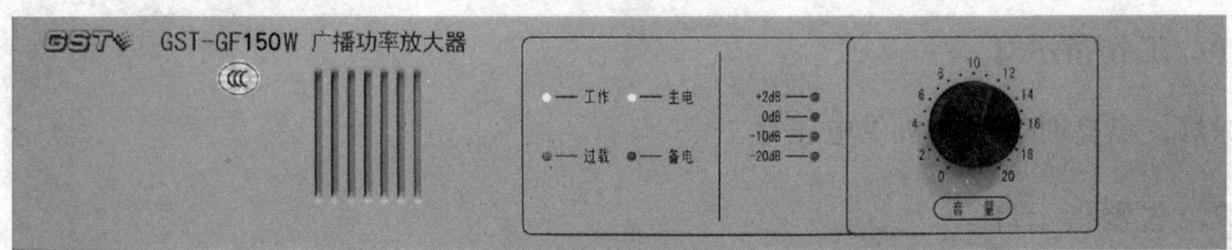

图3—1—2　GST－GF150 W广播功率放大器

广播功率放大器按键及指示灯功能如下所述。

1. 工作指示灯

绿灯亮表示本机工作正常。

2. 过载指示灯

过载指示灯视故障状态而不同。

3. 过载灯常亮

表示本机工作异常或音频输出线处于短路，本机已经处于保护状态。如果音频输出线短路故障排除，需将电源关闭，然后再重新启动电源，才能解除指示灯常亮状态。

4. 过载灯闪亮

表示本机处于故障状态，故障排除后，本机可自行恢复工作，不需重新开启电源。

5. 主电指示灯

绿灯亮表示本机采用主用电源供电。

6. 备电指示灯

绿灯亮表示本机采用备用电源供电。

7 音频输出电平显示

动态显示音频输出的幅度。

8. 音量电位器

顺时针或逆时针调整此旋钮可以改变当前的监听音量。顺时针旋转，监听音量增大；逆时针旋转，监听音量减小。

任务实施

一、根据图 3—1—3 安装消防应急广播设备系统

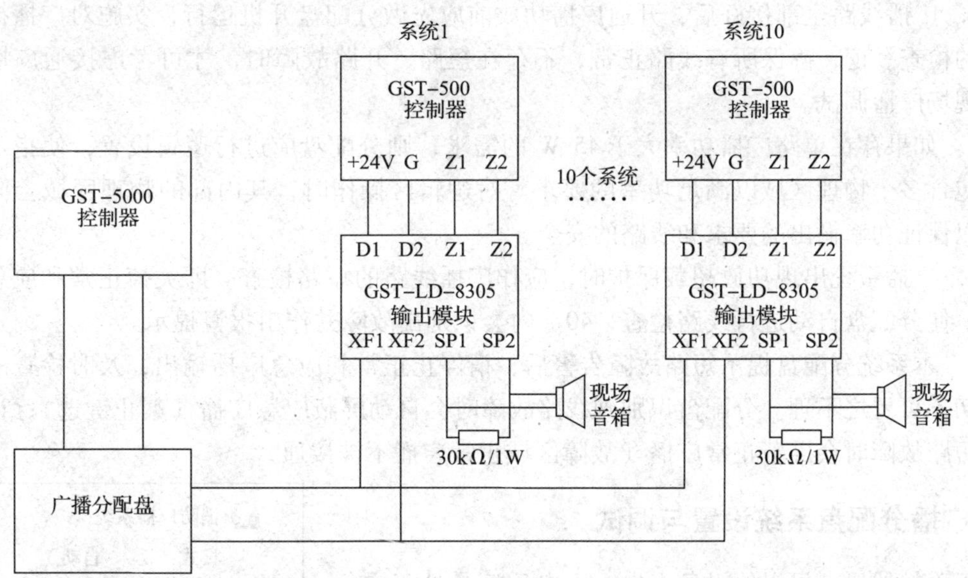

图 3—1—3　消防应急广播设备系统图

根据已经掌握的广播分配盘、功率放大器以及输出模块的接线的接线端子，按照图 3—1—3进行系统的线路连接。图 3—1—4 所示为广播分配盘和功率放大器的内部接线示意图。

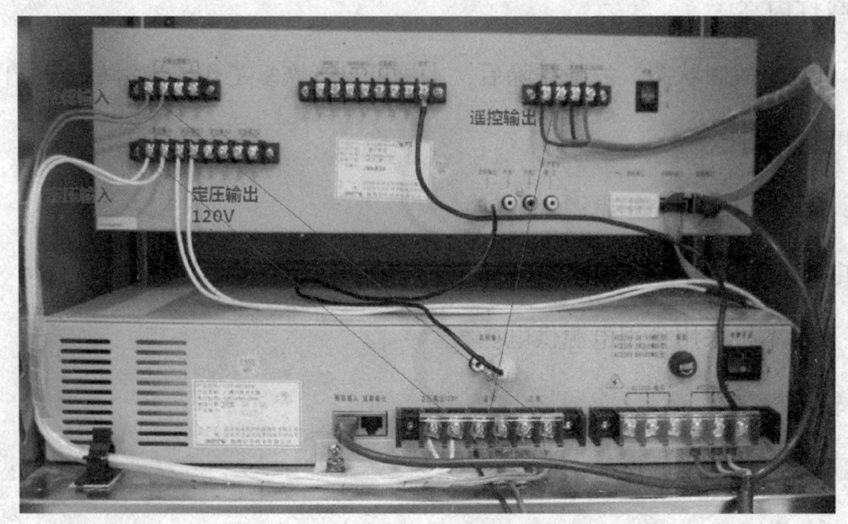

图 3—1—4　广播分配盘和功率放大器的内部接线示意图

二、安全事项

1．确保系统连接线正确无误，由于功率放大器输出不允许并联，所以多功放接线时，系统内多功放输出到分配盘不可并接；系统外每个功放所对应的广播区域要明确，不同广播区域内的扬声器不可混接、并接，以免造成功放输出并接故障。

2．广播线路全部接好后，开通广播功放前应先做分配盘开机运行，实施对广播扬声器线路的检查登记，确保所有线路正常，不存在短路、开路故障时，才可考虑接通广播功放进行现场广播调试。

3．如果存在单路广播功率大于 45 W 的需求，则分配盘应进行逻辑设置，使指定的逻辑区包含多个物理区域以满足功率的要求。对逻辑区操作时，其内部的物理区域会同时动作，以保证功率输出的要求和线路的安全。

4．广播系统出现功放超载保护时，应作广播线路的短路检查。即关掉正常和应急广播输出，使分配盘自动进行线路检查，40 s 内会识别出故障并作出报警提示。

5．本系统分配盘提示短路故障告警后，请停止正常和应急广播输出，及时检查故障线路，切不可置之不理。分配盘识别到线路故障时会自动屏蔽应急广播（禁止键选）；识别到线路短路故障时会屏蔽正常广播（故障区域正常广播不被接通）。

三、广播分配盘系统设置与调试

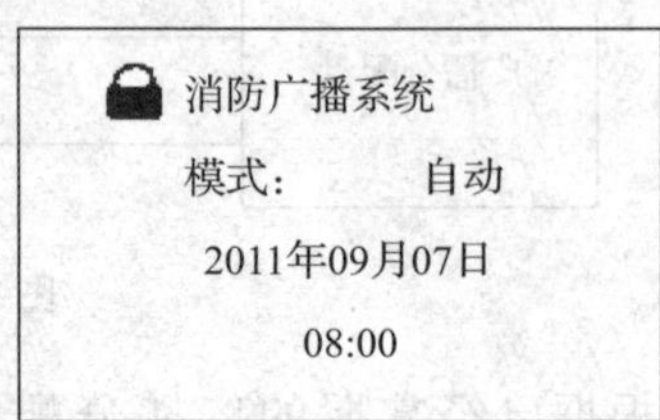

图 3—1—5　消防广播系统显示界面

正确接线后，可以给设备上电。上电后液晶处于空闲界面，如图 3—1—5 所示。左上角的锁表示本机正常情况下处于锁定状态。为防止非专业人员的误操作，系统一般对高等权限的功能会设置密码保护。这些功能包

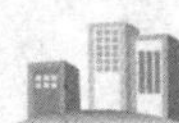

括进行初始设置和开启应急广播。

1. 进入设置菜单

要进入设置菜单必须先解锁，按 键，转到密码输入界面（见图3—1—6），通过数字键0~9输入正确密码后，按“确认”键将进入解锁状态（见图3—1—7）。此时按“设置”键可进入设置菜单（见图3—1—8）。空闲状态下3 min无操作将返回锁定状态。长按 键3 s也将返回锁定状态。

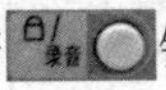

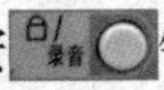

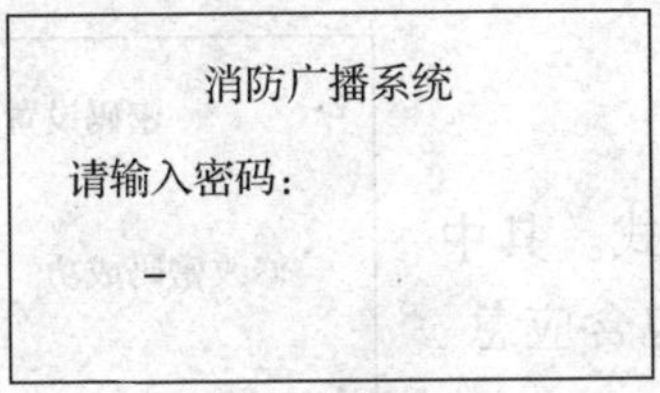

消防广播系统
请输入密码：
_

图3—1—6　密码输入界面

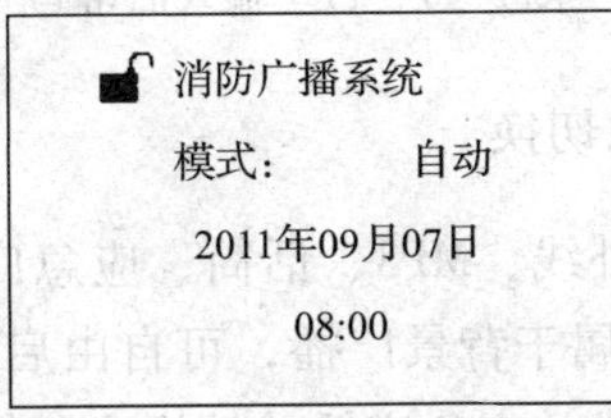

消防广播系统
模式：　　自动
2011年09月07日
08:00

图3—1—7　解锁状态

2. 时钟设置

在设置菜单中选中时钟设置，按“菜单”键进入时钟设置菜单（见图3—1—9）。操作数字键0~9输入正确时间日期后按“确认”键保存设置。

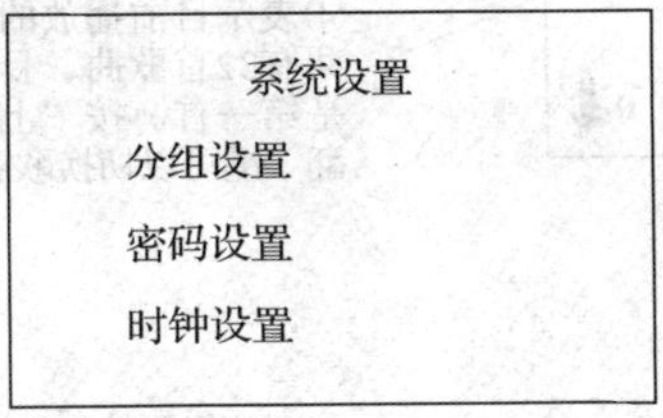

系统设置
分组设置
密码设置
时钟设置

图3—1—8　设置菜单

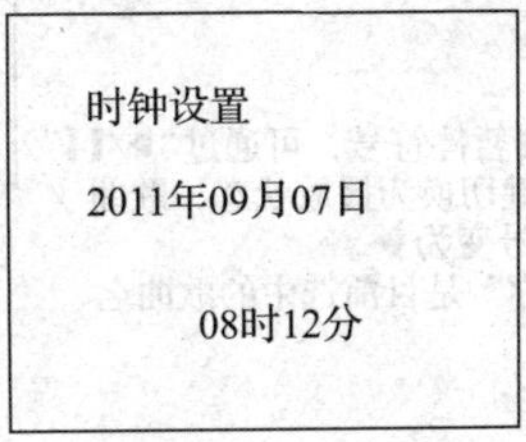

时钟设置
2011年09月07日
08时12分

图3—1—9　时钟设置菜单

3. 分组设置

分组就是将多个分区二次码编为一组，通过一个按键操作即可同时启动多个广播分区（每组最多可以设置10个分区）。

在设置菜单中选中分组设置，按“菜单”键进入分组设置菜单。选中要设置的分组后按“菜单”键或“确认”键进入添加分组界面（见图3—1—10），操作数字键输入要添加的分区后，长按“确认”键3 s以保存设置。

分区　03
010001　010002
010003

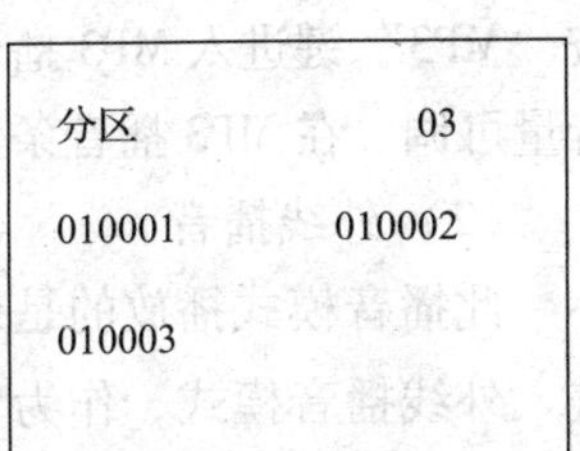

图3—1—10　添加分组

4. 密码设置

在设置菜单中选中密码设置，按“菜单”键进入密码设置菜单（见图 3—1—11）。输入原密码（出厂密码为 123456），然后输入新密码两次以确认设置（见图 3—1—12、图 3—1—13），密码可自由设定为 1 ~6 位。

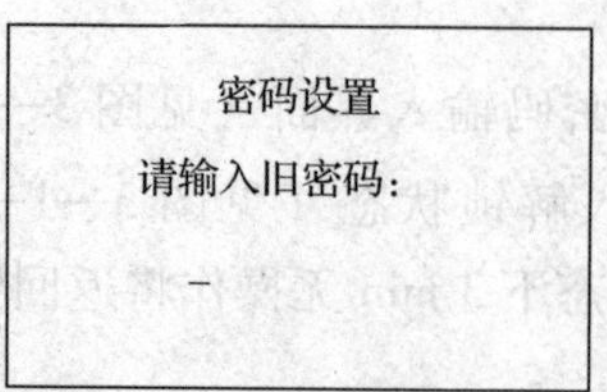

图 3—1—11　输入旧密码

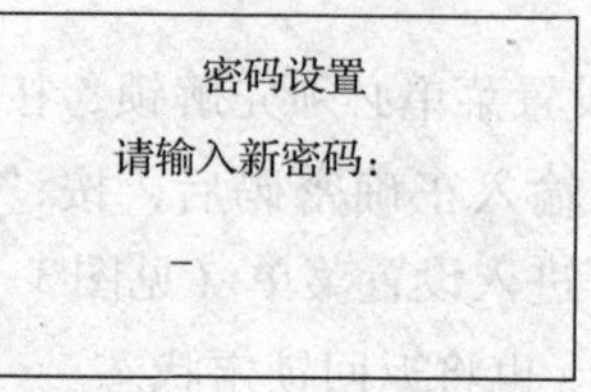

图 3—1—12　输入新密码

5. 音源切换

本机有外线、MP3、话筒、应急广播四种播音模式。其中外线与 MP3 属于背景广播，可自由启闭。话筒播音包含应急、背景两种模式。应急广播单纯为应急使用。

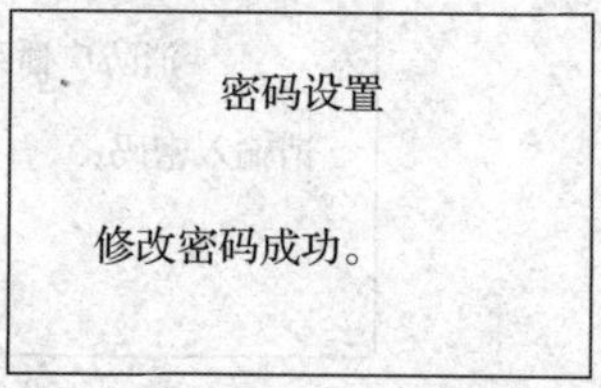

密码设置

修改密码成功。

图 3—1—13　修改密码成功

（1）MP3 播音（见图 3—1—14）

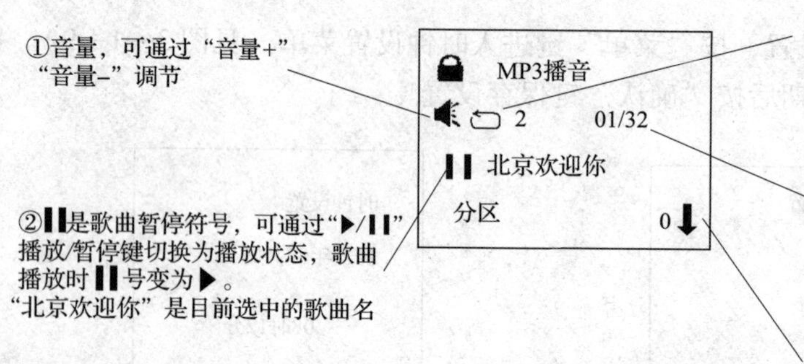

图 3—1—14　MP3 播音

此播音模式播放的是外置 SD 卡中. mp3 格式文件（目前本机只适用 2 G 及以下容量的 SD 卡，FAT 格式，最高位速 320 kb/s），按“MP3”键进入 MP3 播音模式。作为背景音源，功率放大器输出音量可调。在 MP3 播音条件下，可操作菜单键以实现相应功能。

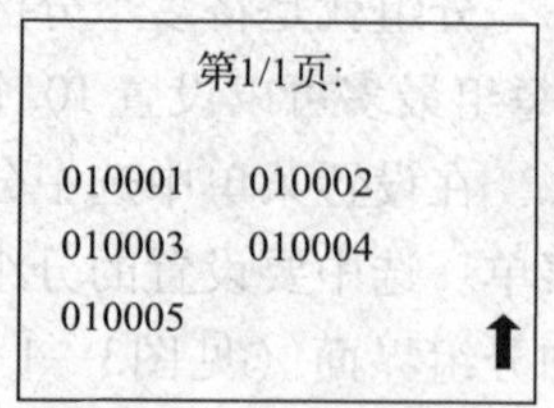

图 3—1—15　翻页

（2）外线播音

此播音模式播放的是外接音源中的音频文件，按“外线”键进入外线播音模式，作为背景音源，功率放大器输出音量可调。

（3）应急广播播音

单纯作为应急广播使用，解锁状态下按“应急广播”键或接收到火警信号时自动进入。

红色状态指示灯亮时，功率放大器输出音量不可调节。

（4）话筒播音

此播音模式播放话筒音源信息，设有背景和应急两种播音模式。锁定状态下按“话筒”键进入话筒背景广播状态，指示灯亮绿色，功率放大器输出音量可调。解锁状态下进入话筒应急广播状态，指示灯亮红色，功率放大器输出音量不可调。

在外线、MP3 等播音模式下按话筒侧键自动启动话筒播音，放开后系统自动返回原播音状态。

6. 手动模式切换

解锁后，按“手动”键，进入手动操作模式（见图 3—1—16），绿色指示灯亮。手动模式下接收到消防控制器的火警信号，不自动进入消防应急广播模式，只显示消防警报信息 3 s，同时红色火警指示灯亮。手动模式下的其他功能都与自动模式下相同，这里不再赘述。

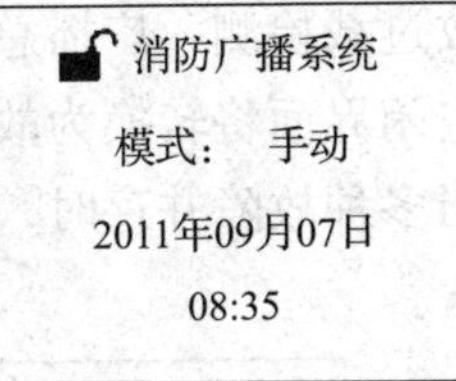

图 3—1—16　手动操作模式

7. 预录音

应急广播中的语音信息需要预先录制，时长限制在 5 min 以内。

通过话筒可以给应急广播录音。具体操作方法是，在锁定状态下，先按 话筒 切换到话筒播音模式，按 录音 并输入密码（出厂密码为 123456）后按“确认”键解锁，此时再按 录音 预录音开始，再次按 录音 预录音结束（见图 3—1—17）。用话筒做应急预录音时最好先按下话筒侧键，再按 录音 开始，录音结束后，先按 录音，再放开话筒侧键，这样可以去掉话筒侧键开关的声音。

通过外线可以给应急广播录音，具体操作方法是，在解锁状态下，先按 外线 切换到外线播音模式，按 录音 键预录音开始，再次按 录音 预录音结束。

可以对应急广播导入语音文件，把要导入的 . mp3 格式的语音文件命名为 DV（此文件要小于 5 M），存在外部 SD 卡里，再进入设置菜单，选定导入电子语音选项，按“确认”键并等待导入完成即可（见图 3—1—18）。

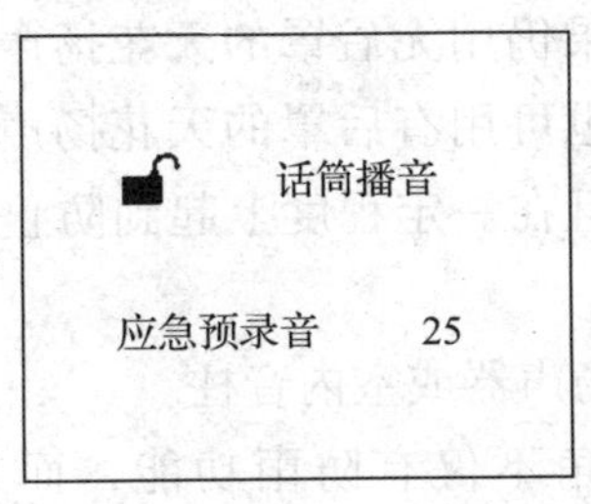

图 3—1—17　预录音

图 3—1—18　导入电子语音

8. 紧急启动应急广播

当消防控制器探测到火警信息后，本机自动切换应急广播播音模式（手动模式下除外，见图 3—1—19），联动功率放大器对火警分区进行广播。警报消除后播音自动停止。

9. 故障检测报警

本机与消防控制器及消防广播模块配合可以对广播线路及功放故障进行检测（具体包括功放过载检测，广播总线的短路检测，广播干线及支线的短断路检测）。当如上故障发生时，空闲界面将转换为故障报警界面（见图 3—1—20）。故障指示灯亮，并指示相应故障点，当多种故障并存时，本机在空闲界面滚动显示。

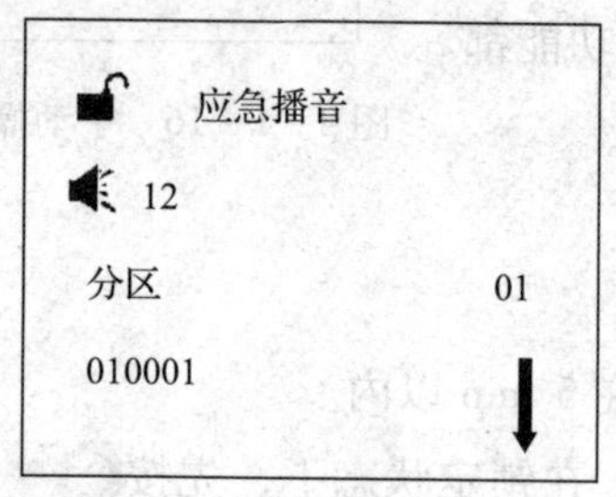

图 3—1—19　应急播音

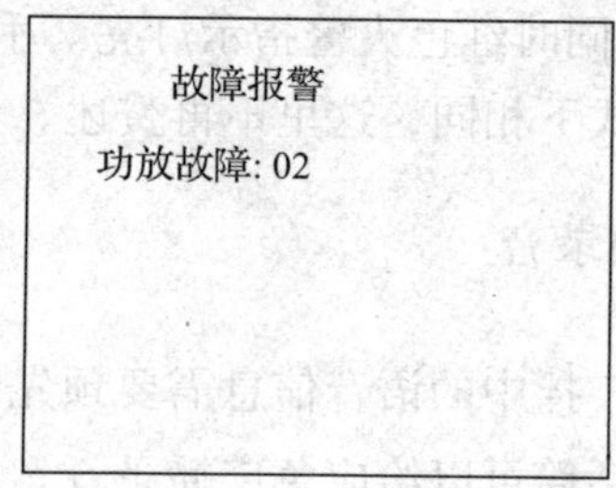

图 3—1—20　故障报警

拓展知识

一、广播扬声器的选用

原则上应视环境选用不同品种规格的广播扬声器。例如，在有天花板吊顶的室内，宜用嵌入式的、无后罩的天花扬声器。这类扬声器结构简单，价格相对低廉，又便于施工。主要缺点是没有后罩，易被昆虫、鼠类啮咬。在仅有框架吊顶而无天花板的室内（如开架式商场），宜用吊装式球形音箱或有后罩的天花扬声器。

由于天花板相当于一块无限大的障板，所以在有天花板的条件下使用无后罩的扬声器不会引起声短路。而没有天花板时情况则大不相同，如果仍用无后罩的天花扬声器，效果会很差。这时原则上应使用吊装音箱。但若嫌投资大，也可用有后罩的天花扬声器。有后罩的天花扬声器的后罩不仅有一般的机械防护作用，而且在一定程度上起到防止声短路的作用。

在无吊顶的室内（例如地下停车场）宜选用壁挂式扬声器或室内音柱。

在室外，宜选用室外音柱或号角。这类音柱和号角不仅有防雨功能，而且音量较大。由于室外环境空旷，没有混响效应，必须选择音量较大的品种。在园林、草地宜选用草地音箱。这类音箱防雨、造型优美，且音量和音质都比较讲究。在防火要求较

高的场合，宜选用防火型的扬声器。这类扬声器是全密封型的，其出线口能够与阻燃套管配接。

二、广播扬声器的配置

广播扬声器原则上以均匀、分散的原则配置于广播服务区。其分散的程度应保证服务区内的信噪比不小于15 dB。

通常，高级写字楼走廊的本底噪声为48～52 dB，超级商场的本底噪声为58～63 dB，繁华路段的本底噪声为70～75 dB。考虑到发生事故时，现场可能十分混乱，因此为了紧急广播的需要，即使广播服务区是写字楼，也不应把本底噪声估计得太低。据此，作为一般考虑，除了繁华热闹的场所，不妨大致把本底噪声视为65～70 dB（特殊情况除外）。照此推算，广播覆盖区的声压级宜在80～85 dB及以上。

三、广播功放的配置

广播功放不同于HI－FI功放。其最主要的特征是具有70 V和100 W恒压输出端子。这是由于广播线路通常都相当长，须用高压传输才能减小线路损耗。

广播功放的最重要指标是额定输出功率。应选用多大的额定输出功率，须视广播扬声器的总功率而定。对于广播系统来说，只要广播扬声器的总功率小于或等于功放的额定功率，而且电压参数相同，即可随意配接，但考虑到线路损耗、老化等因素，应适当留有功率余量。但是，所有公共广播系统原则上应能进行灾害事故紧急广播。因此，系统须设置紧急广播功放。对于全区域报警的广播系统，紧急广播系统功放的额定输出功率应不小于广播扬声器总功率的1.3倍。

四、广播分区的配置

一个公共广播系统通常划分成若干个区域，由管理人员（或预编程序）决定哪些区域须发布广播，哪些区域须暂停广播，哪些区域须插入紧急广播等。

分区方案原则上取决于客户的需要。通常可参考下列规则：

1. 大厦通常以楼层分区，商场、游乐场通常以部门分区，运动场馆通常以看台分区，住宅、度假村通常按物业管理分区。
2. 管理部门与公众场所宜分别设区。
3. 重要部门或广播扬声器音量有必要由现场人员任意调节的宜单独设区。

拓展训练

消防电话联动系统的安装调试

一、消防电话系统的作用及分类

消防电话系统是一种消防专用的、可及时掌握火灾现场情况及进行其他必要的通信联络的通信系统。它分为总线制和多线制两种实现方式。

二、总线制消防电话系统的安装、 运行与维护

1. 基本概念

JH3061 总线式程控火警电话总机是一种新型的火警通信设备，用于消防火警通信系统。当发生火灾事故时，它提供方便的通信手段，是火灾控制与报警系统中必备的通信产品之一。

2. 基本性能

（1）可容纳 80 个分机地址编码，分 A、B 两组，通过 A/B 键可分别显示它们的运行状态。编码地址采用二进制编码方式。

（2）可自动录音，记录火警时主机与分机的全部通话过程，并由手动操作放音。

（3）总机呼叫分机，分机即有振铃声；分机呼叫总机，拿起电话柄，主机即有振铃声。

（4）主机与分机之间以四总线方式连接（两根 DC24 V 电源线、两根音频信号线）。用户可根据需要在总线上接 JH3062 分机或 JH3063 编码电话插孔。

（5）可外接一条市内电话线，通过操作自动 119 键呼叫火警电话 119。当有市话呼入时，操作“外线电话”，应答外线的呼入。

（6）与广播设备配合使用，可将主机与分机通话内容进行现场广播。空闲时，可手动操作进行正常录音机放音。

（7）当总线电缆采用 1 mm^2 的双绞线时，与分机的通话距离大于 3 km。

3. 技术参数

工作电压：　DC24 V。
最大电流：　0. 5 A。
频率响应：　300 ~3 400 Hz（±3 dB）。
传输衰耗：　≤5 dB。
杂音电平：　≤ -50 dB。
线路信号电平：　DTMF 方式。
发送电平：　-9 dB ±5. 5 dB（总线端口）。
接收电平：　-23 ~ -4 dB（总线端口）。

4. 工作原理

工作原理框图如图 3—1—21 所示。

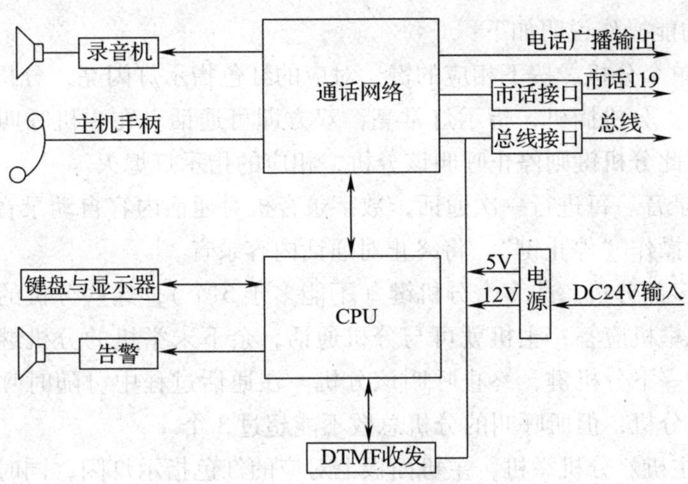

图 3—1—21　工作原理框图

5. 安装

将机器安装在机柜适当位置，将准备好的电缆安装在盘后的端子上。盘后示意图如图 3—1—22 所示。

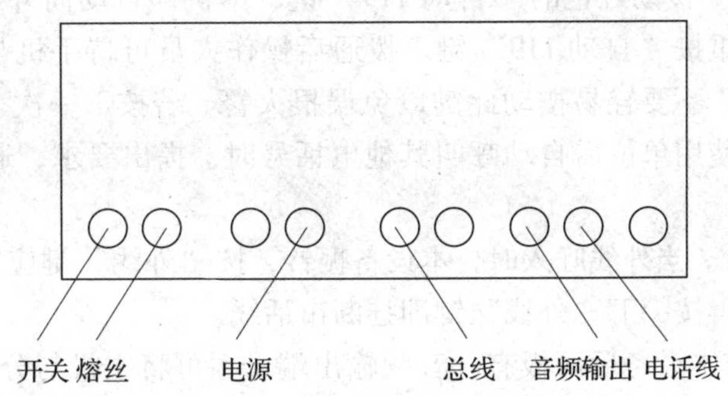

图 3—1—22　盘后示意图

注意：

电源线和总线不可接错。

电源线正极端子为红色，负极端子为黑色。

总线无正负极之分。

6. 功能说明

（1）确认安装和接线正确无误后，打开电源开关。此时，本盘正面显示板“工作”指示灯亮，表示机器正常运转。若“工作”指示灯不亮，可能是电源线接反，改正电源线后再开机。

（2）对各项功能操作说明如下：

1）主机呼叫单个分机。按下相应的键，对应的红色指示灯闪亮，分机振铃，主机手机听筒应听到回铃音。分机摘机，指示灯常亮，双方即可通话。在主机呼叫分机后，若在分机摘机前再按一下此分机键则停止呼叫该分机，相应的指示灯熄灭。

2）通话自动录音。每进行一次通话，数字录音机对通话内容自动录音，通话结束，停止录音。在通话时操作“停止键”，将终止对通话内容录音。

3）主机呼叫多部分机。按多个分机键（不能多于3个），这些分机的状态指示灯闪亮并且振铃。某分机举机应答，主机就可与分机通话，余下未举机的分机继续振铃。若某分机久呼不应，再按一下分机键，终止呼叫该分机。在通话过程中可随时呼叫其他分机、自由接入或拆除某一分机，但所呼叫的分机总数不能超过3个。

4）分机呼叫主机。分机举机，主机面板上对应的红色指示灯闪，同时发出报警音，告警指示灯长亮。按一下该分机键，即可通话，分机指示灯常亮。此时若无其他分机举机，声光报警停止。

5）呼叫、通话信息显示。在主机前面板上，有显示每个分机状态的小指示灯，当主机呼叫某分机，或某分机呼叫主机时，分机指示灯闪亮，进入通话后，分机灯常亮。面板上还有数码管显示通话情况，右面两位显示正在与主机通话的分机数，左面两位显示最后一个与主机通话的分机号。

6）自动呼叫119。按动红色的“自动119”键，本机即自动向外线呼叫119。如播出后遇忙，操作人员可重按“自动119”键。拨通后操作人员可持手机与消防人员通话。特别注意，在无火警时，不要轻易按动此键以免误报火警。若按下一次“自动119”后再按一次该键可取消。若使用单位需自动呼叫其他电话号时，提出要求，通过修改相关程序就可改变。

7）应答市话呼入。当外线呼入时，本设备振铃，按“外线”键应答，持手机与对方通话，外线指示灯亮。再按一下“外线”键即挂断市话线。

8）对外广播。在本设备后面板有一音频输出端子，可将主机与分机的通话内容输出，经外部放大器放大对外广播。

9）A/B键。主机开机后，系统显示为前40个分机状态，按A/B键，此时显示为后40个分机状态。

总线式消防电话主机面板视图如图3—1—23所示。

7．运行

（1）安装调试后便可开通使用。

（2）所配分机编码号码见表3—1—1。

（3）运行时工作指示灯常亮。

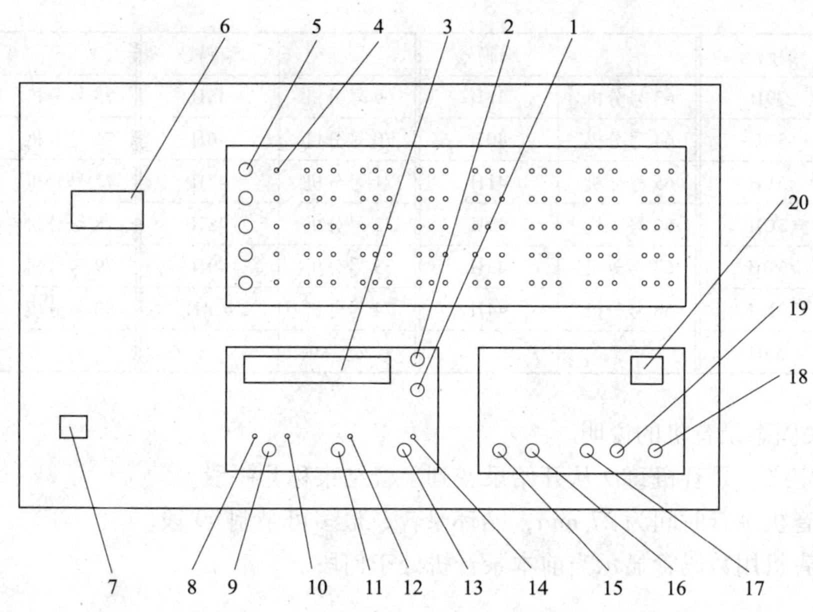

图 3—1—23　总线式消防电话主机面板视图

1—工作指示灯　2—告警指示灯　3—数码管组　4—分机状态指示
5—分机按键　6—手柄支架　7—手柄插孔　8—A 区指示灯　9—A/B 转换键
10—B 区指示灯　11—外线电话应答键　12—外线电话应答指示灯　13—呼叫 119 键
14—119 键指示灯　15—录音键　16—快退键　17—快进键　18—放音键　19—停止键　20—段指示灯

表 3—1—1　　　　分机编码号码表

	编码号（16 进制）		编码号（16 进制）		编码号（16 进制）		编码号（16 进制）
1 号分机	01H	15 号分机	0FH	29 号分机	1DH	43 号分机	2BH
2 号分机	02H	16 号分机	10H	30 号分机	1EH	44 号分机	2CH
3 号分机	03H	17 号分机	11H	31 号分机	1FH	45 号分机	2DH
4 号分机	04H	18 号分机	12H	32 号分机	20H	46 号分机	2EH
5 号分机	05H	19 号分机	13H	33 号分机	21H	47 号分机	2FH
6 号分机	06H	20 号分机	14H	34 号分机	22H	48 号分机	30H
7 号分机	07H	21 号分机	15H	35 号分机	23H	49 号分机	31H
8 号分机	08H	22 号分机	16H	36 号分机	24H	50 号分机	32H
9 号分机	09H	23 号分机	17H	37 号分机	25H	51 号分机	33H
10 号分机	0AH	24 号分机	18H	38 号分机	26H	52 号分机	34H
11 号分机	0BH	25 号分机	19H	39 号分机	27H	53 号分机	35H
12 号分机	0CH	26 号分机	1AH	40 号分机	28H	54 号分机	36H
13 号分机	0DH	27 号分机	1BH	41 号分机	29H	55 号分机	37H
14 号分机	0EH	28 号分机	1CH	42 号分机	2AH	56 号分机	38H

续表

	编码号		编码号		编码号		编码号
57 号分机	39H	63 号分机	3FH	69 号分机	45H	75 号分机	4BH
58 号分机	3AH	64 号分机	40H	70 号分机	46H	76 号分机	4CH
59 号分机	3BH	65 号分机	41H	71 号分机	47H	77 号分机	4DH
60 号分机	3CH	66 号分机	42H	72 号分机	48H	78 号分机	4EH
61 号分机	3DH	67 号分机	43H	73 号分机	49H	79 号分机	4FH
62 号分机	3EH	68 号分机	44H	74 号分机	4 AH	80 号分机	50H
通播号	55H						

（4）有关固态录音机的说明

1）段的定义。录音机每次从开始录音到录音结束称为一段。

2）本录音机录音时间为 27 min，循环录音，最多可录制 99 段。

3）本录音机用数码管显示当前本录音机处于何段。

8. 维护

（1）操作人员应认真阅读说明书，按说明书操作设备，保证设备处于正常运行状态。

（2）设备采用全固态数字录音机取代传统盒式磁带录音机，使录音机可靠性提高、使用寿命延长，并且节省运行费用，免维护。

三、JH3062 总线式电话分机的安装与调试

JH3062 总线式电话分机是火灾事故通信系统的组成设备之一，必须与 JH3061 总线式消防电话主机一起配合使用。分机为火灾事故通信系统设计，也可用于其他电话调度系统。

1. 基本性能

（1）分机举机自动呼叫总机，同时将本机的地址编码发送到总机。若主机应答，则分机可与主机通话。

（2）分机收到总机呼叫时自动振铃，分机举机即可与主机通话。

（3）分机提供 8 位地址编码，可根据工程需要在安装时设定。

（4）分机可多部并联使用，操作方法与共电式电话相似。

2. 技术指标

工作电源：DC24 V ±20%。

频率响应：300 ~3 400 Hz。

线路信号：DTMF（双音多频信号）。

发送电平：－10 dB ±5. 5 dB。

接收电平：0～－27 dB。

振铃声级：≥70 dB（A）。

耗　电：　待机状态＜15 mA，工作状态＜50 mA。

3. 外形尺寸及安装方法

（1）外形尺寸如图 3—1—24 所示。

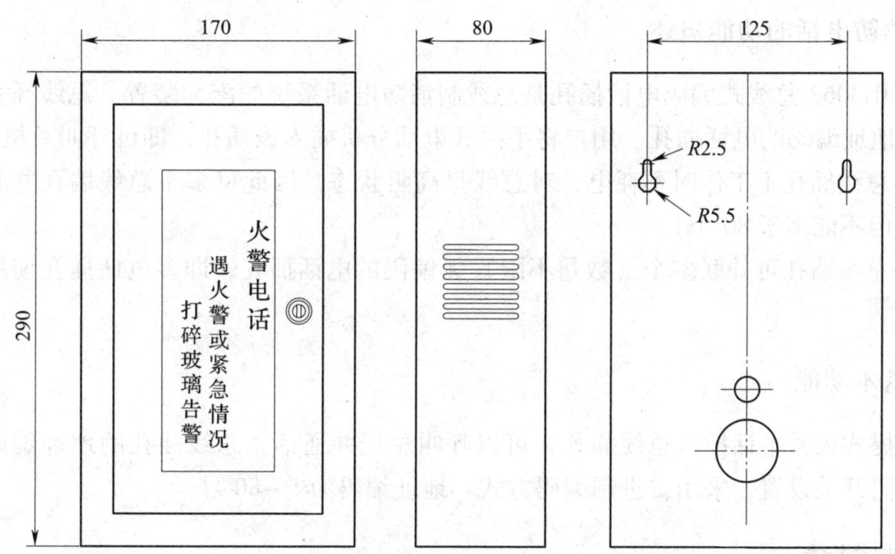

图 3—1—24　JH3062 总线式电话分机示意图

（2）设备采用壁挂式安装，可直接挂在墙上或挂在其他现场控制设备的侧面。其安装示意图如图 3—1—25 所示。

（3）按接线端子标注接好电源线和信号线。接线端子接线不分极性。

注意：电源线和信号线不可接错。

（4）改变分机底部拨码开关，可改变分机地址编码。分机应安装在干燥、通风、无腐蚀性气体的地方。

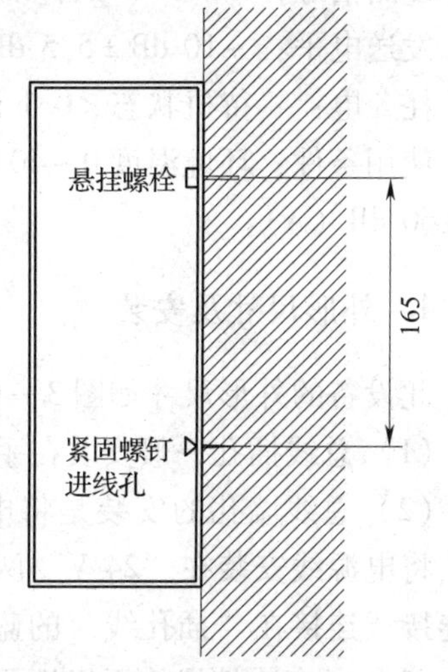

图 3—1—25　JH3062 总线式电话分机安装示意图

4. 调试

（1）调试时与 JH3061 消防电话主机配合试验。预置好分机编码，确定安装和接线正确无误后，接通分机电源。

（2）当听到分机铃声时，拿起手柄便可与总机通话。分机振铃 1 min 无人应答，振铃将自动终止。

（3）当拿起分机手柄呼叫主机时，分机发出一串编码信号给主机，同时本机将听到回铃声，等待主机应答。

如果听到忙音，把手柄放回原处，稍后再拿起手柄呼叫主机。主机应答后，分机与主机接通，双方实现通话。

（4）主机如果呼叫分机，发出一组呼叫码和分机编码，相应分机发出振铃，拿起分机就可与总机通话。话毕，挂好分机手柄，通话结束。

四、JH3063 总线制编码电话插孔

1. 消防电话的功能概述

（1）JH3063 总线式编码电话插孔是总线制消防电话系统的配套装置。总线插孔提供了一个具有地址编码的电话插孔。用户将手提式电话分机插入该插孔，即可呼叫总机。

（2）总线插孔不工作时不耗电，对总线呈高阻状态，因此可多个总线墙孔并联在电话总线上（但不能多于 80 个）。

（3）总线墙孔可并联多个（数量不限）无编码的电话插孔，即多电话插孔使用一个地址编码。

2. 基本功能

将手提式火警电话插入总线插孔，可以呼叫总机并通话，总线插孔的地址编码由其中的八位拨码开关设置，采用二进制编码方式。地址编码为 1 ~ 80 号。

3. 技术指标

工作电源：DC24 V ± 20%。

频率响应：300 ~ 3 400 Hz。

线路信号：DTMF（双音多频信号）。

发送电平：－10 dB ± 5. 5 dB（600 Ω）。

耗　电：　待机状态 < 0. 1 mA，工作状态 < 80 mA（典型值为 40 mA）。

使用条件：环境温度 0 ~ 40℃，相对湿度 45% ~ 90%，大气压力 86 ~ 106 kPa，环境噪声≤60 dB（A）。

4. 外形尺寸及安装

此设备的外形尺寸如图 3—1—26 所示。

（1）总线插孔一般安装在手动报警按钮、消火栓按钮等处。

（2）总线墙孔的安装是将电话总线中的通话信号线安装在“总线”的两个接线端子上。将电源线安装在“24 V”两个接线端子上。若有无编码的电话插孔需要连接，将其插孔连接线连接在“插孔线”的蓝色小接线端子上。

（3）所有连接线均无极性要求。

注意：总线墙孔的电源线和通话信号线不可接错。

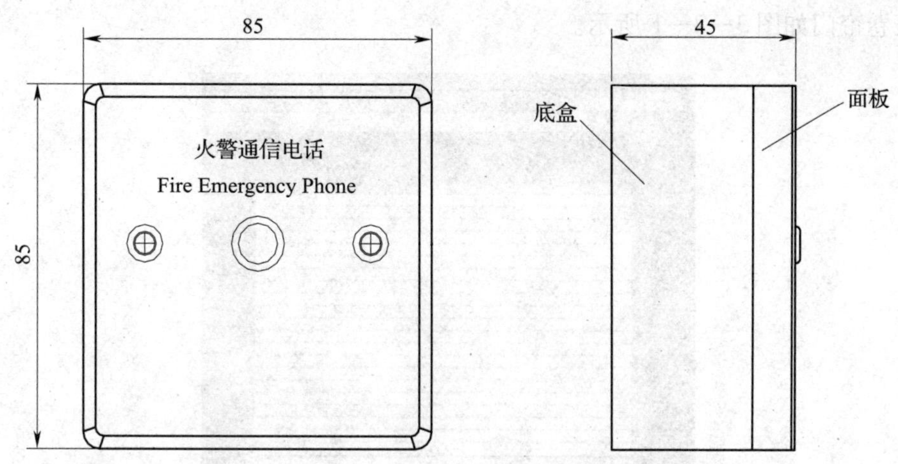

图 3—1—26　JH3063 总线式编码电话插孔外形示意图

（4）设置好该总插墙孔的地址编码。地址编码为 1 ~ 80 号。

（5）所有连接线连接无误后，将总线墙孔安装于预埋盒中。

5. 调试和运行

（1）用户使用手提式火警电话分机插入总线墙孔的插孔，即呼叫电话总机。几秒后，电话总机就会收到该呼叫。消防值班人员应答后双方通话。话终拔出手提式火警电话分机即可。

（2）安装调试后便可开通使用。

任务二　防火卷帘门联动系统的安装与调试

任务描述

1. 安装模拟卷帘门。
2. 进行防火卷帘门升、降操作。
3. 进行防火卷帘门联动编程。

基础知识

一、防火卷帘门的功能概述

防火卷帘是一种适用于建筑物较大洞口处的防火、隔热设施，产品在设计上采用了卷轴内藏，具有结构合理紧凑的特点。防火卷帘帘面通过传动装置和控制系统使卷帘升降，起到防火、隔火作用。产品外形平整美观、造型新颖、刚性强。

防火卷帘门如图 3—2—1 所示。

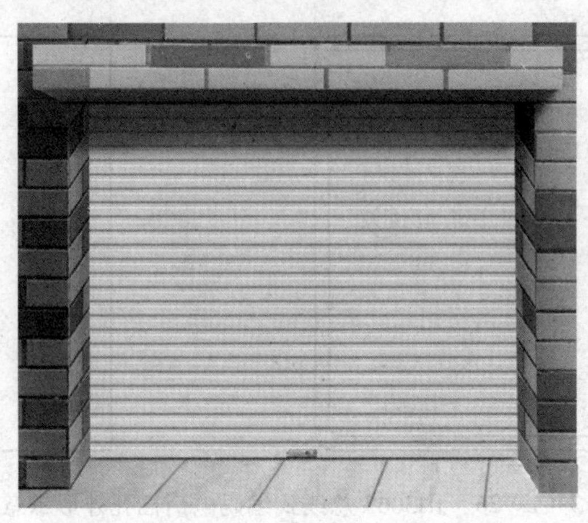

图 3—2—1　防火卷帘门

二、防火卷帘门的工作原理

电动机置于卷管内，经过电动机转动带动传动轴转动，完成卷帘帘片的升降，上升时帘片卷绕在卷轴上，降落时帘片顺着导轨内侧滑下。经过遥控器的控制来完成窗帘的上升、中止、降落动作。还有的带断电手动释放系统，在断电的状况下可经过手动摇杆使卷帘门升降。

三、防火卷帘门的分类

依据防火卷帘门的门片材质可分为欧式风格的卷帘门、无机布型卷帘门、网状型卷帘门、铝合金型卷帘门和水晶卷帘门。

卷帘门专用电动机有防火卷门机、澳式卷门机、外挂卷门机、管状卷门机、无机双帘卷门机、快速卷门机等。采用不同专用电动机的卷帘门各有各的特点。

防火卷帘门的用途也分很多种。按照每个使用者的不同用途，有静音型、降噪型等。

四、卷帘门中的限位开关的作用及运用

1. 限位开关的功能概述

限位开关又称行程开关，可以安装在相对静止的物体（如固定架、门框等，简称静物）上或者运动的物体（如行车、门等，简称动物）上。当动物接近静物时，开关的连杆驱动开关的接点引起闭合的接点分断或者断开的接点闭合。由开关接点开、合状态的改变控制电路和电动机的工作状态。

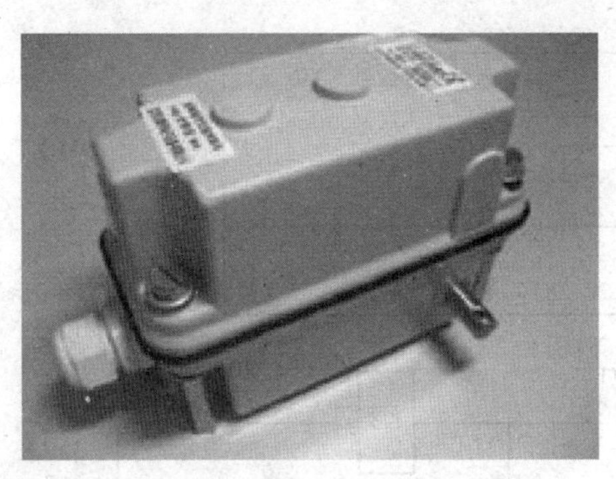
图 3—2—2　限位开关 1

图 3—2—3　限位开关 2

2. 限位开关的运用

限位开关可广泛应用于建筑、港口、矿山等行业的起重、传输机械的空间三坐标的控制和限位，限位开关由高精度的大传动比减速器和与其输出轴同步的机械记忆控制机构、传感器组成。因限位开关具有体积小、功能多、精度高、限位可调、通用性强及维护安装和使用调整方便等特点，在工程机械中应用极其广泛。

任务实施

一、安装模拟卷帘门

模拟卷帘门装置现场设备主要由输入/输出模块、24 V 继电器、24 V 直流减速电动机、24 V 开关电源、升/降按钮、限位开关等部分组成。

模拟卷帘门的原理如图 3—2—4 所示。

根据原理图进行模拟卷帘门的接线安装。在接线时，注意电源的正负极性和输入输出模块的节点性能。

二、卷帘门的升、降操作

1. 下降

按住 SB1 按钮，电动机正转（表示卷帘门下降），稍等片刻，将 SB3 置于 ON 位置（表示下限位动作）。当卷帘门下降实验结束后，应将 SB3 置于 OFF 位置（表示卷帘门下限位复位）。

2. 上升

按住 SB2 按钮，电动机反转（表示卷帘门上升），稍等片刻，将 SB4 置于 ON 位置（表

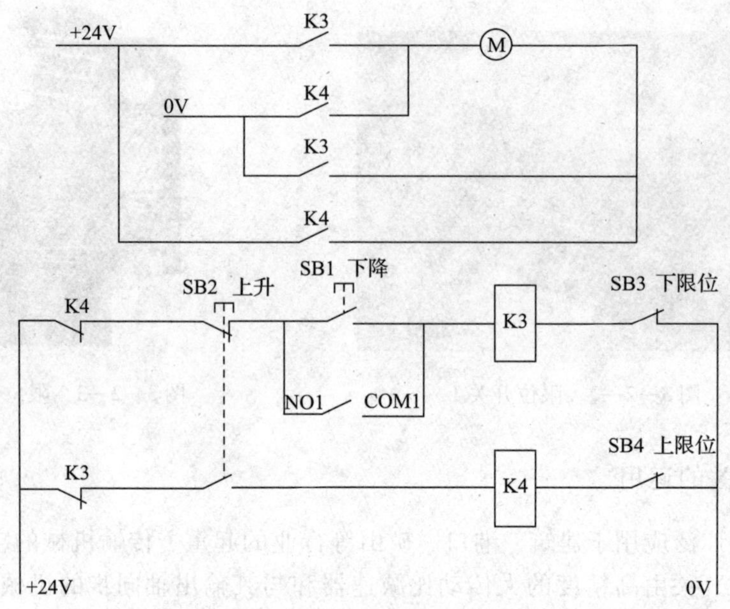

图 3—2—4　模拟卷帘门的原理

示上限位动作）。当卷帘门上升实验结束后，应将 SB4 置于 OFF 位置（表示卷帘门上限位复位）。

三、卷帘门的联动编程

编制一个“当报警按钮按下时，模拟卷帘门装置立即动作”的联动公式。假如报警按钮的代号为00000111，模拟卷帘门装置对应的输入/输出模块的代号为00000319，那么联动公式就为：00000111 =0000032800。

其工作原理是：当报警按钮被按下时，将会有一个信号通过总线传达到火灾报警控制器，控制器通过处理后，将会通过总线向输入/输出模块发送一个信号，此时输入/输出模块的常开点闭合，从而使得卷帘门下降的回路形成，此时卷帘门开始下降。当需要停止卷帘门下降时，可对报警按钮进行复位。

拓展知识

图 3—2—5 所示为电动机的正反转控制电路，据此可作如下分析。

一、电路的工作原理

图 3—2—5 中主回路采用两个接触器，即正转接触器 KM1 和反转接触器 KM2。当接触器 KM1 的三对主触头接通时，三相电源的相序按 U—V—W 接入电动机。当接触器 KM1 的三对主触头断开，接触器 KM2 的三对主触头接通时，三相电源的相序按 W—V—U 接入电动机，电动机就向相反方向转动。电路要求接触器 KM1 和接触器 KM2 不能同时接通电源，

否则它们的主触头将同时闭合，造成U、W两相电源短路。为此，在KM1和KM2线圈各自支路中相互串联对方的一对辅助常闭触头，以保证接触器KM1和KM2不会同时接通电源，KM1和KM2的这两对辅助常闭触头在线路中所起的作用称为连锁或互锁作用，这两对辅助常闭触头称为连锁或互锁触头。

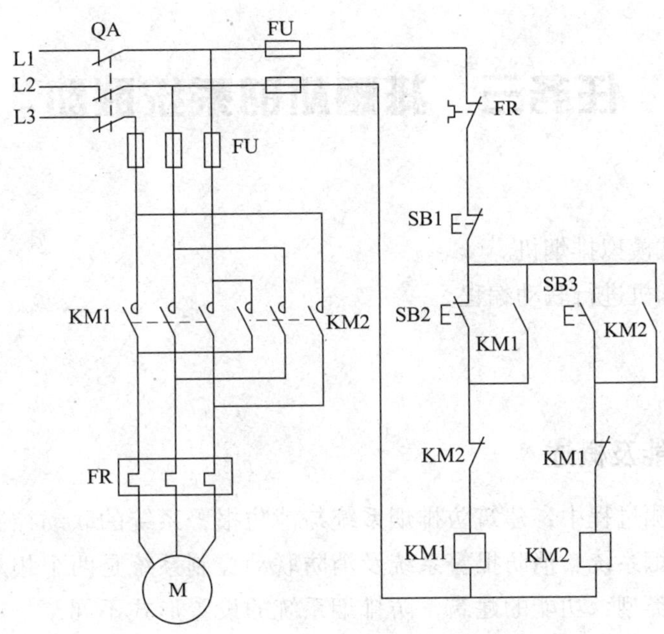

图3—2—5　电动机的正反转控制电路

二、电路的正向启动及停止

启动时，按下启动按钮SB2，接触器KM1线圈通电，与SB2并联的KM1的辅助常开触点闭合，以保证KM1线圈持续通电，串联在电动机回路中的KM1的主触点持续闭合，电动机连续正向运转。停止时，按下停止按钮SB1，接触器KM1线圈断电，与SB2并联的KM1的辅助触点断开，以保证KM1线圈持续失电，串联在电动机回路中的KM1的主触点持续断开，切断电动机定子的电源，电动机停转。

三、电路的反向启动及停止

启动时，按下启动按钮SB3，接触器KM2线圈通电，与SB3并联的KM2的辅助常开触点闭合，以保证KM2线圈持续通电，串联在电动机回路中的KM2的主触点持续闭合，电动机连续反向运转。

按下停止按钮SB1，接触器KM2线圈断电，与SB3并联的KM2的辅助触点断开，以保证KM2线圈持续失电，串联在电动机回路中的KM2的主触点持续断开，切断电动机定子电源，电动机停转。

四、注意事项

对于这种控制线路，当要改变电动机的转向时，就必须先按停止按钮 SB1，再按反转按钮 SB3，才能使电动机反转。如果不先按 SB1，而是直接按 SB3，电动机是不会反转的。

任务三　排烟机的系统联动

任务描述

1. 安装与调试模拟排烟机。
2. 对模拟排烟机进行联动编程。

基础知识

一、排烟机的功能及概述

在消防验收检测过程中，建筑防排烟系统与消防报警系统的联动控制是一项重要的功能检测项目。防排烟系统、消防报警系统及消防联动控制系统是两个相对独立又密切相关的系统。根据不同类型、功能的建筑，防排烟系统的设置形式不同，与消防报警系统的联动控制实现的方式也有所不同。

二、几种典型的防排烟系统

1. 通风与排烟系统分开设置

在通风、空调系统的送、回风管路上设置防火阀，平时呈开启状态，当火灾发生，管道内气体温度达到70℃时即自行关闭。在排烟系统管道上或排烟风机的排风口处设置排烟阀，平时呈关闭状态，当火灾发生时，通过火灾报警信号手动或自动开启阀门，根据系统功能配合排烟，当管道内烟气温度达到280℃时自动关闭。

2. 通风与排烟共用一套系统

在系统管道上或排风兼排烟风机的排风口处设置排烟阀，平时呈开启状态，排风兼排烟风机低速运行。火灾发生时，排风兼排烟风机高速运行。

3. 通风与排烟共用一套风管，分别设置通风机和排烟风机

在系统管道上设置排烟阀，在系统管道末端设置T形风管将通风机和排烟风机与系统风管连通。通风机的送风口处设置防火阀，平时呈开启状态，火灾一旦发生，电动关闭，风

机关闭；排烟风机的排风口处排烟阀，平时呈关闭状态，火灾一旦发生，电动开启，风机启动。如图3—3—1所示。

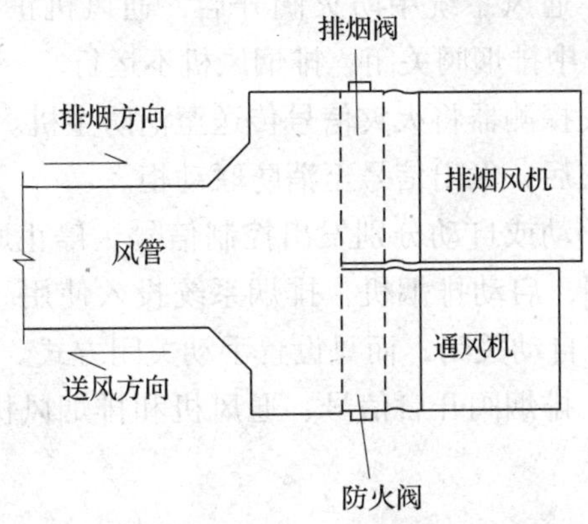

图 3—3—1　通风机与排烟风机分别设置

三、联动控制原理

1. 控制流程

防排烟系统的控制流程如图 3—3—2 所示。

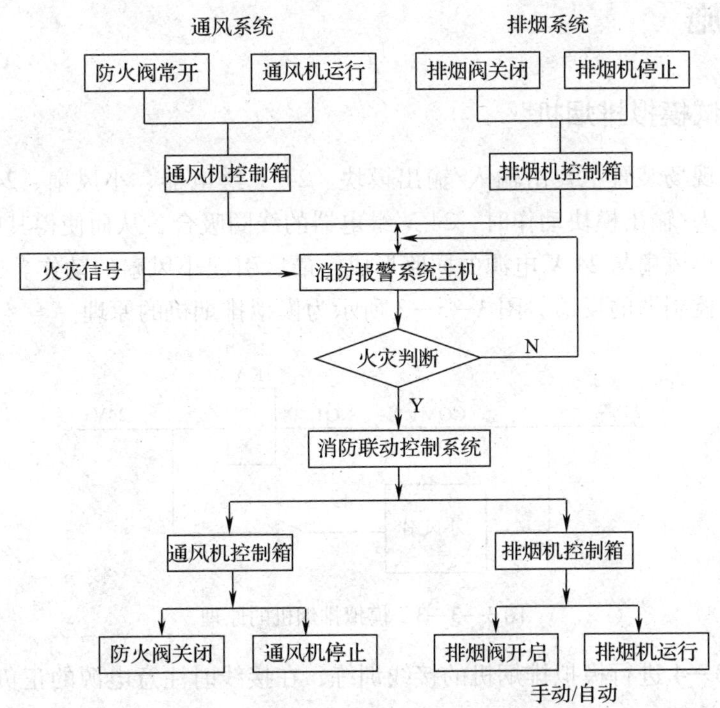

图 3—3—2　防排烟系统的控制流程

2. 控制原理

平时只运行通风系统。通风系统中防火阀开启，通风机正常运行，当防火阀关闭时，通风机停止运行；排烟系统中排烟阀关闭，排烟风机不运行。一旦火灾发生：

（1）消防报警系统火灾探测器将火灾信号传送至消防主机。

（2）消防主机确认火灾后，发出信号至消防联动柜。

（3）通过消防联动柜手动或自动分别发出控制信号，停止通风机，关闭防火阀，通风系统停止使用；开启防火阀，启动排烟机，排烟系统投入使用。为了确保安全，排烟机一般不通过消防联动控制系统自动关闭，而只设置手动关闭方式。

（4）防火阀关闭信号、排烟阀开启信号、通风机和排烟风机运行信号的反馈到消防控制中心。

四、控制要求

1. 排烟阀宜由其排烟分担区内设置的感烟探测器组成的控制电路在现场控制开启。

2. 排烟阀动作后应启动相关的排烟风机和正压送风机，停止相关范围内的空调风机及其他送、排风机。

3. 同一排烟区内的多个排烟阀，若需同时动作，可采用接力控制方式开启，并由最后动作的排烟阀发送动作信号。

任务实施

一、安装与调试模拟排烟机

模拟排烟机现场装置主要由输入/输出模块、24 V继电器、小风扇、24 V开关电源等部分组成。当输入/输出模块动作时，24 V继电器的线圈吸合，从而使得其中的一个常开点吸合，进而使得小风扇与24 V电源的回路形成，最后引起小风扇的动作。其中另一个常开点提供火灾报警控制器的反馈。图3—3—3所示为模拟排烟机的原理。

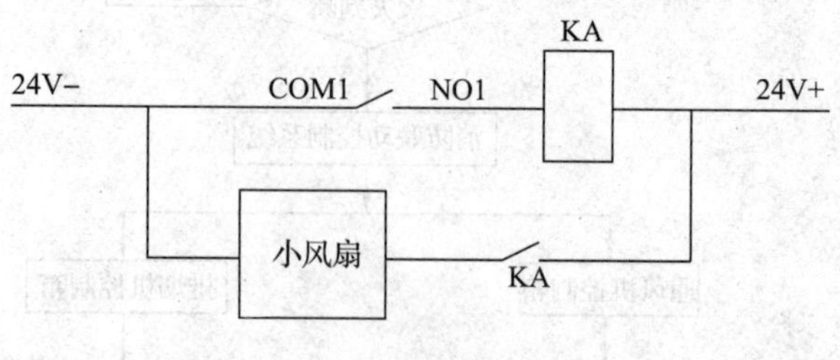

图3—3—3 模拟排烟机的原理

根据图3—3—4进行模拟排烟机的接线训练，在接线时注意电源的正负极性和输入/输出模块的节点的性能。

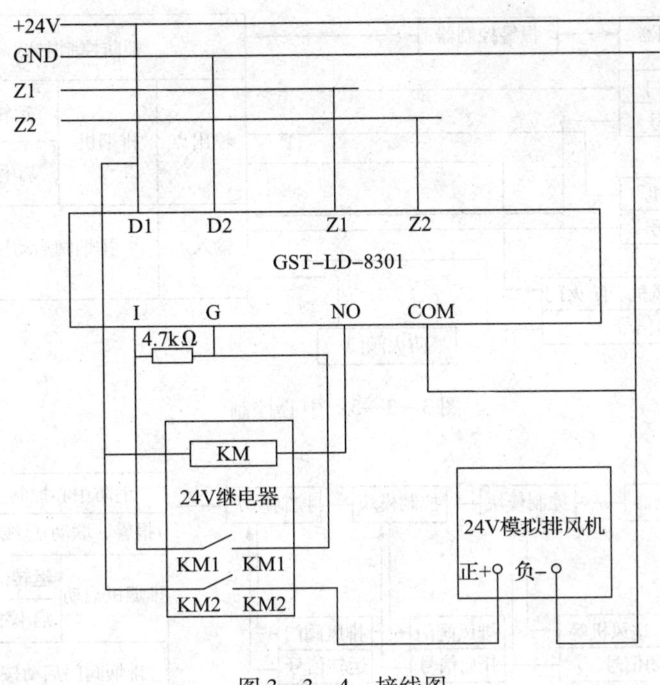

图 3—3—4　接线图

二、联动编程

编制一个“当报警按钮按下时，模拟风机立即动作”的联动公式，假如报警按钮的代号为00000111，模拟排风机装置对应的输入/输出模块的代号为00000219，那么联动公式就为：00000111 = 0000021900。

其工作原理是：当报警按钮被按下时，将会有一个信号通过总线传达到火灾报警控制器，控制器通过处理后，将会通过总线向输入/输出模块发送一个信号，此时输入/输出模块的常开点闭合，从而使得小风扇所在的回路形成，此时小风扇就会转起来。当需要让小风扇停止转动时，可对报警按钮进行复位。

拓展知识

一、防火排烟机的控制

一般有中心控制和模块控制两种，如图 3—3—5 和图 3—3—6 所示。

1. 中心控制

消防中心接到火警信号后，直接产生信号控制排烟阀门开启，排烟风机启动，空调、送风机、防火门等关闭，并接收各设备的返回信号和防火阀动作信号，监测各设备的运行情况。

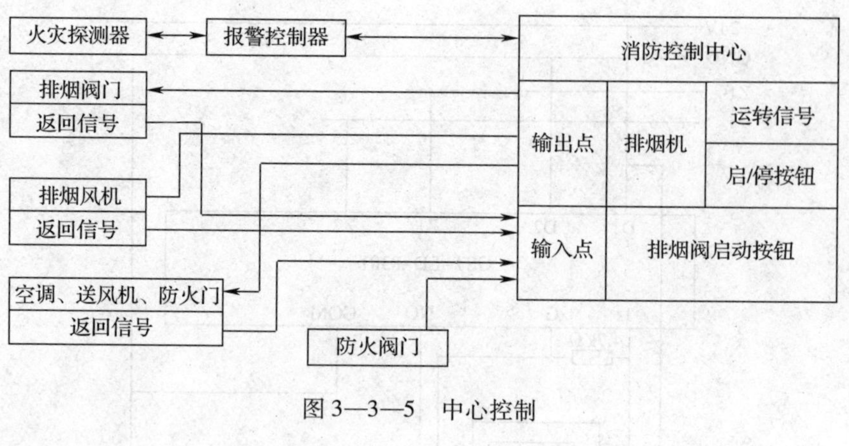

图 3—3—5　中心控制

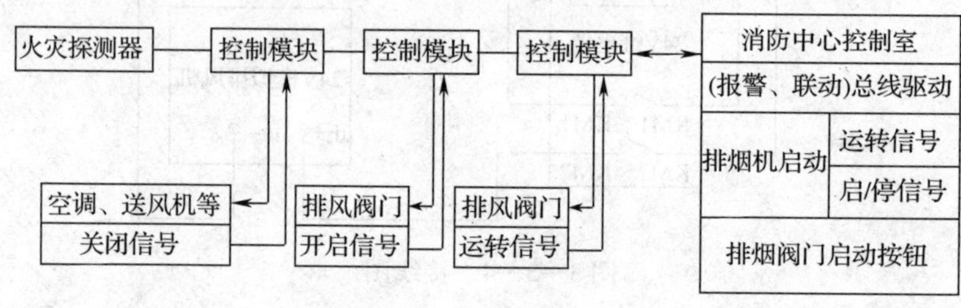

图 3—3—6　模块控制

2. 模块控制

消防中心接到火警信号后，产生排烟风机和排烟阀门等动作信号，经总线和控制模块驱动各设备动作并接收其返回信号，监测其运行状态。

二、排烟机的控制要求

1. 排烟阀宜由其排烟分担区内设置的感烟探测器组成的控制电路在现场控制开启。

2. 排烟阀动作后应启动相关的排烟风机和正压送风机，停止相关范围内的空调风机及其他送、排风机。

3. 同一排烟区内的多个排烟阀，若需同时动作，可采用接力控制方式开启，并由最后动作的排烟阀发送动作信号。

项目四　综合实训项目——建筑消防系统的设计

在现代建筑物中，为有效扑灭火灾，防止火势蔓延，必须设置消防报警系统，对于从事消防相关技术的人员来说，认识和了解消防系统的设计内容、步骤和方法，能更好更快地理解消防系统并做好相关设计工作，从而设计出有效合理的建筑消防系统。

任务一　火灾探测器的设计

任务描述

1. 完成案例中探测区域、报警区域的划分。
2. 完成案例中火灾探测器的类型选择和数量确定。

基础知识

一、火灾探测器类型的选择

应根据探测区域内的环境条件、火灾特点、房间高度、安装场所的气流状况等，选用其所适宜类型的探测器或几种探测器的组合。

（1）感烟探测器作为前期、早期报警是非常有效的。

适用的场合：要求火灾损失小的重要地点，对火灾初期有阴燃阶段，即产生大量的烟和少量的热，很少或没有火焰辐射的火灾，如棉麻织物的引燃等。

不适用的场所：正常情况下有烟的场所，经常有粉尘及水蒸气等固体、液体微粒出现的场所，发火迅速、产生烟、极少爆炸性的场合。

对于有强烈的火焰辐射而仅有少量烟和热产生的火灾，如轻金属及它们的化合物的火灾，应选用感光探测器，但不宜在火焰出现前有浓烟扩散的场所及探测器的镜头易被污染、遮挡以及受电焊、X 射线等影响的场所中使用。

（2）感温型探测器作为火灾形成早期（早期、中期）报警非常有效。因其工作稳定，不受非火灾性烟雾、汽、尘等干扰。

凡无法应用感烟探测器、允许产生一定的物质损失的非爆炸性的场合都可采用感温型探测器，特别适用于经常存在大量粉尘、烟雾、水蒸气的场所及相对湿度经常高于 95% 的房间，但不宜用于有可能产生阴燃火的场所。

定温型探测器允许温度的较大变化，比较稳定，但火灾造成的损失较大、在零度以下的场所不宜选用。

（3）差温型探测器适用于火灾早期报警，火灾造成损失较小，但火灾温度升高过慢则无反应而漏报警。

（4）差定温型探测器具有差温型探测器的优点而又比差温型探测器更可靠。保护面积过大的场合，宜采用线型探测器。

（5）当有自动联动或自动灭火系统时，宜将感烟、感温、火焰探测器组合使用。

二、火灾探测器数量的确定

在实际工程中房间功能及探测区域大小不一，房间高度、棚顶坡度也各异，那么怎样确定探测器的数量呢？

探测区域是将报警区域按照探测火灾的部位划分的探测单元。探测区域是火灾自动报警系统的最小单位，它代表了火灾报警的具体部位。

规范规定：每个探测区域内至少设置一只火灾探测器。一个探测区域内所设置探测器的数量应按下式计算：

$$N \geqslant \frac{S}{k \cdot A}$$

式中 N—— 一个探测区域内所设置的探测器的数量，只，应取整数；

S—— 一个探测区域的地面面积，m^2；

A—— 一只探测器的保护面积，m^2，指一只探测器能有效探测的地面面积，由于建筑物房间的地面通常为矩形，因此，有效探测器的地面面积实际上是指探测器能探测到的矩形地面面积；

k—— 安全修正系数，特级保护对象取0.7～0.8，一级保护对象取0.8～0.9，二级保护对象取0.9～1.0。

安全修正系数的选取应根据设计者的实际经验，并考虑发生火灾对人和财产的损失程度、火灾危险性大小、疏散及扑救火灾的难易程度及对社会的影响大小等多种因素。而一个探测器的保护面积和保护半径的大小与其探测器的类型、探测区域的面积、房间高度及屋顶坡度都有一定的联系。表4—1—1是常用的探测器保护面积、保护半径与其他参量的相互关系。

表4—1—1　感烟、感烟探测器的保护面积和保护半径

火灾探测器的种类	地面面积 S（m^2）	房间高度 h（m）	一只探测器的保护面积 A 和保护半径 R					
			屋顶坡度 θ					
			$\theta \leqslant 15°$		$15° < \theta \leqslant 30°$		$\theta > 30°$	
			A（m^2）	R（m）	A（m^2）	R（m）	A（m^2）	R（m）
感烟探测器	$S \leqslant 80$	$h \leqslant 12$	80	6.7	80	7.2	80	8.0
	$S > 80$	$6 < h \leqslant 12$	80	6.7	100	8.0	120	9.9
		$h \leqslant 6$	60	5.8	80	7.2	100	9.0

续表

火灾探测器的种类	地面面积 S（m^2）	房间高度 h（m）	一只探测器的保护面积 A 和保护半径 R					
			屋顶坡度 θ					
			$\theta \leqslant 15°$		$15° < \theta \leqslant 30°$		$\theta > 30°$	
			A（m^2）	R（m）	A（m^2）	R（m）	A（m^2）	R（m）
感温探测器	$S \leqslant 80$	$h \leqslant 8$	30	4.4	30	4.9	30	5.5
	$S > 30$	$h \leqslant 8$	20	3.6	30	4.9	20	6.3

通风换气对感烟探测器的面积有影响。在通风换气的房间，烟的自然蔓延方式受到破坏。换气越频繁，燃烧产物（烟气体）的浓度越低，部分烟被空气带走，导致探测器接受烟量的减少，或者说探测器感烟灵敏度相对降低。常用的补偿方法有两种：一是压缩每只探测器的保护面积；二是增大探测器的灵敏度，但要注意防误报。设计时，可按照表4—1—2根据房间每小时换气次数（N）将探测器的保护面积乘以一个压缩系数。

表 4—1—2　　感烟探测器的换气系数表

每小时换气次数 N	保护面积的压缩系数	每小时换气次数 N	保护面积的压缩系数
$10 < N \leqslant 20$	0.9	$40 < N \leqslant 50$	0.6
$20 < N \leqslant 30$	0.8	$50 < N$	0.5
$30 < N \leqslant 40$	0.7		

如：已知一房间换气系数为 $50/h$，感烟探测器的保护面积为 80 m^2，考虑换气影响后，可以计算出探测器的保护面积为：$A = 80 \times 0.6 = 48$ m^2。

任务实施

一、根据所学的基础知识完成计算

某高层教学楼的其中被划为一个探测区域的阶梯教室，其地面面积为 30 m × 40 m，房顶坡度为 13°，房间高度为 8 m，属于二级保护对象，试求：（1）应选用何种类型的探测器？（2）探测器的数量为多少只？

根据使用场所查选感烟探测器，因属于二级保护对象故 k 取 1，

地面面积 $S = 30 \times 40 = 1\ 200$ $m^2 > 80$ m^2，

房间高度 $h = 8$ m，即 6 m $< h \leqslant 12$ m，

房顶坡度 B 为 13°即 $\theta \leqslant 15°$，

于是根据查表得，保护面积 $A = 80$ m^2，保护半径 $R = 6.7$ m。

$$N \geqslant \frac{S}{k \cdot A}$$

查得结果带入上式得：

$$N = \frac{1\ 200}{1 \times 80} = 15 \text{ 只}$$

二、案例设计 1

一个地面面积为 30 m×40 m 的重点保护厂房，屋顶坡度为 15°，房间高度为 8 m，如果选用点型感烟探测器是否可以？如何布置探测器？

解：

关于“选用点型感烟探测器是否可以”，按照探测器选配一般要求：当安装探测器的房间高度大于 8 m 时，一般不采用感烟探测器。从理论上是可以的，但还必须对现场进行细致的调查研究确定。目前，假设经过调查认为可以。

于是进入如下计算：

①确定单只探测器的保护面积和保护半径：

因为 $S = 30 \times 40 = 1\ 200\ m^2$，$h = 8\ m^2$

所以查表得到：$A = 80\ m^2$，$R = 6.7$ m。

②确定 k 值：

与当地消防部门商议，该重点保护厂房 k 值取 0.8。

③计算探测器数量 N：

$$N = \frac{S}{k \times A} = \frac{1\ 200}{0.8 \times 80} = 19 \text{ 只}$$

④确定探测器设置间距：

依据 $A = 80$，$R = 6.7$ 查图 4—1—1 得知 a，b 数值可以在极限曲线 D7 的 YZ 间取值。现推荐数据为：$A = 8$ m，$b = 7.5$ m。

⑤绘制探测器设置方案图

⑥检验：

因为 $a \cdot b = 8 \times 7.5 = 60\ m^2 < A$

实际设置保护半径 R 为：

$$R' = \frac{\sqrt{8^2 + 7.5^2}}{2} = 5.5 < R$$

三、案例设计 2

某学校行政楼是集中办公的场所，办公楼内来往人员较多，在其内部还有各种贵重设备、资料、文献等，所以一定要做好防火等工作。该楼共 8 层，其中 3～8 层为通用层，一、二层层高为 5 m，其他层层高为 4 m，总共 33 m。每层建筑面积为 1 084.43 m^2。依据《高层民用建筑防火设计规范》，该建筑为二类建筑，耐火等级为二级，各楼层房间面积见表 4—1—3。

表 4—1—3　　各楼层房间面积

	楼层	一层	二层	3~8 层
房间面积 S (m^2)	①	45.0	45.0	56.2
	②	15.0	25.25	56.2
	③	36.0	25.25	56.2
	④	22.5	90	56.2
	⑤	22.5	30.0	22.5
	⑥	22.5	165.0	165.0
	⑦	22.5	101.25	101.5
	⑧	22.5	56.25	56.25
	⑨	165.0	37.5	37.5
	⑩	101.25	138.75	37.5
	⑪	42	30.0	28.125
	⑫	150		28.125
	⑬	45		28.125
	走廊	180	180	180

1. 根据上述情况划分探测区域和报警区域

在划分防火分区时应该满足表 4—1—4 的规定。高层建筑内应采用防火墙等划分防火分区，每个防火分区允许的最大建筑面积不应超过表 4—1—4 的规定。

表 4—1—4　　划分防火分区的标准

建筑类型	每个防火分区建筑面积 (m^2)
一类建筑	1 000
地下室	1 500
三类建筑	500

注：①设有自动灭火设备的防火分区，其最大允许建筑面积可按表 4—1—4 增加一倍，局部设置时，增加面积可按局部的一倍计算。

②高层主体建筑与相连的附属建筑之间，如设有防火墙等防火分隔设施，其附属建筑的防火分区面积可按表 4—1—4 增加一倍。

由于行政楼设有自动喷水灭火系统设备，允许把建筑面积增加一倍，所以把每层划分为一个防火分区，共分为八个防火分区。

火灾自动报警系统的保护对象形式多样，功能各异，规模不等。为了便于早期探测、早期报警，方便日常的维护管理，在安装的火灾自动报警系统中，人们一般都将其保护空间划分为若干个报警区域。每个报警区域又划分了若干个探测区域。这样可以在火灾时迅速、准确地确定着火部位，便于有关人员采取有效措施。

因此，所谓报警区域就是人们在设计中将火灾自动报警系统的警戒范围按防火分区或楼层划分的部分空间，是设置区域火灾报警控制器的基本单元。一个报警区域可以由一个防火分区或同楼层相邻的几个防火分区组成，但同一个防火分区不能在两个不同的报警区域内；同一报警区域也不能保护不同楼层的几个不同的防火分区。

根据《火灾自动报警系统设计规范》的规定，报警区域宜由一个防火分区或同楼层的几个相邻的防火分区组成，所以把每层分别单独作为一个报警区域，满足火灾自动报警系统设计规范的规定。

由于该建筑为二级保护对象，规范规定：探测区域应按独立房（套）间划分。一个探测区域的面积不宜超过500 m^2；从主要入口能看清其内部，并且面积不超过1 000 m^2的房间也可划为一个探测区域。根据以上的规定把行政楼的探测区域划分如下：

（1）由于行政楼每层的房间都是小空间，所以把每层的每个房间单独划分为一个探测区域。

（2）把楼梯间单独划分为一个探测区域，每隔2 ~3 层划分为一个探测区域并且设置一个火灾探测器。

（3）把前室（包括防烟楼梯间前室、消防电梯前室、消防电梯与防烟楼梯间合用的前室）和走道分别单独划分探测区域。特别是前室与电梯竖井、疏散楼梯间及走道相通，在发生火灾时烟气更容易聚集或流过，是人员疏散和消防扑救的必经之地，故应装设火灾探测器。对于一般电梯前室虽然不是人员疏散必经之地，但该前室与电梯竖井相通，在发生火灾时烟气容易聚集或流过，也单独划分探测区域及装设火灾探测器。

（4）把电缆竖井单独划分探测区域并装设火灾探测器。一是竖井易形成烟火的通道；二是发生火灾时火势易沿电缆延燃。对电缆竖井装设火灾探测器是十分必要的，应配合竖井的防火分隔要求，每隔2 ~3 层或每层安装一个。

2. 根据上述情况选择火灾探测器

行政楼是综合性质的公共建筑，在建筑内存在大量的装修材料、文件、文献等物品，在发生火灾的时候会产生大量的烟雾，所以选择感烟探测器作为行政楼的主要火灾探测工具。

在火灾自动报警系统设计过程中选择设备的可靠性与误报率是设备选型时不得不考虑的因素。在满足性能价格比高的前提下，要求尽可能高的系统可靠性和尽可能低的误报率是设计者所追求的共同目标。从追求卓越的理想角度出发，选用最先进的设备产品；但从节省投资的现实角度出发，选用较佳的设备，但是不能放松和降低对于系统可靠性和误报

率的基本要求。目前，大量使用的离子感烟探测器对各种明火烟雾检测效果较好，对阴燃烟雾也能检测，但易受探测环境影响，误报率较高；由于使用了放射源，易对环境造成污染。光电感烟探测器是利用红外光散射的原理进行烟雾浓度的探测，对环境不存在污染问题，对阴燃烟雾的探测性能明显优于离子探测器。通过以上比较及根据行政楼的实际情况，选用 SD6800 型智能数字光电感烟探测器。

3．根据上述情况布置火灾探测器

根据《火灾自动报警系统设计规范》的规定，对行政楼的火灾探测器进行如下布置：

（1）探测区域内的每个房间按照面积的大小设置火灾探测器的数量，至少保证每个房间设置一只火灾探测器。

（2）感烟探测器、感温探测器的实际安装间距，根据探测器的保护面积 A 和保护半径 R 确定，满足探测器安装间距的极限曲线 D1 ~ D11（含 D9′）所规定的范围。如图 4—1—1 所示。

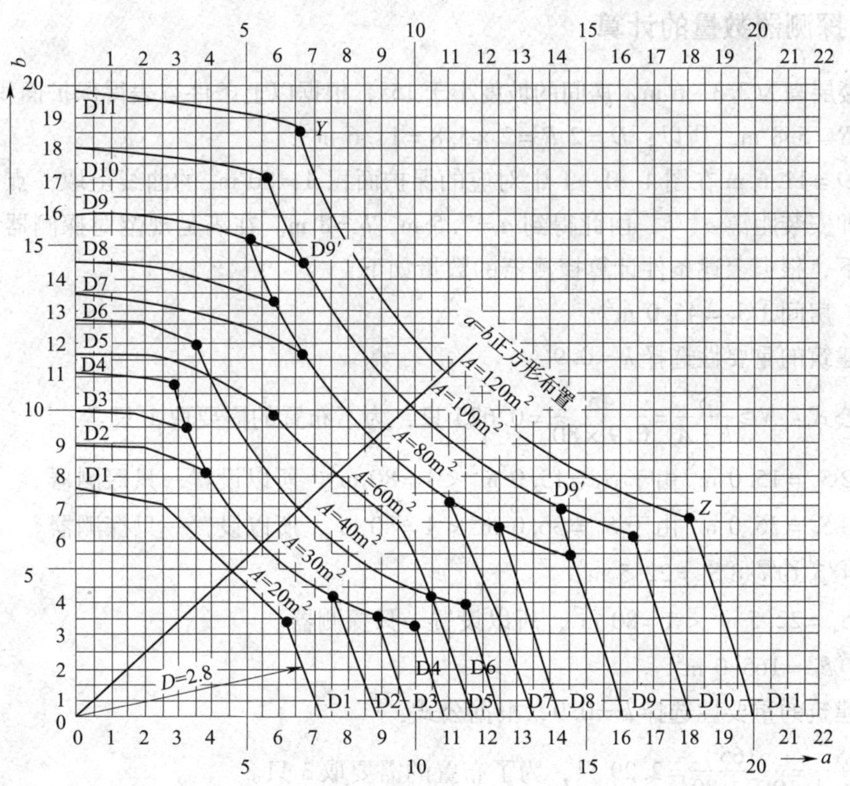

图 4—1—1　探测器安装间距的极限曲线

A 即探测器的保护面积，m^2；

a、b 即探测器的安装间距，m；

D1 ~ D11（含 D9）即在不同保护面积 A 和保护半径 R 下确定探测器安装间距 a、b 的极限曲线；

Y、Z 即极限曲线的端点（在 Y 和 Z 两点间的曲线范围内，保护面积可得到充分利用）。

4. 每个探测区域内应该设置的探测器数量

具体根据下式计算：

$$N \geqslant \frac{S}{k \cdot A}$$

k 在该设计中取 0.9。

5. 在走廊内设置的探测器居中布置

感烟探测器的安装距离在 15 m 以内，感温探测器的安装距离在 10 m 以内，同时探测器到墙的距离小于探测器安装距离的 1/2。探测器距墙的距离不应小于 0.5 m，保证探测器周围 0.5 m 内没有遮挡物。

四、火灾探测器数量的计算

行政楼层高为 3.3 ~6 m，房间的坡度小于 15°，根据以上条件查表得保护面积 $A=80\ \text{m}^2$，保护半径 $R=5.8$ m。所以：$D=2R=2\times5.8=11.6$ m

根据 $D=11.6$ m 在图 4—1—1 中对应的保护面积 $A=80\ \text{m}^2$ 的曲线上取一点，这点所对应的数值即安装距离 a、b，由此得到 $a=7.5$ m，$b=8$ m。在满足规范对探测器设置位置要求的前提下，根据上述条件计算探测器的数量如下：

一层：房间①$S_1=45.0\ \text{m}^2$

根据建筑的重要性选择 $k=0.9$

根据公式：$N\geqslant\frac{S}{k\cdot A}=\frac{45}{0.9\times80}=0.625$ 只，为了布置的需要取 1 只。

房间②$S_2=15.0\ \text{m}^2$ 由于 $S_2=15.0\ \text{m}^2<A=80\ \text{m}^2$，所以设置一只探测器。

房间③$S_3=36.0\ \text{m}^2$ 由于 $S_3=36.0\ \text{m}^2<A=80\ \text{m}^2$，所以设置一只探测器。

房间④⑤⑥⑦⑧$S_4=22.5\ \text{m}^2$

由于 $S_4=22.5\ \text{m}^2<A=80\ \text{m}^2$，所以设置一只探测器。

房间⑨$S_9=165.0\ \text{m}^2$

根据建筑的重要性选择 $k=0.9$，根据公式：

$N\geqslant\frac{S}{k\cdot A}=\frac{165}{0.9\times80}=2.29$ 只，为了布置的需要取 3 只。

房间⑩$S_{10}=101.25\ \text{m}^2$，根据建筑的重要性选择 $k=0.9$。

根据公式：

$N\geqslant\frac{S}{k\cdot A}=\frac{101.5}{0.9\times80}=1.41$ 只，为了布置的需要取 2 只。

房间⑪$S_{11}=42\ m^2<A=80\ m^2$，所以设置一只探测器。

房间⑫$S_{12}=150\ m^2$，根据建筑的重要性选择 $k=0.9$。根据公式：

$N\geqslant\frac{S}{k\cdot A}=\frac{150}{0.9\times80}=2.08$ 只，为了布置的需要取 3 只。

房间⑬$S_{13}=45\ m^2<A=80\ m^2$，所以设置一只探测器。

二层：

房间①$S_1=45.0\ m^2$，由于 $S_1=45.0\ m^2<A=80\ m^2$，所以设置一只探测器。

房间②③$S_2=25.25\ m^2$，由于 $S_2=25.25\ m^2<A=80\ m^2$，所以设置一只探测器。

房间④$S_3=90\ m^2$ 根据建筑的重要性选择 $k=0.9$。根据公式：

$N\geqslant\frac{S}{k\cdot A}=\frac{90}{0.9\times80}=1.25$ 只，为了布置的需要取 2 只。

房间⑤$S_4=30.0\ m^2$，由于 $S_4=30.0\ m^2<A=80\ m^2$，所以设置一只探测器。

房间⑥$S_5=165.0\ m^2$

根据建筑的重要性选择 $k=0.9$。

根据公式：$N\geqslant\frac{S}{k\cdot A}=\frac{165}{0.9\times80}=2.29$ 只，为了布置的需要取 3 只。

房间⑦$S_6=101.25\ m^2$ 根据建筑的重要性选择 $k=0.9$。

根据公式：$N\geqslant\frac{S}{k\cdot A}=\frac{101.25}{0.9\times80}=1.41$ 只，为了布置的需要取 2 只。

房间⑧$S_7=56.25\ m^2$，由于 $S_7=56.25\ m^2<A=80\ m^2$，所以设置一只探测器。

房间⑨$S_8=37.5\ m^2$ 由于 $S_8=37.5\ m^2<A=80\ m^2$，所以设置一只探测器。

房间⑩$S_9=138.75\ m^2$

根据建筑的重要性选择 $k=0.9$。

根据公式：$N\geqslant\frac{S}{k\cdot A}=\frac{138.75}{0.9\times80}=1.93$ 只，为了布置的需要取 2 只。

房间⑪$S_{10}=30.0\ m^2$ 由于 $S_{10}=30.0\ m^2<A=80\ m^2$，所以设置一只探测器。

楼梯间设置一只火灾探测器，电缆竖井设置一只火灾探测器。

3～8 层：房间①②③④$S_1=56.25\ m^2$

由于 $S_1=56.25\ m^2<A=80\ m^2$，所以设置一只探测器。

房间⑤$S_5=22.5\ m^2$，由于 $S_5=22.5\ m^2<A=80\ m^2$，所以设置一只探测器。

房间⑥$S_6=165.0\ m^2$，根据建筑的重要性选择 $k=0.9$。

根据公式：$N\geqslant\frac{S}{k\cdot A}=\frac{165}{0.9\times80}=2.29$ 只，为了布置的需要取 3 只。

房间⑦$S_7=101.5\ m^2$

根据建筑的重要性选择 $k=0.9$。

根据公式：$N\geqslant\frac{S}{k\cdot A}=\frac{101.5}{0.9\times80}=1.41$ 只，为了布置的需要取 2 只。

房间⑧$S_8=56.25\ m^2$，由于 $S_8=56.25\ m^2<A=80\ m^2$，所以设置一只探测器。

房间⑨$S_9=37.5\ m^2$，由于$S_9=37.5\ m^2<A=80\ m^2$，所以设置一只探测器。

房间⑩$S_{10}=37.5\ m^2$，由于$S_{10}=37.5\ m^2<A=80\ m^2$，所以设置一只探测器。

房间⑪⑫⑬$S_{11}=28.125\ m^2$，由于$S_{11}=28.125\ m^2<A=80\ m^2$，所以设置一只探测器。

在四、六、八层的楼梯间和电缆竖井分别设置一只火灾探测器。

每层走廊内：$S_0=180\ m^2$

根据公式：$N \geqslant \frac{S}{k \cdot A}=\frac{180}{0.9\times 80}=2.5$ 只，为了布置的需要取3只。

任务二　火灾控制器的设计

任务描述

1. 根据案例对灭火控制系统进行组网方式选型。
2. 根据案例初步设计火灾自动报警系统。

基础知识

一、火灾报警控制器

火灾报警控制器是火灾自动报警系统的重要组成部分。在火灾自动报警系统中，火灾探测器是系统的“感觉器官”，随时监视周围环境的情况。而火灾报警控制器则是系统的“躯体”和“大脑”，是系统的核心。

根据GB/T 4718—2006的定义，火灾报警控制器是可向探测器供电，并具有下列功能的设备：

第一，为火灾报警控制器供电，也可为其他部件供电，探测器需要由报警控制器集中供电。

第二，能接受探测信号，转换成声、光报警信号，指示着火部位和记录报警信息。

第三，可通过火警发送装置启动火灾报警信号或通过自动消防灭火控制装置启动自动灭火设备和消防联动控制设备。

第四，自动监视系统的正确运行和对特定故障给出声光报警（自检）。

第五，具有显示或记录火灾报警时间的计时装置，其日计时误差不超过30 s。

由此可见，火灾报警控制器的作用是向火灾探测器提供高稳定度的直流电源；监视连接各火灾探测器的传输导线有无故障；对火灾探测器发送的火灾报警信号，迅速、正确地进行转换和处理，并以声、光等形式指示火灾发生的具体部位，进而发送消防设备的启动控制信号。

火灾报警器的各种分类如下：

1. 按用途和设计使用要求分类

（1）区域火灾报警控制器

其控制器直接连接火灾探测器，处理各种报警信息，是组成自动报警系统最常用的设备之一。

（2）集中火灾报警控制器

它一般不与火灾探测器相连，而与区域火灾报警控制器相连，处理区域级火灾报警控制器送来的报警信号，常用在较大型系统中。

（3）通用火灾报警控制器

它兼有区域、集中两级火灾报警控制器的双重特点。通过设置或修改某些参数（硬件或软件），即可作为区域级火灾报警控制器使用，连接控制器；又可作为集中级火灾报警控制器使用，连接区域火灾报警控制器。

2. 按内部电路设计分类

（1）普通型火灾报警控制器

其电路设计采用通用逻辑组合，有成本低廉、使用简单等特点，易于实现以标准单元的插板组合方式进行功能扩展。其功能一般较简单。

（2）微机型火灾报警控制器

其电路设计采用微机结构，对软件和硬件程序均有响应要求，具有功能扩展方便、技术要求复杂、硬件可靠性高等特点，是火灾报警控制器的首选形式。

3. 按信号处理方式分类

（1）有阈值火灾报警控制器

有阈值火灾报警控制器处理的探测信号为阶跃开关量信号，对火灾探测器发出的报警信号不能进一步处理，火灾报警取决于探测器。

（2）无阈值火灾报警控制器

无阈值火灾报警控制器处理的探测信号为连续的模拟量信号。其报警主要靠控制器，可以具有智能结构，是现代火灾报警控制器发展的方向。

4. 按信号处理方式分类

（1）多线制火灾报警控制器

其探测器与控制器的连接采用一一对应的方式。各探测器至少有一根线与控制器连接，因而其连线较多，仅适用于小型火灾自动报警系统。

（2）总线制火灾报警控制器

控制器与探测器采用总线（少线）连接。所有探测器均并联或串联在总线上（一般总线数量为2～4根），具有安装、调试、使用方便，工程造价较低的特点，适用于小型火灾自动报警系统。

二、火灾报警控制器的组成和性能

火灾报警控制器的组成主要包括电源和主机两部分。根据国标规定，火灾报警控制器各部分的基本功能如下：

1. 电源部分

火灾报警控制器的电源应由主电源和备用电源互补两部分组成。主电源为220 V交流市电，备用电源一般选用可充放电反复使用的各种蓄电池。电源部分的主要功能如下：

（1）主电源、备用电源自动切换。

（2）备用电源充电功能。

（3）电源故障监测功能。

（4）电源工作状态指示功能。

（5）为探测器回路供电功能。

目前大多数火灾报警控制器的电源设计采用线性调节稳压电源，同时在输出部分增加过压和过流保护环节。

2. 主机部分

主机部分常态监视探测器回路变化情况，遇有报警信号时，执行响应的动作，其功能如下：

（1）故障声光报警

当出现探测器回路断路、短路、探测器自身故障、系统自身故障时，火灾报警控制器均应进行声、光报警，指示具体故障部位。

（2）火灾声光报警

当火灾探测器、手动报警按钮或其他火灾报警信号单元发出报警信号时，控制器能迅速、准确地接收、处理此报警信号，进行火灾声光报警，指示具体火警部位和时间。

（3）火灾报警优先功能

控制器在报故障时，如出现火灾报警信号，应能自动切换到火灾声光报警状态。若故障信号依然存在，只有在火情被排除，人工进行火灾信号复位后，控制器才能转换到故障报警状态。

（4）火灾报警记忆功能

当控制器收到探测器火灾报警信号时，应能保持并记忆，不可随火灾报警信号源的消失而消失，同时也能继续接受、处理其他火灾报警信号。

（5）声报警消声及再声响功能

火灾报警控制器发出声光报警信号后，可通过控制器的消声按钮人为消声，如果停止

声响报警时又出现其他报警信号，火灾报警控制器应能进行声光报警。

（6）时钟单元功能

控制器本身应提供一个工作时钟，用于对工作状态进行监视。当火灾报警时，时钟应能指示并记录准确的报警时间。

（7）输出控制功能

火灾报警控制应具有一对以上的输出控制接点，用于火灾报警时的联动控制，如用于室外警铃，启动自动灭火设施等。

控制器主机部分承担着对火灾探测源传来的信号进行处理、报警和中继的作用。从原理上讲，无论是区域报警控制器还是集中报警控制器，都遵循同一工作模式，即收集探测源信号→输入单元→自动监控单元→输出单元。同时为了使用方便，增加功能，又附加上人机接口——键盘、显示部分，输出联动控制部分，计算机通信部分，打印机部分等。火灾报警控制器主机部分的基本工作原理如图 4—2—1 所示。

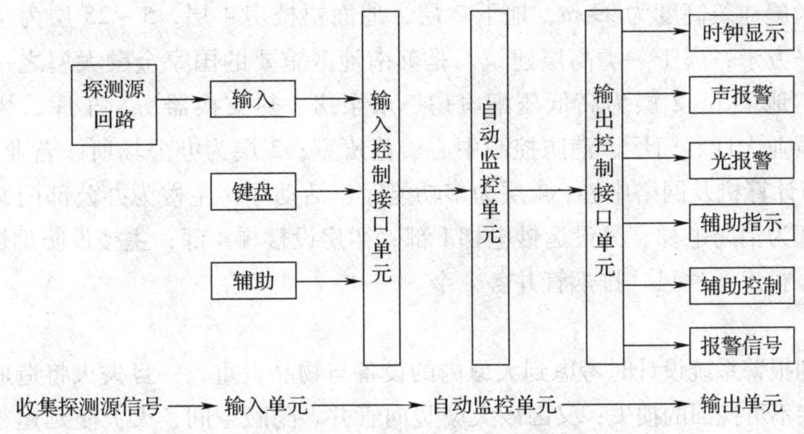

图 4—2—1　火灾报警控制器主机部分的基本工作原理

就输入单元而言，集中报警控制器与区域报警控制器有所不同。区域报警控制器处理的探测源可以是各种火灾探测器、手动报警按钮或其他探测按钮；而集中报警控制器处理的是区域报警控制器传输的信号。由于其传输特性不同，其输入单元的接口电路也不同。

多线传输方式接口电路的工作原理是：各线传输的报警信号可同时也可分时进入主监控部分，由主监控部分进行地址译码（对于同时进入）或时序译码（对于分时进入），显示报警地址，同时各线报警信号的或逻辑启动声光报警，完成一次报警信号的确认。

总线传输方式接口电路的工作原理是：通过监控单元将要巡检的地址（部位）信号发送到总线上，经过一定时序，监控单元从总线上读回信息，执行相应的报警处理功能。时序要求严格，每个时序都有其固定的含义。其时序要求为：发地址→等待→读信息→等待。控制器周而复始地执行上述时序，完成整个推测源的巡检。

任务实施

一、根据案例对灭火控制系统进行组网方式选型

有一栋学生公寓，高七层，每层有12间宿舍，1楼设有值班室，请问如何为公寓确定报警系统。

解：

宜选用区域报警系统。因为区域报警系统比较简单，操作方便，易于维护，使用面很广。它既可单独用于面积比较小的建筑，也可作为集中报警系统和控制中心系统中的基本组成设备，但是须加楼层报警确认灯。

二、根据案例初步设计火灾自动报警系统

某金融大厦建筑高度为99 m，地下2层，地面裙楼房4层，5～25层为主楼，总建筑面积2万多平方米，属于一类高层建筑，是苏南地区重要的国家金融大厦之一，大厦各层平面布置为：地下1、2层为高低压配电房、水泵房、热交换器房、车库、代管库、水池等；底层为营业大厅、门厅、消防控制中心、值班室；2层为办公场所、营业厅、休息厅、餐厅；3层为计算机及网络中心；4层为多功能厅、活动厅；主楼为办公部门，共设6部电梯，其中3部为消防电梯，另设运钞电梯1部；裙房设楼梯4部；主楼设防烟楼梯1部；强弱电、给水、排水、通风、排烟管井各1个。

解：

火灾自动报警系统设计时考虑到大厦内的设备与物品贵重，一旦失火将造成严重的不良影响，及某些不可挽回的损失；又因该大厦竖向管井、隐蔽空间、火灾蔓延途径多，所以其火灾自动报警系统、消防联动控制系统、消火栓和自动喷淋给水系统均按严重危险等级设计。

根据我国火灾自动报警系统设计规范和《智能建筑设计标准》（地方标准），本设计采用日本能美防灾株式会社生产的火灾自动报警R－21Z系统。该系统可充分覆盖总面积为数千平方米的小规模到超过10万平方米的大规模建筑，并具有自动试验及消防联动控制、防排烟、燃气泄漏火灾报警的功能。根据《火灾自动报警系统设计规范》，在大厦各层平面进行感烟、感温探测器布置时，每个探测区域内探测器保护半径分别按9.9 m和6.3 m考虑；各层平面按每个探测区域的面积不超过500 m^2划分出几个探测区域：地下1、2层，作为特殊区域单独考虑，共划分为8个探测区域；地面1、2层各划分为2个探测区域；2层作为计算机网络中心另按有关规定采用CO_2气体灭火系统，作为一个大的区域单独设计，并和大楼总报警系统二次联动；4层及以上每层各划分为2个探测区域。

大楼的火灾自动报警系统包括火灾报警系统、火灾专用通信调度系统、火灾事故广播、警铃系统。整个系统采用集中式全自动智能化报警系统，该系统共接有ATF（Automatic Testing Function）探测器218个、普通型烟感探测器230个、普通型温感探测器15个、控制编码模块52块、警铃编码模块80块、手动按钮57个、地址编码模块50块，分别在地下

室、1层、2层、3层、4层各设楼层显示器1台，在标准层内每隔3层设一台楼层显示器，提供该楼层的区域火警显示。

拓展知识

火灾控制器的常见品牌

一、海湾公司火灾报警控制器

JB－QB－GST500、JB－QG/QT－GST5000（简称GST500/GST5000）火灾报警控制器（联动型）（简称控制器）是海湾公司推出的新一代火灾报警控制器。为适应工程设计的需要，本控制器兼有联动控制功能，可与海湾公司的其他产品配套使用组成配置灵活的报警联动一体化控制系统，特别适合大中型火灾报警及消防联动一体化控制系统的应用。其主要特点如下：

1．容量大、可靠性高

本控制器采用多微处理器并行处理，最多可以管理20个总线制监控点回路，共计4 840个总线制报警联动点。多总线大容量方式设计使外部总线和总线设备发生故障后对系统的影响减少到最低限。不论是联动类还是报警类总线设备，控制器都设有不掉电备份，保证系统调试完成时注册到的设备全部受到监控。

2．窗口化、汉字菜单式显示界面

本控制器采用窗口化菜单式命令，增加了每屏中所包含的信息量，当有多种类型的信息存在时，通过“窗口切换”键操作可以方便地看到各种全面细致的显示信息，汉字菜单可以做到明白易懂、方便直观，通过简单的操作（选择数字或移动光条）就可实现系统提供的多种功能。

3．灵活的模块化结构和多种功能配置选择

本控制器主控部分由接口统一的各类功能模块组成，配置极为灵活方便，通过调整接入的回路板数实现总线设备从1点到4 840点间的任意配置，若接入通信板、CRT板和远程通信板，系统还可以提供与火灾显示盘、CRT和远程终端连接所需的标准接口。

4．配备智能化手动消防启动盘

本控制器配接智能化手动消防启动盘。手动消防启动盘上的每一个启停键均可通过定义与系统所连接的任意一个总线设备关联，完成对该总线制联动设备的启停控制，彻底解决了报警联动一体化系统的工程布线、设备配置及安装调试存在的固有问题。

5．具备全面自检功能的直接控制盘

本控制器配备的直接控制盘具有输出线断路、短路和指示灯检测功能，这些检测功能可最大限度地保障控制盘本身及其与重要设备之间连接的可靠性。

6. 独立的气体喷洒控制密码和联动公式编程

本控制器对具有特殊重要意义的气体喷洒设备提供了独立的控制密码和联动编程空间，并有相应的声光指示，使气体喷洒设备受到更严格的监控。

7. 可配接汉字式火灾显示盘

本控制器可配接我公司生产的汉字式火灾显示盘，汉字信息无须下载，方便可靠，并可以通过对火灾显示盘的设备定义灵活地实现火灾显示盘的分楼区及分楼层显示功能。

8. 模块式开关电源

模块式开关电源可在宽主电电压范围内高效节能运行，合理的充电电路和可靠的多级保护延长了电池的使用寿命。

二、ISL 9200 火灾报警控制器（联动型）

ISL 9200 是一个带有 32 位微处理器的高性能大型火灾报警控制器。它采用模块化的系统架构，系统配置灵活方便。ISL 9200 控制器可以单机使用，也可以接入 IFN 网络，与中小型控制器以及网络显示控制设备 ISL－NDC 和 NCS 一起，组成集中和分散报警控制相结合的火灾报警控制网络，从而满足任何规模的建筑物对火灾报警控制系统的要求。

1. 特性

内置操作系统，采用 UNICODE 技术，内核汉化，是真正意义上的中文化的控制器。

模块化设计，系统配置灵活。

最多可配置 10 个回路，支持环形、非环形和 T 形接法。

每个回路可接 159 个智能探测器和 159 个智能模块（ASIC 协议）。

多 CPU 设计，在主 CPU 故障的情况下，探测器可激活警报电路和报警继电器，提高了系统的可靠性。

回路采用非屏蔽双绞线，3 800 m 超远距离布线（线横截面面积不小于 3.25 mm^2）。

可选择 640 字符显示器或无显示器，支持中文显示。

独立的网卡接口，网络连接即接即通。

EIA－232 打印机接口，支持中文打印（需配置 ISL 的微型打印机）。

EIA－485（ACS 模式）接口支持多达 32 个楼层显示器及模拟地图盘。

内建报警、故障、监控和安防继电器。

复位、确认、消音按钮和 11 个状态指示灯，便于无显示器应用。

全数字、高精确、高可靠的 ASIC 协议。

9 级报警灵敏度和 9 级预报警灵敏度设置。

支持多达10种逻辑和延时算法，可以满足任何联动控制要求。

联网应用时，支持跨盘联动。

自动编程功能，方便系统安装调试。

完全现场编程或用VeriFire编程工具离线编程，并可进行程序的检查和对比。

2. 系统容量

信号回路：10。

智能探测器和模块：3 180。

中文液晶复示显示器（RDP接口）：32个。

楼层显示器及模拟地图盘（ACS模式EIA－485接口）：32×96或64点。

中文微型打印机（μPRT－240S）：1台。

3. 系统构成

（1）主控电路ISLCPU9200。

（2）回路控制卡LCM－320及回路扩展卡LEM－320。

（3）可编址电源AMPS－24E。

（4）网络接口卡NCM－W或NCM－F。

（5）LCD/380显示器（可外用）。

（6）ACM－24AT和AEM－24AT。

（7）ACM－48A和AEM－48 A。

（8）POM－8C多线控制卡。

4. 主控电路

客户选择该主控电路时，有两种型号：

ISLCPU9200包括CPU卡、中文LCD显示器和键盘。

ISLCPU9200D仅有CPU卡，无显示器和键盘。网络应用时，可选择该配置以节约成本。

三、西门子公司BC8001紧凑型系列控制器

1. 系统特点

（1）兼容BDS系列现场部件。

（2）回路总线（F－BUS）为二总线无极性，传输距离可达1 km。

（3）特殊的运算处理技术，抗环境干扰能力强。

（4）嵌入式软件操作系统。

（5）液晶中文、英文用户界面。

（6）通过网络扩容接口，最多可连接31个A－BUS设备（BC8001/BC8002/BC8004控制器）。

（7）通过网络扩容接口，最多可连接 3 个 B－BUS 设备（BT8011/12 联动盘，BC8013 灭火控制盘）。

（8）打印机既可作为单独选配设备安装在机箱内，也可以选用 BT8011 的打印机。

（9）既可以在控制器上现场直接编程，也可通过计算机快速编程。

（10）随时可以把控制器内的工程数据上传到计算机内，避免工程数据丢失。

2. 应用场合

（1）主要用于小型消防报警系统。

（2）CAN－BUS 通信技术。

（3）BC8001 系统可以自由组网，最多可以由 32 台 BC80 系列控制器组网。可以定义其中任意一台在监控自身所带的现场部件的同时，再监控其他的控制器。

（4）满足《火灾报警控制器》（GB 4717—2005）与《消防联动控制系统》（GB 16806—2006），其应用设计遵照国家标准《火灾自动报警系统设计规范》（GB 50116—1998）。

任务三　火灾自动报警线制设计

任务描述

根据案例设计火灾自动报警不同线制布线图。

基础知识

一、火灾自动报警系统的技术特点

火灾自动系统包括火灾探测器、配套设备、报警控制器、导线四部分。

1. 系统必须保证长期不间断运行，在运行期间不但发生火情时能报出着火点，而且应具备自动判断系统设备传输线路的短路、断路、电源失电等情况的能力，并进行声光报警，以确保系统的高可靠性。

2. 探测部位可以从几米到几十米。

3. 系统应具备低功耗运行性能。

二、火灾自动报警系统的线制

线制是指探测器和控制器间的导线数量，即火灾自动控制系统的运行机制。线制越来越简化，越来越方便，给施工、调试和维护带来了极大方便。我国采用的线制包括四线制、三线制、二线制及四总线制、二总线制等。

线制类型如图 4—3—1 所示。

1. 多线制（见图 4—3—2）

多线制系统结构形式与早期的火灾探测器设计、火灾探测器与火灾报警控制器的连接等

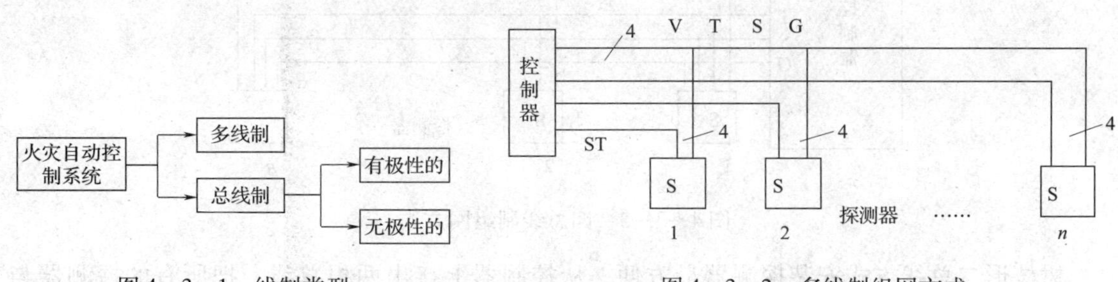

图 4—3—1　线制类型　　图 4—3—2　多线制组网方式

有关。一般要求每个火灾探测器采用两条或更多条导线与火灾报警控制器相连，以确保从每个火灾探测点发出的火灾报警信号能准确传送到火灾报警控制器。

（1）四线制

即 $n+4$ 线制，n 为探测器，4 指公用线，包括 V 电源线、G 地线、S 信号线、T 自诊断线，ST 为选通线。

优点是电路比较简单，供电和取信息直观。

缺点是线多，配管直径大、穿线复杂、线路故障多。

（2）两线制

也称 $n+1$ 线制，即一条公用地线，一条承担供电、选通信息和自检功能。

多线制系统有连线多、安装成本高、可靠性差、维修不便等缺点，目前已较少采用。

2. 总线制

总线制系统结构形式是在多线制基础上发展起来的。微电子器件、数字脉冲电路及计算机应用技术用于火灾监控系统，改变了以往多线制结构系统的直流巡检和硬线对应连接方式，代之以数字脉冲信号巡检和信息压缩传输，采用大量编码、译码电路和微处理机实现火灾探测器与火灾报警控制器的协议通信和系统监测控制，大大减少了系统线制，工程布线灵活，并形成了枝状和环状两种工程布线方式。

（1）四总线制

四条总线为 P、T、S、G。

P 为探测器的电源、编码、选址信号；T 为自检信号以判断探测部位传输线是否有故障；S 为控制线，获得控制部位的信息；G 为公共地线。

P、T、S、G 采用并联方式。

S 线上的信号对探测部位而言是分时的。

由图 4—3—3 可知，由探测器到控制器共用 4 根全总线，简化了系统。

（2）二总线制

二总线制是最简单的一种接线方式，用线量最少，但技术复杂。

G 为公共地线，P 为完成供电、选址、自检、获取信息。

二总线制的三种连接方式，如图 4—3—4、图 4—3—5、图 4—3—6 所示。

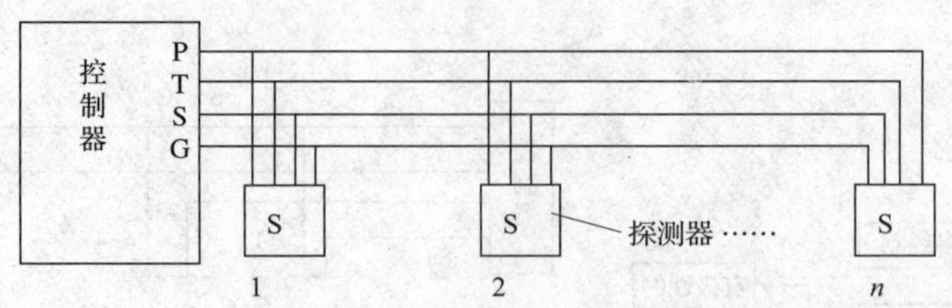

图 4—3—3　四总线制组网方式

树枝形二总线方式安装探测器最方便，从控制器上接出两根总线，把所有的探测器与二总线并联连接即可。

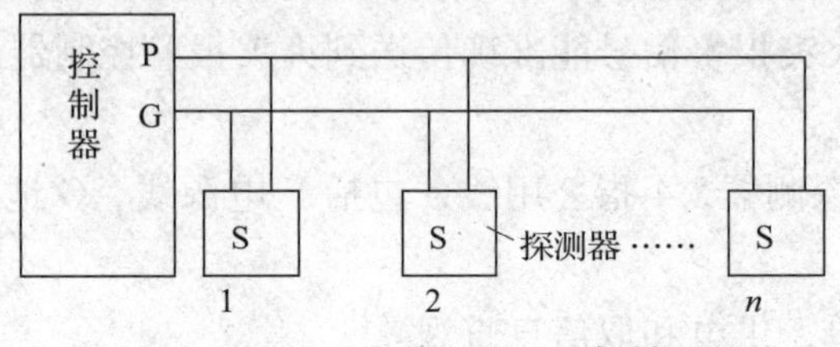

图 4—3—4　二总线制方式——树枝形接线

环形接线方式用线量稍大些，容易让人产生四总线制的错觉。

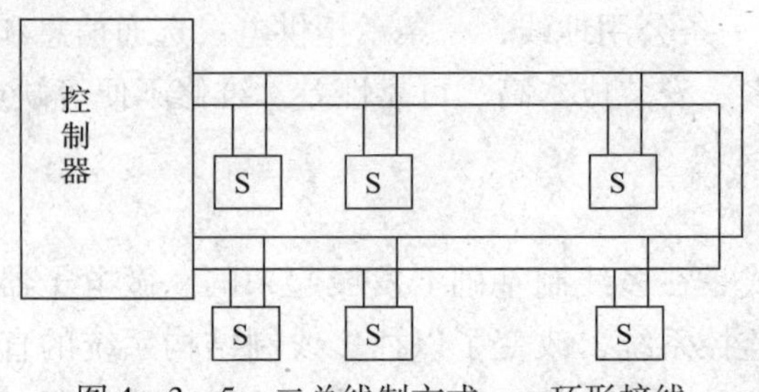

图 4—3—5　二总线制方式——环形接线

链式连接方式用线量最少，在线路末端要加一个电阻，易遗漏。

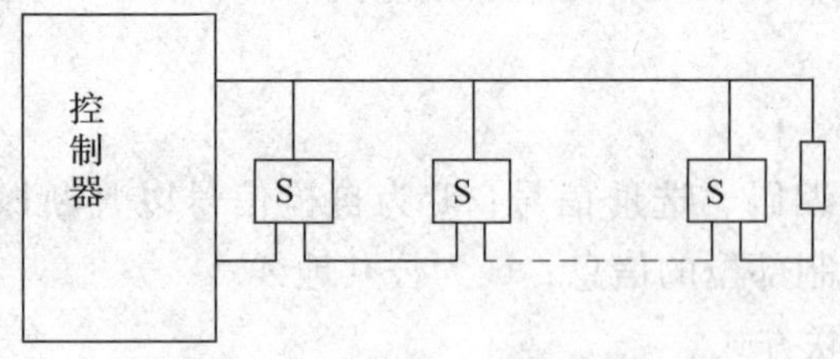

图 4—3—6　二总线制方式——链式连接方式

任务实施

根据案例设计火灾自动报警布线图。

案例：某高层建筑的层数为 50 层，每层设置 1 台区域报警器，每台区域报警器带 50 个报警点，每个报警点有 1 只探测器，试计算报警器的线数并画出布线图。

解:

区域报警器的输入线数 50 + 1 = 51 根

区域报警器的输出线数 10 + 50/10 + 4 = 19 根

集中报警器的输入线数 10 + 50/10 + 50 + 3 = 68 根

一、多线制的接线（见图 4—3—7）

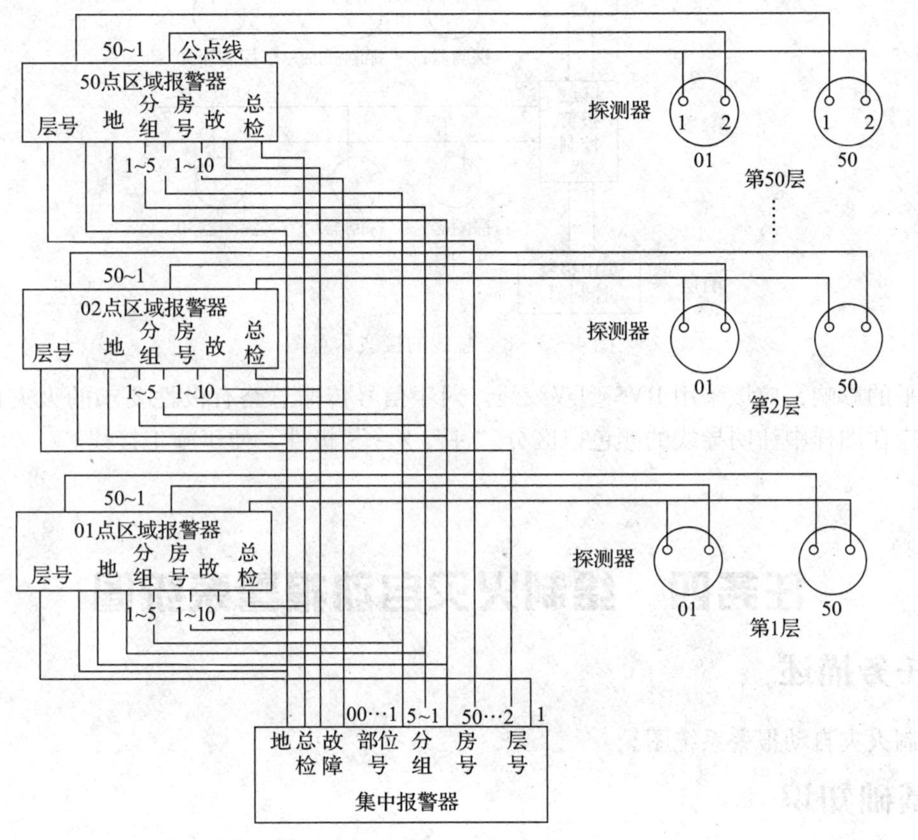

图 4—3—7　多线制的接线图

二、总线的接线示意（见图 4—3—8）

拓展知识

报警传输信号线路只在火灾初期起作用，所以不要求线路在火灾的高温高热环境中工作，火灾信号传输线穿阻燃 PVC 线管或线槽即满足要求。如环境有强电磁干扰，信号传输线应该穿钢管。采用的线型只要耐压等级及线径符合规范及火灾自动报警装置技术条件要求的普通导线即可。火灾信号传输线路与联动控制信号线路合二为一的总线或输出模块的 24 V 电源线应该穿钢管暗敷在不燃烧体结构层内，保护层厚度不应小于 30 mm，如采用明敷应采取防火措施。智能型火灾自动报警系统为了减小信号传输线路分布电容、分布电感对

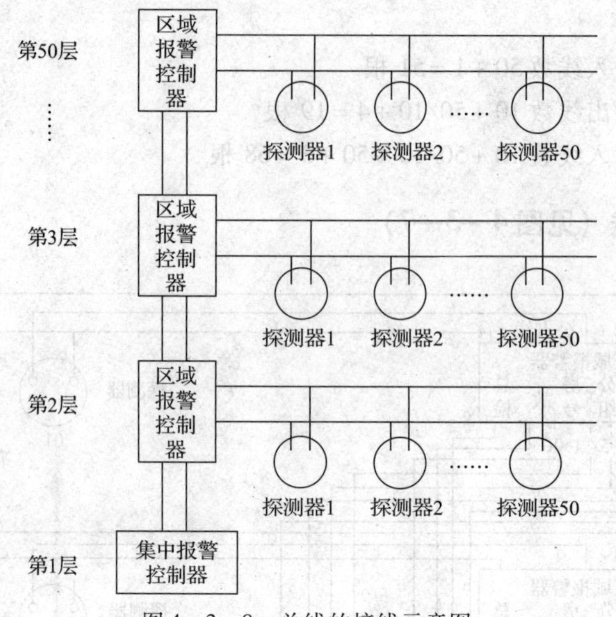

图 4—3—8　总线的接线示意图

信号电平的影响，应该采用 RVS 型双绞线。对于信号传输总路有极性要求的火灾自动报警系统，应在图样中注明导线的颜色以区分“+”“-”极性，便于施工接线。

任务四　绘制火灾自动报警系统图

任务描述

绘制火灾自动报警系统图。

基础知识

一、消防制图系统软件

消防制图系统的软件界面已经全面 Windows 化，整个界面的布局可以由用户根据个人喜好定制。这里主要介绍大方软件界面的组织特点及自定义界面的方法。

1. 启动消防制图系统

双击 Windows 界面中的应用程序图标或者，默认状态下，这个图标在开始—程序—大方消防制图软件 -（三维版）的应用程序组或者 Windows 界面中。

2. 屏幕布置

常用菜单界面如图 4—4—1 所示。

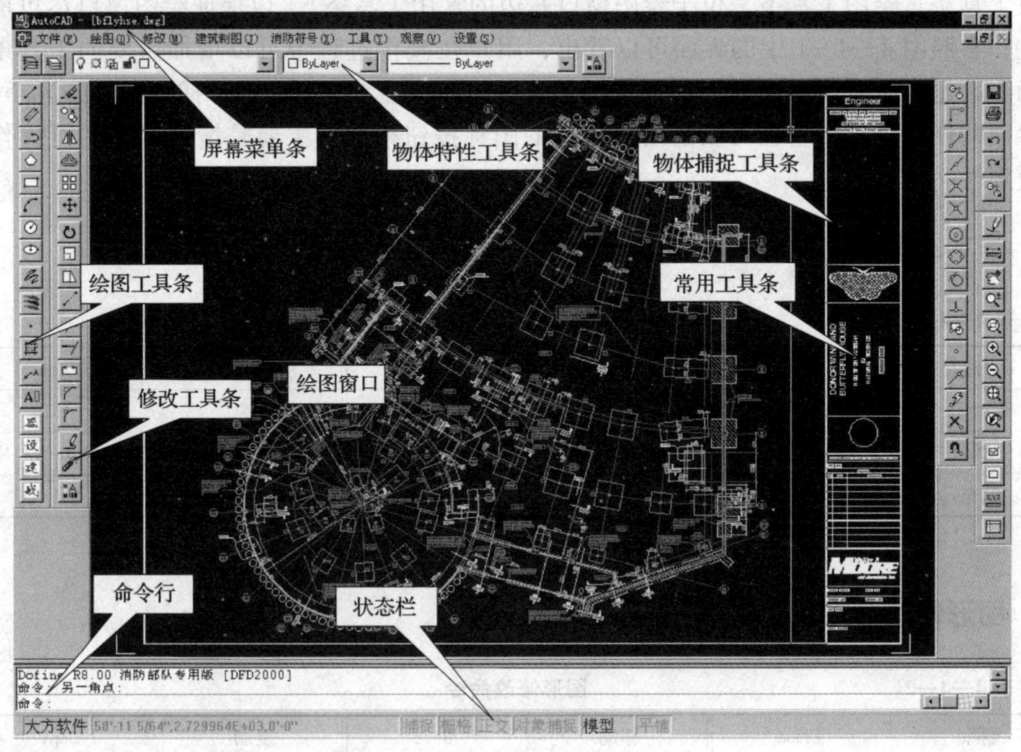

图 4—4—1　常用菜单界面

（1）菜单条

菜单条位于整个界面的最上端，也称为屏幕下拉菜单。消防制图菜单集成了全部的消防制图使用功能命令；高级用户菜单集成了 AutoCAD 的全部指令集以及大方装饰设计的功能命令。对于初学者可以从消防制图菜单入门，而对于高级用户可以从高级用户菜单入手更加深入地学习。

（2）状态栏

状态栏位于界面的最底部，可以显示当前坐标位置，以及“捕捉”“栅格”“正交”“对象捕捉”“平铺”与“模型”等状态切换。

（3）绘图窗口

绘图窗口用于绘制和显示设计图形。

（4）命令窗口

命令窗口也称为命令行，用户在此输入要执行的命令（命令也可从菜单条中选取），系统在此及时向用户提供当前命令操作的反馈信息，某些命令运行过程中所需要的参数也在此输入，同时也显示某些命令执行过程中的中间信息。命令窗口一般显示在绘图窗口的下面，按 F2 键可以切换出完整的命令窗口。

（5）工具条

工具条默认情况下，消防制图软件在启动后会有三个工具条（位于绘图窗口左边的修改工具条、绘图工具条，位于绘图窗口右边的常用工具条），以保证绘图窗口尽可能大一些；参照图4—4—1中的界面可以看出，用户在操作过程中可以增加需要的工具条到桌面上，也可以删除多余的工具条（例如新增物体特性工具条、物体捕捉工具条），可位于界面的任意位置，它也可以由用户定制的图标按钮构成，主要是增强软件的可操作性和直观性。

二、基本图形绘制命令（见表4—4—1）

表4—4—1　　基本图形绘制命令

直线	Line	双线	Mline	复合线	Pline
多边形	Polygon	矩形	Rectang	圆弧	Arc
圆	Circle	圆环	Dount	椭圆	Ellipse
填充	Hatch	文字	DText		

三、图形修改命令（见表4—4—2）

表4—4—2　　图形修改命令

删除	Erase	移动	Move	复制	Copy
旋转	Rotate	比例缩放	Scale	延伸	Extend
加长	Length	修剪	Trim	断开	Break
圆角	Fillet	切角	Chamfer	偏移	Offset
阵列	Array	镜像	Mirror	炸开	Explode
特性	AI_ Propchk				

任务实施

第一步：准备好相关软件

1. 新建一个文件，保存为 . dwg 格式。
2. 设置绘图环境。
3. 设置图层。

第二步：绘制轴线（见图4—4—2）

1. 先绘制一条比较长的红色轴线。一般先画水平线。
2. 反复使用 Offset 指令，绘制同方向的轴线。
3. 用同样的方法做出竖直方向的轴线。

第三步：设置墙线层（见图4—4—3）

1. 设置多线样式。
2. 绘制多线。

图 4—4—2　轴线图

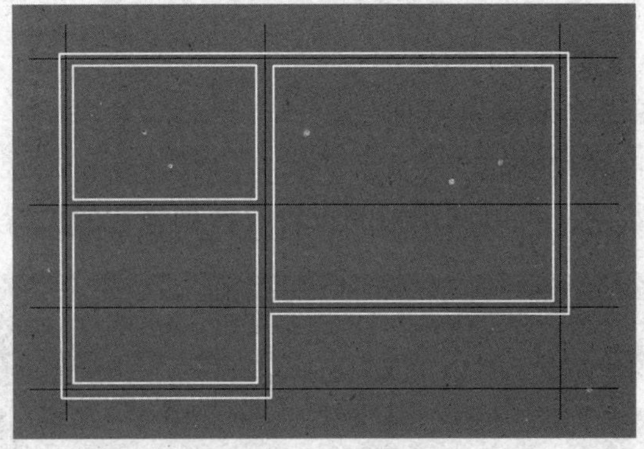

图 4—4—3　墙线图

第四步：使用 Explode 指令炸开多线，成为普通的线条，完全可以使用普通的编辑指令进行延伸、剪断、圆角等编辑。得到如图 4—4—4 所示的墙线图。

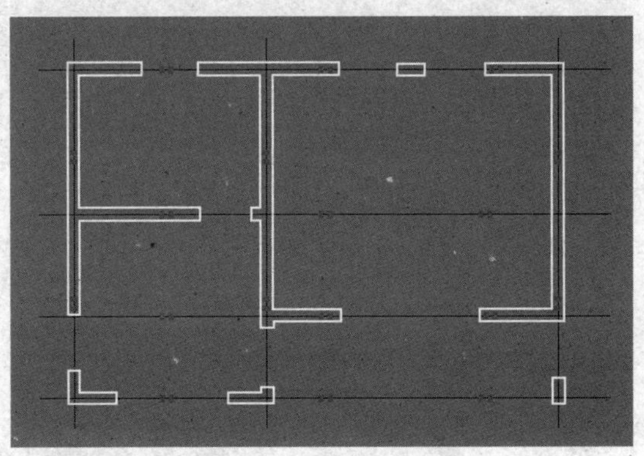

图 4—4—4　编辑墙线图

第五步：门窗绘制（见图 4—4—5）

1. 建立新图层 WINDOW，设置为当前层。
2. 制作门窗块。
3. 插入合适的位置。

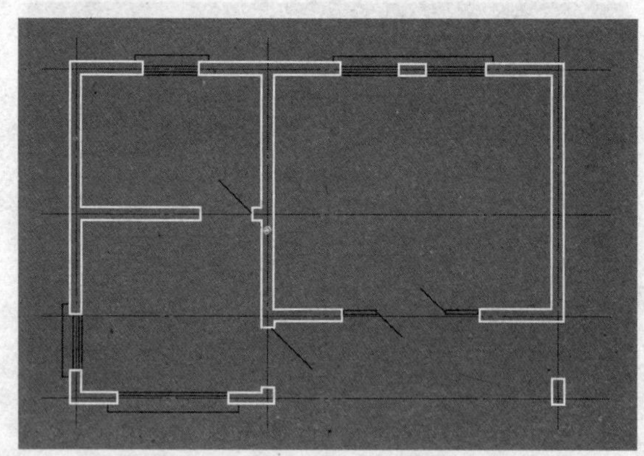

图 4—4—5　门窗绘制

第六步：尺寸标注（见图 4—4—6）

1. 设置 PUB_DIM 图层并设置为当前层。
2. 标注尺寸，注意拉齐尺寸线。
3. 看不清楚的尺寸数字，可以利用控制点将其拖到合适的位置。

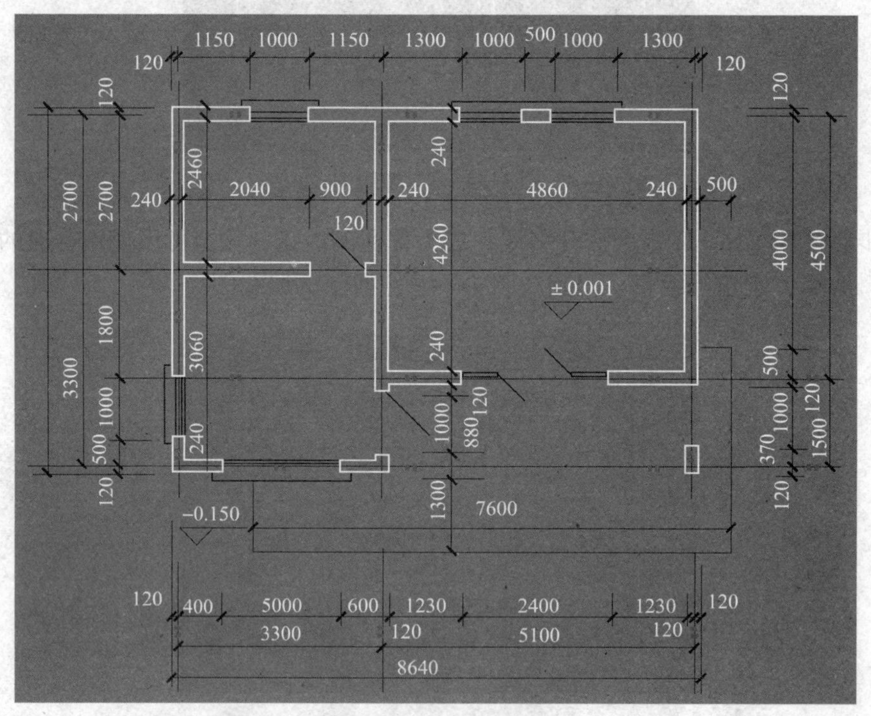

图 4—4—6　尺寸标注图

第七步：完成工程设计图

1. 计算探测器的数量，布置探测器。
2. 设计布线路由图。
3. 完成多线制火灾报警及联动控制系统平面图（见图 4—4—7）。

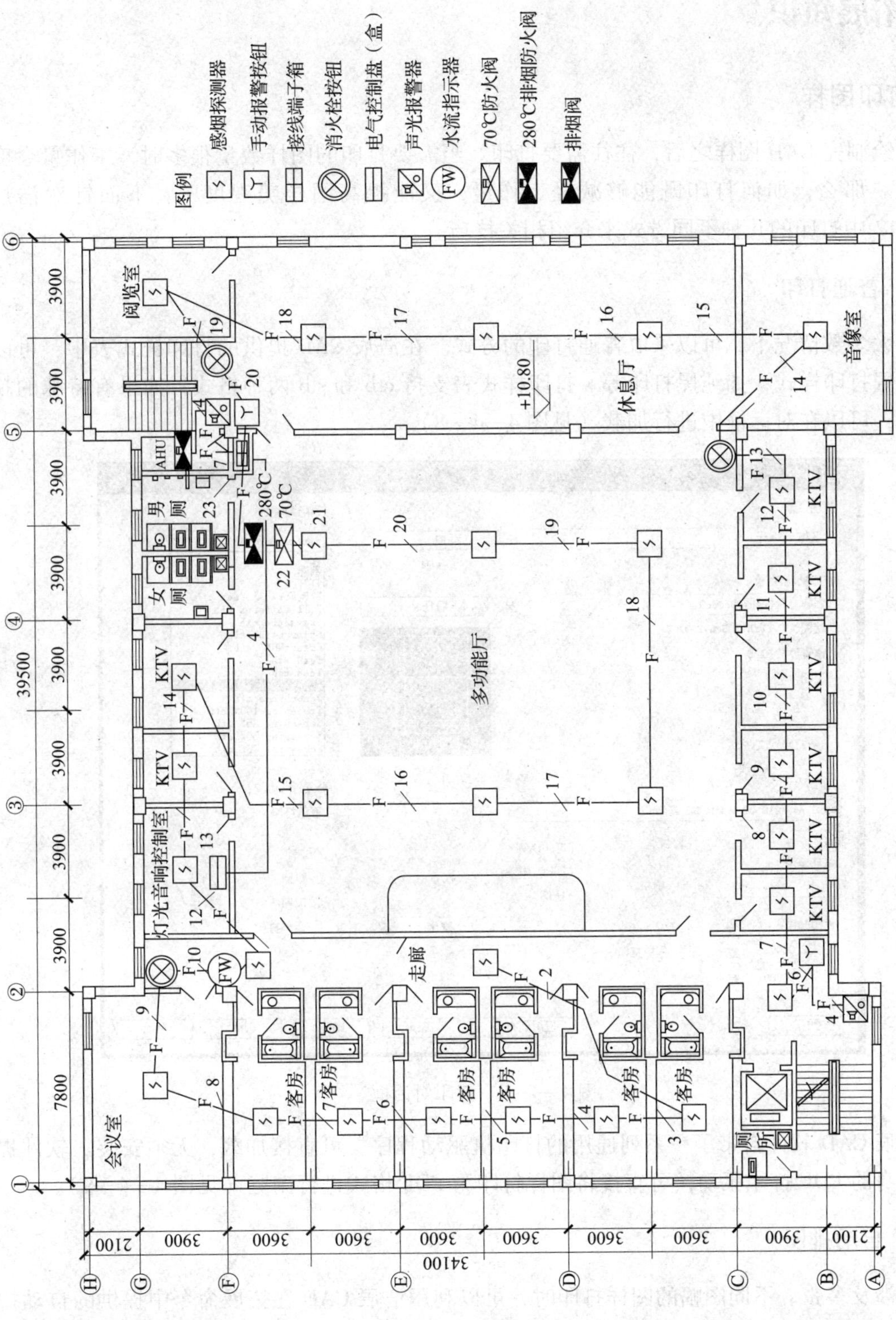

图4—4—7　火灾报警及联动控制系统平面图

拓展知识

一、打印图样

在绘制完 CAD 图样之后，往往需要打印。当需要打印的图样数量很多时，工作量会变得很大。那么，如何打印既能够减轻工作量，又能提高图样美观度呢？下面针对浩辰 CAD2012 中打印的几种不同方式来介绍相关技巧。

1. 普通打印

在大多数情况下，可以采取普通打印的方式。在浩辰 CAD 提供的打印样式表中，可以自由设置打印样式，如纯黑打印等。打印样式表支持 ctb 和 stb 两种格式，如果有特殊的打印样式，可以在对话框中进行加载（见图 4—4—8）。

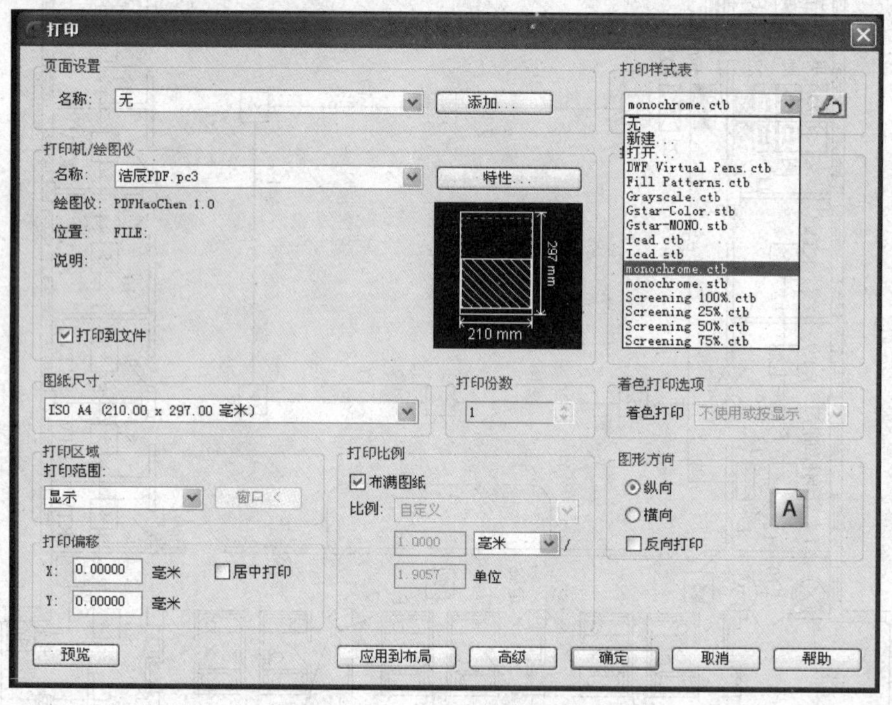

图 4—4—8　打印对话框

浩辰 CAD 软件自带了一系列通用的打印机驱动程序，可直接加载，无须安装。软件提供了自身的 PDF 打印驱动，可直接将图样打印为 PDF 格式进行浏览（见图 4—4—9）。

2. 自动排图

在涉及多张、不同图幅的图样打印时，可以利用浩辰 CAD 在拓展命令中提供的自动排图功能。应用此功能后，打印时可按图纸的图幅计算排列，不但能减轻工作量，而且能节省纸张。打印完成后，直接进行修剪即可（见图 4—4—10）。

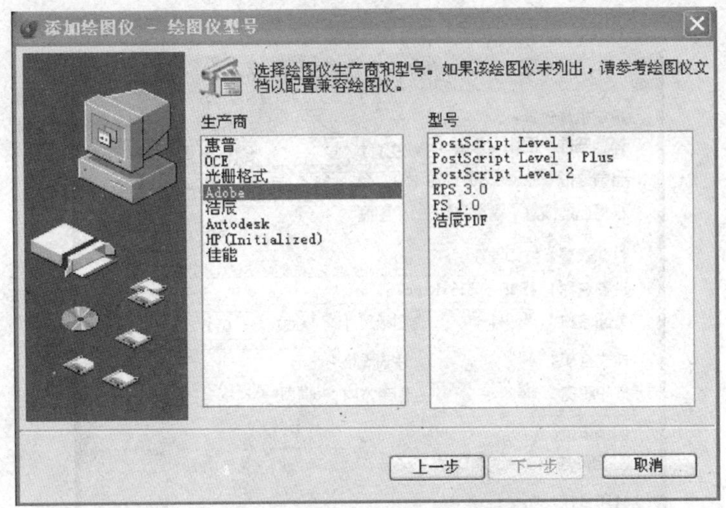

图 4—4—9　添加绘图仪对话框

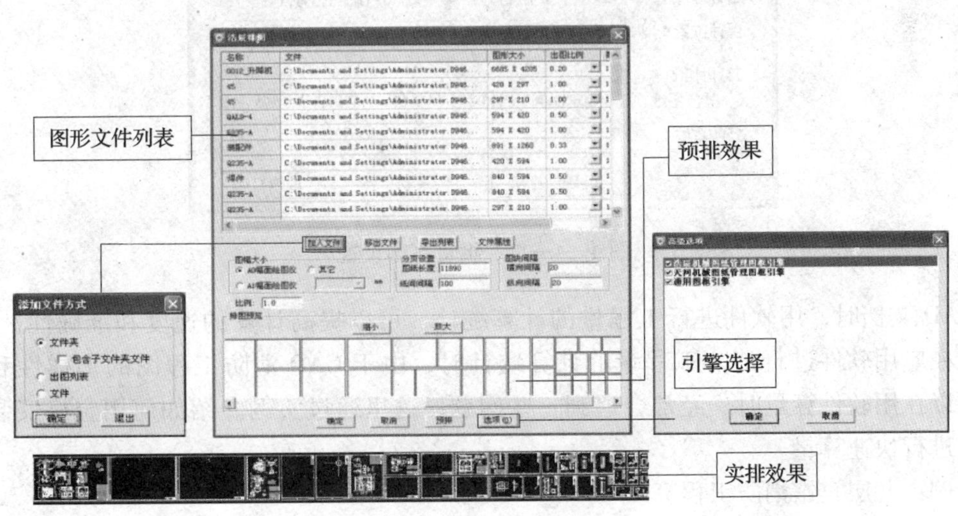

图 4—4—10　图幅排列框

3. 批量打印

当涉及同一绘图区多张图样的批量打印时，浩辰 CAD 软件还在拓展工具中提供了批量打印功能。此功能可按图框（图框类型一般为块、多段线、层等）识别图样，然后按顺序一次性打印，大大节省了工作量（见图 4—4—11）。

以上就是浩辰 CAD 中常见的三种打印方式，在实际打印中，可以按照所要打印图样的数量、种类来选择适合自己的方式。

二、使用软件进行消防工程算量

消防工程中的喷洒头及喷淋管由于布置复杂，数量多，用手工计算慢，而且费时、费心。

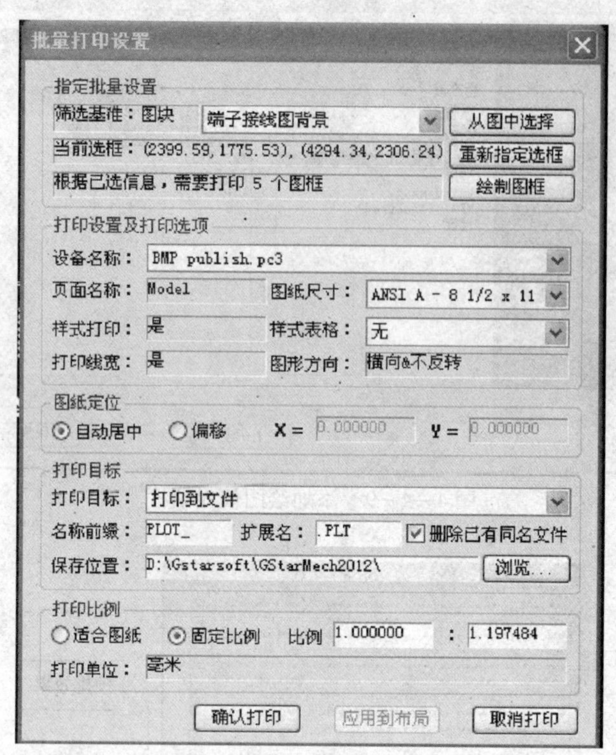

图 4—4—11　批量打印设置

在有 CAD 文档时，用软件进行工程量的计算统计，可以提高计算的速度和准确性，省时、省心。在应用软件进行消防工程量的计算统计时，由于 CAD 消防工程图的多样性和复杂性，所以在用软件算量时，经常会遇到一些问题，这里通过实例介绍如何用金格安装算量软件，进行快速算量。

实例：九层宾馆消防工程算量

工程特点：CAD 工程图喷淋管的标注比较齐全，图中检查该断线的地方都断开了，工程简单。

注意：金格安装算量软件中，消防工程大类为“水”，在新建工程时，要将其设为“水”。

九层宾馆消防工程图如图 4—4—12 所示。

1. 识别布置喷洒头（见图 4—4—13）

操作步骤：

（1）选择“识别/引用”下的“自动识别布置设备［喷淋头］”菜单项，系统将提示“自动创建喷淋头构件”，当图中显示出相应的提示光标后，直接在图中按住左键框选图中的某个喷头图形。这时，屏幕中将显示出识别喷头的操作界面。

（2）在喷头属性页面中，查看设置“喷头”构件属性。

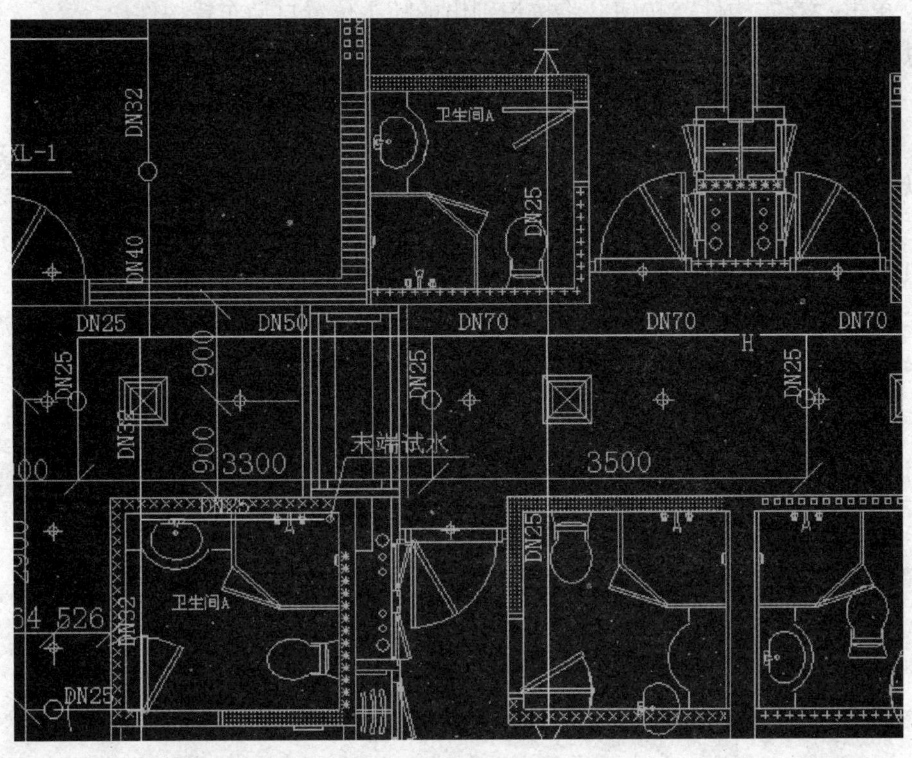

图 4—4—12　九层宾馆消防工程图

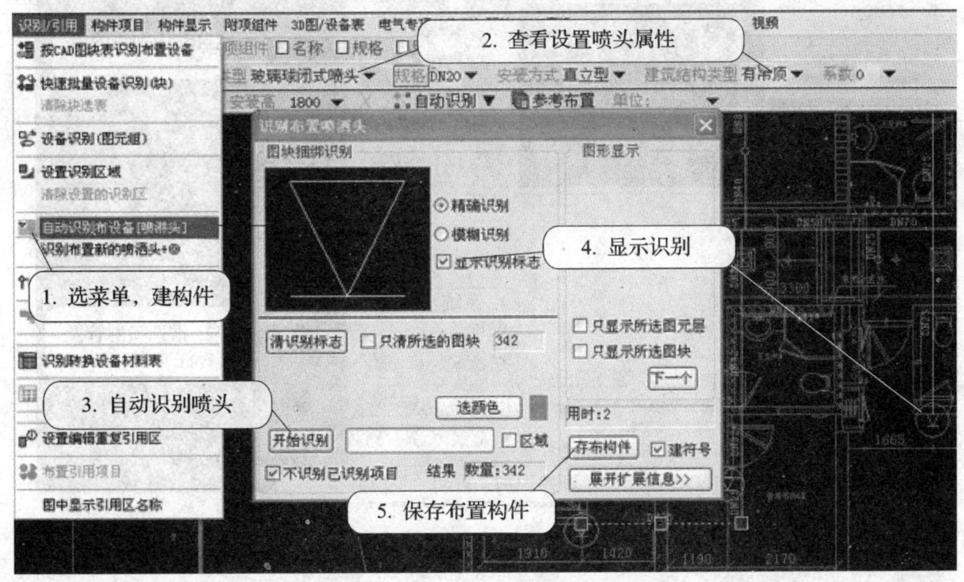

图 4—4—13　识别布置喷洒头

(3) 单击“开始识别”按钮，进行喷头自动识别，识别的数量将显示在结果栏中。

(4) 选中“显示识别标志”，可在图中查看识别出喷头的位置。

（5）单击“存布构件”按钮，将按识别出的喷头位置自动布置构件。

注意事项：

第一，整个工程统一识别，用于说明的喷头也一起识别统计。

第二，喷头的标高可在“构件属性页面”中设置，布置后也可以修改。

第三，喷头短立管默认在喷头组件中计算，如需要也可以分开识别布置。

由于该工程中采用了两种喷头，在识别布置另外一种喷头时，要选择“识别布置新的喷洒头”，如图 4—4—14 所示。

图 4—4—14 “识别布置新的喷洒头”选项

2. 识别布置喷淋管（见图 4—4—15）

由于本工程的 CAD 图标注比较规整，所以喷淋管识别用“有标注”识别方式。操作步骤如下：

（1）选择“识别/引用”下的“自动识别布管［喷淋管］”菜单项，按提示先选择（或是添加）一个管构件。

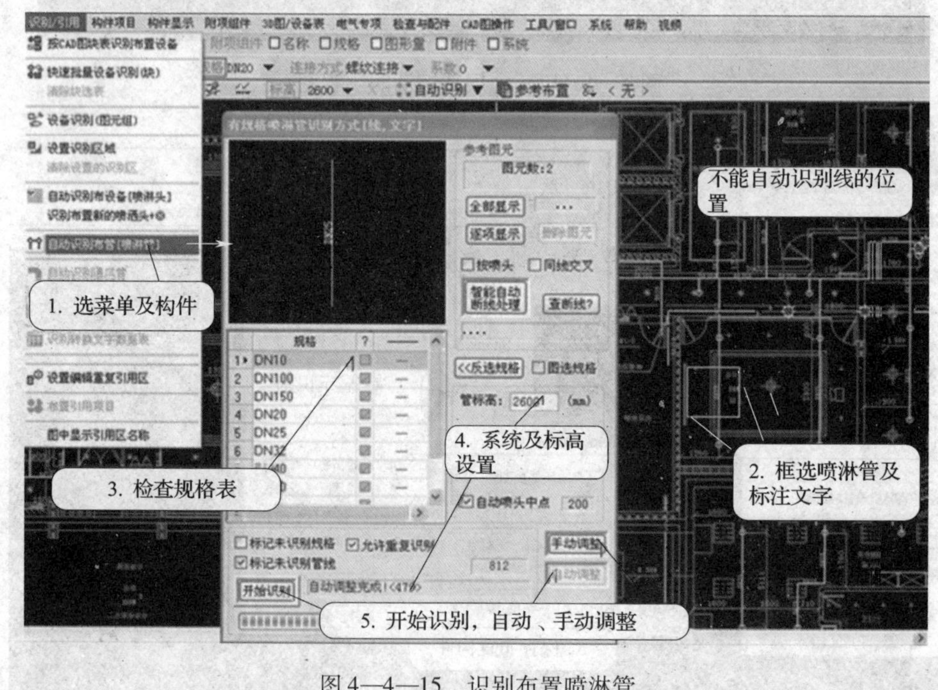

图 4—4—15 识别布置喷淋管

（2）在图中框选喷淋管及标注文字，这时屏幕中将显示出“喷淋管”自动识别布置的操作界面。

（3）查看系统自动统计的“喷淋管规格表”，取消可能错误的“规格标注”，如本工程中的“DN10”。

（4）如果需要可以点击“系统名称”栏，设置当前的系统，管的标高默认是 2 600，可以直接进行修改。

（5）单击“开始识别”按钮，将自动进行“管线与文字”的匹配识别，不能自动识别匹配的“管线”及“文字”将用“闪图”标记出来，先点击“自动调整”，如果还有不能识别的“闪图”位置，可单击“手动调整”按钮。

“手动调整”的操作步骤如下：

1）先设置管线的规格，可按住 Shift 键直接在图中点击规格文字。

2）点击“闪图”处的管线。

3. 喷淋管的调整与“焊接”

由于各种原因，自动识别布置的喷淋管可能会出现规格不正确或是缺线断线的情况。

（1）改规格（见图 4—4—16）

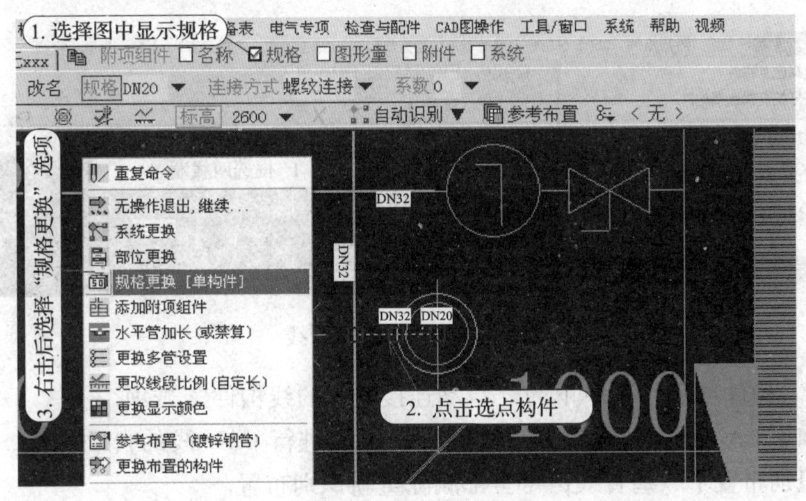

图 4—4—16　改规格

先在“构件属性页面”中选中“规格”选项，这时可在图中直观地看到“管线的规格”标注，在图中选中（用点选或框选都可以）要修改规格的管线，右击，在弹出的快捷菜单中，选择“规格替换”选项。

（2）拉伸管线（见图 4—4—17）

当在图中选中了某条管线后，选中的管线将用虚线标出，并显示三个“控制点”，两边的为端线控制点，中间的为移动控制点。将光标移到端线控制点内并按住左键，移动光标可“拉伸”管线，选择“中间点”可移动管线。

（3）“焊接”管线（见图 4—4—18）

在本工程图中有些管线在 CAD 图中是断开的，所以识别的管线也是断开的，这时可以用焊接的方式将它们接起来。操作步骤如下：

1）先按住左键框选要焊接的两条管的端点，选中两条管线。

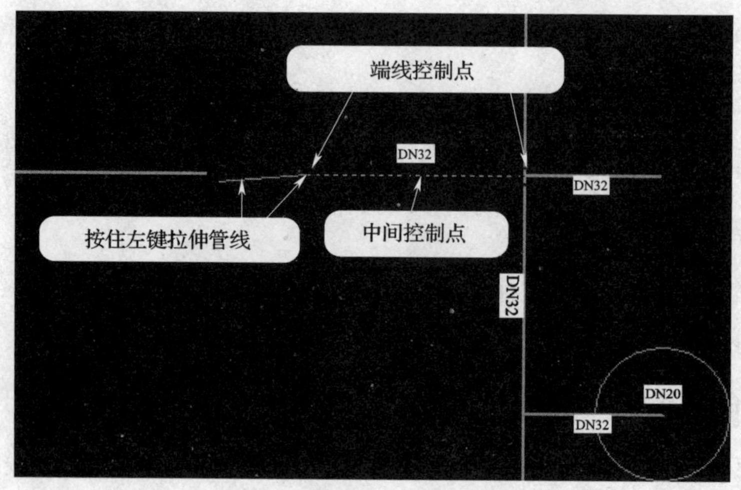

图 4—4—17　拉伸管线

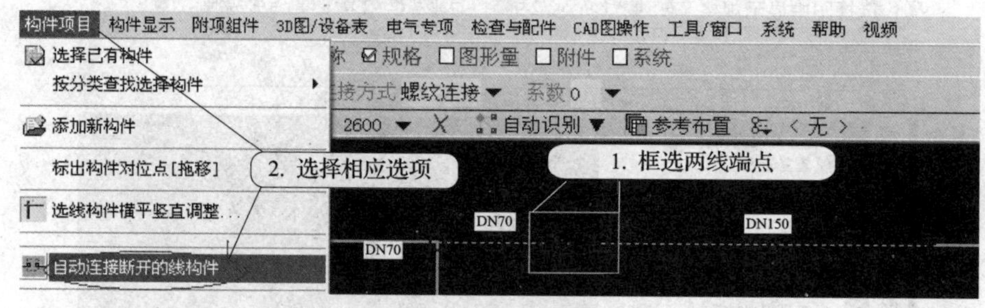

图 4—4—18　焊接管线

2）选择“构件项目”菜单下的“自动连接断开的线构件”选项。

注意，如果 CAD 图中的管线断线比较多，可先进行 CAD 线的自动焊接，这样会更快些。如果已识别布置了一些管线，可全部删除重新识别布置。

4. 立管的识别及布置

立管识别布置的操作步骤如下：

（1）先选择立管构件，如图 4—4—19 所示。

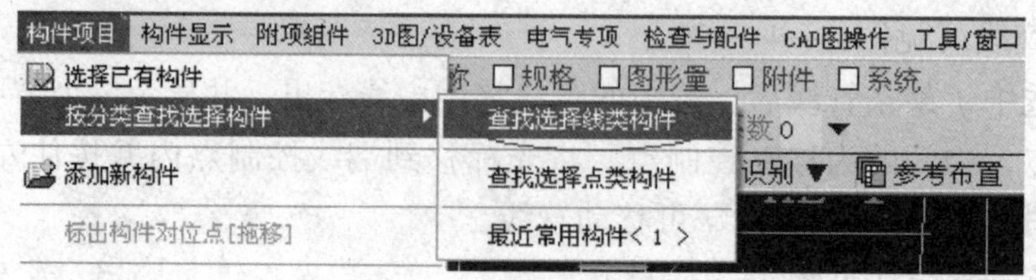

图 4—4—19　选择立管构件

（2）设置立管的规格。

（3）单击“布立管”按钮，在图中按住左键框选立管图形，选中后将显示出自动识别

立管的操作界面。

（4）输入立管的高度，并单击“闪动标记”按钮查看立管的位置。

（5）单击“开始布置”按钮，自动识别布置立管，如图 4—4—20 所示。

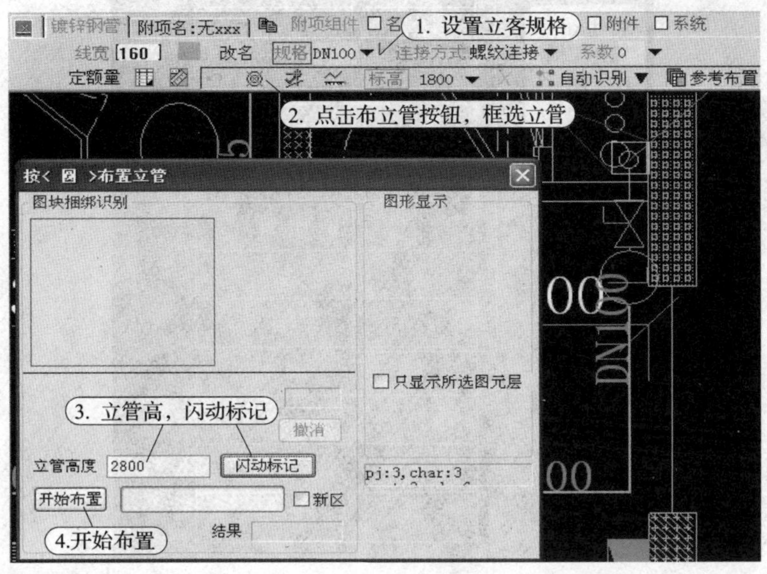

图 4—4—20　布置立管

5. 其他设备的识别统计

其他设备（如消火栓、灭火器等）的识别统计，可以直接选择“按 CAD 图块表识别布置设备”，由于消防类工程要统计的设备相对较少，为此采用先在图中提取要统计设备的方式。操作步骤如下：

（1）先在图中找到图例表，按住 Alt 键框选图中的设备图块，选中提取的设备块将变为暗色（表示已提取），如图 4—4—21 所示。

（2）选择“识别/引用”下的“按 CAD 图块标识别布置设备”选项。这时，屏幕中将显示按图块表识别布置设备的操作界面，并列出已提取的图块，如图 4—4—22 所示。

（3）在图块表中，选择一个要识别统计图块后，在图中将突出标出该图块的位置。

（4）单击“添加新构件”按钮，选择添加相应的构件（如消火栓箱等）。

（5）在“构件属性页面”中修改设置构件的属性。

（6）单击“布构件/建符号”按钮，按图块布置统计构件，如图 4—4—23 所示。

（7）对于构件库中，没有的构件，可直接从图中提取说明文字，创建布置构件。操作步骤如下：

1）在图中，按住左键框选提取构件名称。

2）单击“建构件”按钮，建新的构件。

3）单击“布置构件”按钮，布置构件，如图 4—4—24 所示。

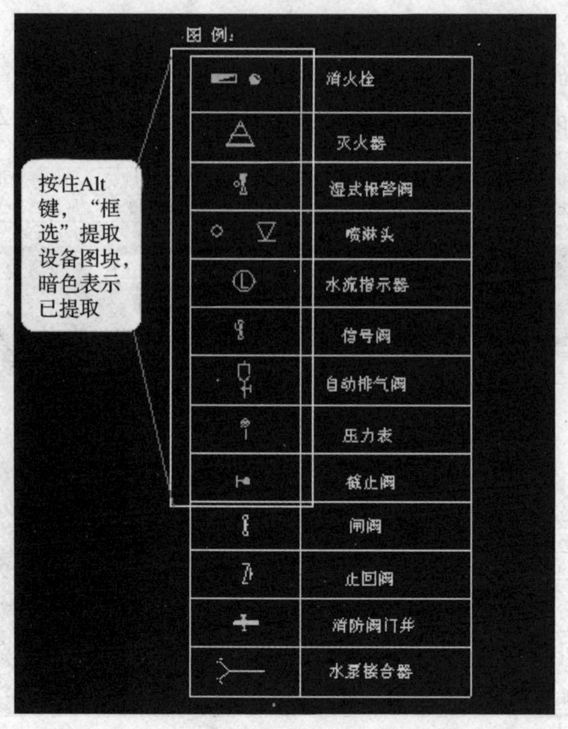

图 4—4—21　提取设备块

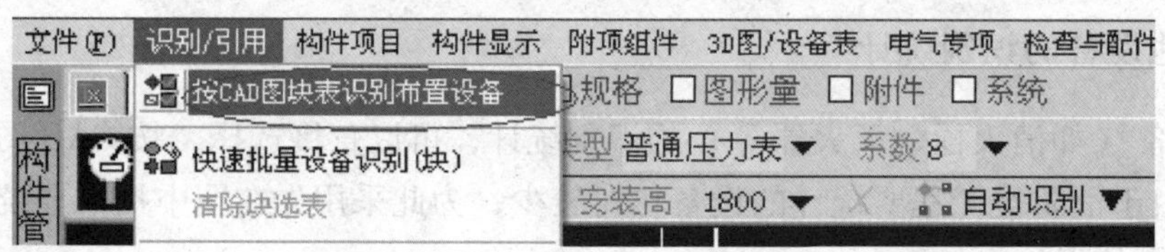

图 4—4—22　按 CAD 图块表识别布置设备

6. 其他算量事项

（1）管道配件可以选择自动生成。

（2）管道保温，刷油防腐，可在构件的“定额量”计算表中计算统计，如图 4—4—25 所示。

（3）多余构件布置的处理

在本工程中，采用的是统一识别布置的方式，一些设备及管道在系统图中重复识别及统计了，要注意检查并将重复内容删除。由于工程量最后汇总时总是要按图样分层的，所以系统中的构件不删除，在汇总时，不汇总相应的图层也是可以的。

（4）三维图形的显示

当布置完各种管道构件后，直接点击“打开三维图形窗口”就可以看到相应的三维图形了（见图 4—4—26）。由于三维图形的管道是按实际尺寸显示的，也可以从三维图中直观

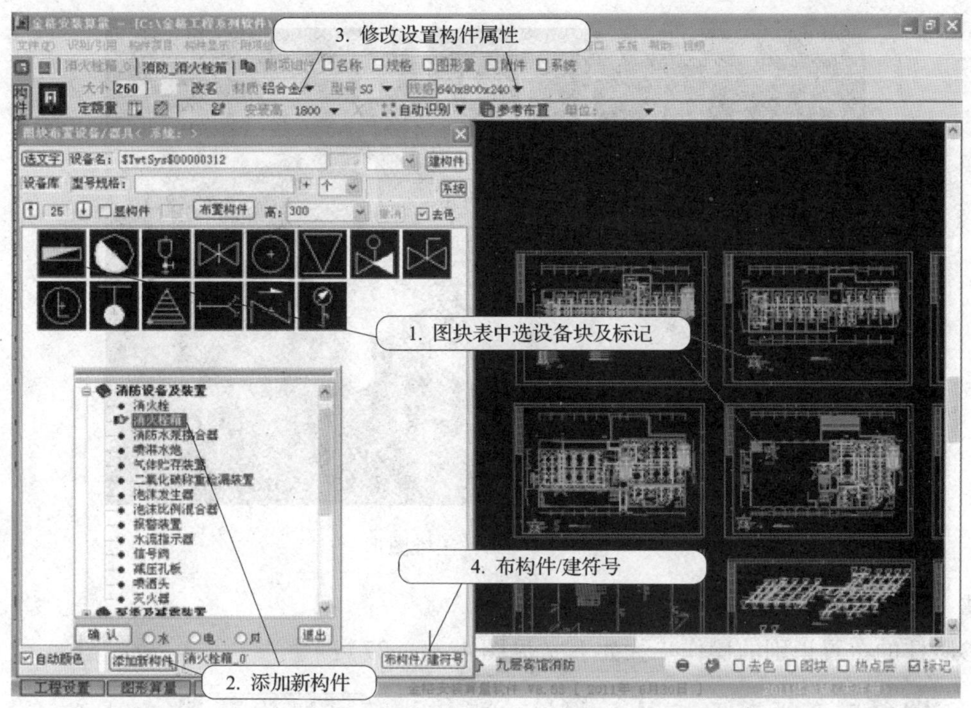

图 4—4—23　添加新构件

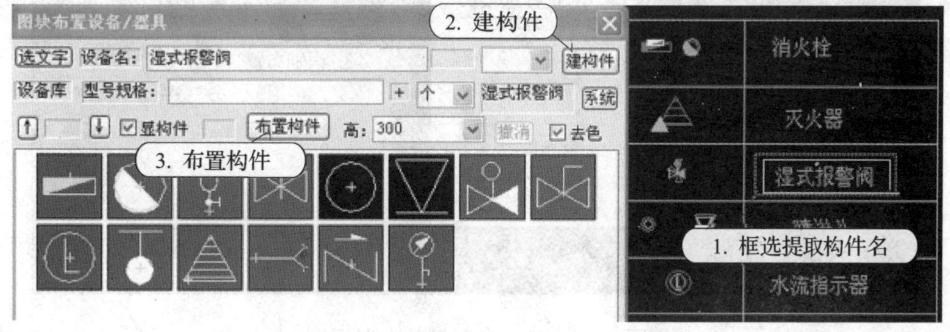

图 4—4—24　布置构件

行号	类	计算式	参数名	工程量	规格	定额编号	清单号	项目名称	单位	备注
1	A	nbpDwda/1000*3.14159	wLen	0.000				算外周长	米	
2	A	0.012	BwHou	0.000				保温层厚	m	
3	B	wLen*nbpLen(管长)		0.000				除锈刷漆面积	m2	
4	B	wLen*nbpLen(管长)*BwHou		0.000				保温绝热体积	m3	
5	B	wLen*nbpLen(管长)		0.000				外保护层面积	m2	
6	B	wLen*nbpLen(管长)		0.000				外保护层刷漆面积	m2	

图 4—4—25　“定额量”计算表

检查管道规格的设置是否正确。注意，在显示三维图形时，最好按图样分层逐层显示（只要将当前层设置为识别区）。要使得三维图的空间感更强，可以选择自动识别布置参照柱及

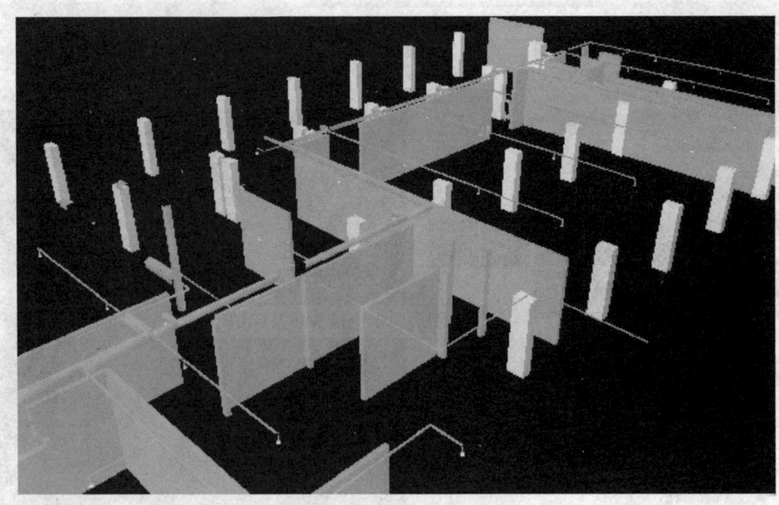

图 4—4—26　三维图形

参照墙。

参照柱的布置识别的操作步骤如下（见图 4—4—27）：

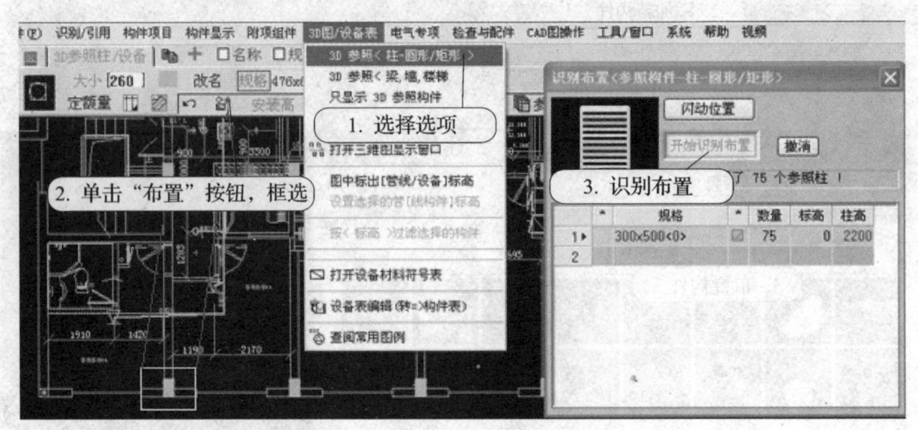

图 4—4—27　参照柱的布置识别

1）选择“3D 图/设备表”下的“3D 参照＜柱－圆形/矩形＞”选项。

2）单击“布置”按钮后，在图中按住 Alt 键框选图中的柱图形。

3）在显示出的操作界面中，单击“开始识别布置”按钮。

任务五　建筑消防系统方案设计

任务描述

根据已知条件完成某图书馆的建筑消防系统设计方案。

基础知识

建筑消防系统工程项目设计方案的制作方法包括：根据被保护对象发生火灾时燃烧的特点确定火灾类型；根据所需防护面积部位，按照火灾探测器的总数和其他报警装置（如手报）数量确定火灾报警控制器的总容量；按划分的报警区域设置区域报警控制器；根据消防设备确定联动控制方式；按防火灭火要求确定报警和联动的逻辑关系。

一、消防系统设计的内容和基本原则

智能建筑中的火灾自动报警系统设计首先必须符合《火灾自动报警系统设计规范》（GB 50116—1998）的要求，同时也要适应智能建筑的特点，合理选配产品，做到安全适用、技术先进、经济合理。

1．设计内容

消防系统设计一般有两大部分内容：一是系统设计，二是平面图设计。

（1）系统设计

1）火灾自动报警与联动控制系统设计的形式有以下三种，可根据实际情况选择。

①区域系统。

②集中系统。

③控制中心系统。

2）系统供电。火灾自动报警系统应设有主电源和直流备用电源。应独立形成消防、防灾供电系统，并要保障供电的可靠性。

3）系统接地。系统接地装置可采用专用接地装置或共用接地装置。

（2）平面设计

平面设计（见表4—5—1）一般有两大部分内容：一是火灾自动报警系统；二是消防联动控制系统。

表4—5—1　　平面设计

设备名称	内　容
报警设备	火灾自动报警控制器，火灾控测器，手动报警按钮，紧急报警设备
通信设备	应急通信设备，对讲电话，应急电话等
广播	火灾事故广播设备，火灾警报装置
灭火设备	喷水灭火系统的控制，室内消火栓灭火系统的控制，泡沫、卤代烷、二氧化碳等，管网灭火系统的控制等
消防联动设备	防火门、防火卷帘门的控制，防排烟风机、排烟阀控制、空调通风设施的紧急停止，电梯控制监视，非消防电源的断电控制
避难设施	应急照明装置、火灾疏散指示标志

2．消防系统的设计原则

消防系统设计的最基本原则就是符合现行的建筑设计消防法规的要求，积极采用先进的防火技术，协调合理设计与经济的关系，做到“防患于未然”。

必须遵循国家有关方针、政策，针对保护对象的特点，做到安全适用、技术先进、经济合理。

二、设计程序

设计程序一般分为两个阶段：第一阶段为初步设计（即方案设计），第二阶段为施工图设计。

1. 初步设计

（1）确定设计依据

设计依据包括相关规范，建筑的规模、功能、防火等级、消防管理的形式，所有土建及其他工种的初步设计图样，采用厂家的产品样本。

（2）方案确定

由以上内容进行初步概算，通过比较和选择决定消防系统采用的形式，确定合理的设计方案，这一阶段是第二阶段的基础、核心。设计方案的确定是设计成败的关键所在，一项优秀的设计不仅需要精心绘制工程图样，而且更要重视方案的设计、比较和选择。

2. 施工图设计

（1）计算

包括探测器的数量，手动报警按钮数量，消防广播数量，楼层显示器、短路隔离器、中继器、支路数、回路数、控制器容量。

（2）施工图绘制

1）平面图。图中包括探测器、手动报警按钮、消防广播、消防电话、非消防电源、消火栓按钮、防排烟机、防火阀、水流指示器、压力开关、各种阀等设备，以及这些设备之间的线路走向。

2）系统图。根据厂家产品样本所给系统图结合平面中的实际情况绘制系统图，要求分层清楚，设备符号与平面图一致，设备数量与平面图一致。

3）绘制其他一些施工详图。消防控制室设备布置图及有关非标准设备的尺寸及布置图等。

4）设计说明。说明内容有设计依据、材料表、图例符号及补充表述不清楚的部分。

三、设计方法

1. 设计方案的确定

火灾自动报警与消防联动控制系统的设计方案应根据建筑物的类别、防火等级、功能要求、消防管理以及相关专业的配合确定，因此，必须掌握以下资料：

（1）建筑物类别和防火等级。

（2）防火分区的划分、防火卷帘樘数及位置、电动防火门、电梯。

（3）强电施工图中的配电箱（非消防用电的配电箱）。

（4）通风与空调专业给出的防排烟机、防火阀。

（5）给排水专业给出的消火栓位置、水流指示器、压力开关及相关阀体。

2. 消防控制中心的确定及消防联动设计要求

（1）消防控制系统设计的主要内容

1）火灾自动报警控制系统。

2）灭火系统。

3）防排烟及空调系统。

4）防火卷帘门、水幕、电动防火门。

5）电梯。

6）非消防电源的断电控制。

7）火灾应急广播及消防专用通信系统。

8）火灾应急照明与疏散指示标志。

（2）消防控制室

1）消防控制室应设置在建筑物的首层，距通往室外出入口不应大于 20 m。

2）消防控制室的最小使用面积不宜小于 15 m^2。

3）不应将消防控制室设于厕所及锅炉房、浴室、汽车库、变压器室等的隔壁和上、下层相对应的房间。

4）消防控制室外的门应向疏散方向开启，且入口处应设置明显的标志。

5）消防控制室的布置应符合有关要求。

6）消防控制室内不应穿过与消防控制室无关的电气线路及其他管道，不装设与其无关的其他设备。

7）消防控制室应设在内部和外部的消防人员能容易找到并可以接近的房间部位，并应设在交通方便和发生火灾时不易延燃的部位。

8）宜与防火监控、广播、通信设施等用房相邻。

9）消防控制室的送、回风管在其穿墙处应设防火阀。

10）消防控制室应具有接受火灾报警、发出火灾信号和安全疏散指令、控制各种消防联动控制设备及显示电源运行情况等功能。

3. 平面图中设备的选择、 布置及管线计算

（1）设备选择及布置

1）探测器的选择及布置。根据房间使用功能及层高确定探测器种类，量出平面图中所计算房间的地面面积，再考虑是否为重点保护建筑，还要看房顶坡度是多少，然后按$N \geqslant \frac{S}{k \cdot A}$分别算出每个探测区域内的探测器数量，最后再进行布置。

2）火灾自动报警装置的选择及布置。规范中规定火灾自动报警系统应有自动和手动两种触发装置。

自动触发器件有压力开关、水流指示器、火灾探测器等。

手动触发器件有手动报警按钮、消火栓报警按钮等。

要求探测区域内的每个防火分区至少设置一个手动报警按钮。

3）手动报警按钮的设置与安装

①手动报警按钮的安装场所。各楼层的电梯间、电梯前室主要通道等经常有人通过的地方；大厅、过厅、主要公共活动场所的出入口；餐厅、多功能厅等处的主要出入口。

②手动报警按钮的布线宜独立设置。

③手动报警按钮的数量应按一个防火分区内的任何位置到最近一个手动报警按钮的距离不大于 25 m 来考虑。

④手动报警按钮在墙上安装的底边距地高度为 1.5 m，按钮盒应具有明显的标志和防误动作的保护措施。

4）其他附件的选择及布置

①模块。由所确定的厂家产品的系统确定型号，安装在距顶棚 0.3 m 的墙上。

②短路隔离器。与厂家产品配套选用，墙上安装，距顶棚 0.2 ~0.5 m。

③总线驱动器。与厂家产品配套选用，根据需要定数量，墙上安装，底边距地 2 ~2.5 m。

④中继器。由所用产品实际确定，现场墙上安装，距地 1.5 m。

5）火灾事故广播与消防专用电话设置

①火灾事故广播及警报装置。火灾警报装置（包括警灯、警笛、警铃等）是发生火灾时发出警报的装置。火灾事故广播是火灾时（或意外事故时）指挥现场人员进行疏散的设备。两种设备各有所长，火灾发生初期交替使用，效果较好。

火灾报警装置的设置范围和技术条件：国家规范规定，设置区域报警系统的建筑，应设置火灾警报装置；设置集中和控制中心报警系统的建筑，宜设置火灾警报装置；在报警区域内，每个防火分区应至少安装一个火灾报警装置，其安装位置宜设在各楼层走道靠近楼梯出口处。

为了保证安全，火灾报警装置应在确认火灾后，由消防中心按疏散顺序统一向有关区域发出警报。在环境噪声大于 60 dB 的场所设置火灾警报装置时，其声压级应高于背景噪声 15 dB。

火灾事故广播与其他广播合用时应符合以下要求：火灾时，应能在消防控制室将火灾疏散层的扬声器和公共广播扩音机强制转入火灾应急广播状态；消防控制室应能监控用于火灾应急广播时的扩音机的工作状态，并能开启扩音机进行广播。火灾应急广播设置备用扩音机，其容量不应小于火灾应急广播扬声器最大容量总和的 1.5 倍。床头控制柜设有扬声器时，应有强制切换到应急广播的功能。

②消防专用电话。安装消防专用电话十分重要，它对能否及时报警、消防指挥系统是否畅通起着关键作用。为保证消防报警和灭火指挥畅通，规范对消防专用电话都有明确规定。最后根据以上设备选择列出材料表。

(2) 消防系统的接地

应按本情境后续规定执行。

(3) 布线及配管

布线及配管应按本情境后续规定执行。

4. 画出系统图及施工详图

设备、管线选好且在平面图中标注后，根据厂家产品样本，再结合平面图画出系统图，并进行相应的标注，包括每处导线根数及走向、每个设备的数量、所对应的层数等。

施工详图主要是对非标产品或消防控制室而言的，比如非标控制柜（控制琴台）的外形、尺寸及布置图；消防控制室设备布置图应标明设备位置及各部分距离等。

任务实施

某图书馆位于学校中心，地下二层为地下车库，建筑面积约为4 422 m²，能容纳107 辆车，地下一层为自行车停放区和会议室，新书储藏室、验收室和各科室建筑面积为11 980 m²，一层、二层为服务大厅、展示室、中文自然藏借阅览室，另有一个中西点心餐厅，建筑面积约为7 094 m²，3～9 层为办公室、藏书室、阅览室等，建筑面积约为4 131 m²，总建筑面积约为59 000 m²。建筑共11 层。

图样给出情况是：地下二层平面布置图，地下一层平面布置图，一层平面布置图，2～9层平面布置图，共11 张图。

建设单位要求在满足规范的情况下，力求经济合理。

请根据已知条件，依据《高层民用建筑设计防火规范》《火灾自动报警系统设计规范》《火灾自动报警系统施工及验收规范》等进行消防系统设计方案制作训练。

解：

综合设计实例：某图书馆火灾自动报警系统设计

一、建筑概况

某图书馆位于学校中心，地下二层为地下车库，建筑面积约为4 422 m²，能容纳107 辆车，地下一层为自行车停放区和会议室，新书储藏室、验收室和各科室建筑面积为11 980 m²，一层、二层为服务大厅、展示室、中文自然藏借阅览室，另有一个中西点心餐厅，建筑面积约为7 094 m²，3～9 层为办公室、藏书室、阅览室等，建筑面积约为4 131 m²，总建筑面积约为59 000 m²。建筑共11 层。

二、设计说明

某图书馆人流量大，藏书很多，而且易燃，人群不易疏散，扑救难度大，根据《高层民用建筑防火规范》《高层建筑防火规范》本建筑定为一级防火等级，采用控制中心报警系统。

三、设计依据

《建筑设计防火规范》（GB 50016—2006）

《火灾自动报警系统设计规范》（GB 50116—1998）

《高层民用建筑防火规范》（GB 50045—1995）

《火灾自动报警系统设计简明手册》

《火灾自动报警系统施工及验收规范》

相关专业的资料图纸

四、火灾自动报警系统选型

火灾自动报警系统能够在火灾初期将燃烧产生的烟雾、热量和光辐射等物理量，通过感温、感烟和感光等火灾探测器变成电信号，传输到火灾报警控制器，并同时显示出火灾发生的部位，记录火灾发生的时间。火灾自动报警系统的组成形式多种多样，它的发展目前可分为三个阶段。

第一，多线制开关量式火灾探测报警系统。这是第一代产品，目前国内只有极少数厂家生产，基本已处于被淘汰状态。

第二，总线制可寻址开关量式火灾探测报警系统。这是第二代产品，尤其是二总线制开关量式探测报警系统目前正被大量使用。

第三，模拟量传输式智能火灾报警系统。这是第三代产品。目前我国已经开始从传统的开关量式火灾探测报警技术，跨入具有先进水平的模拟量式智能火灾探测报警技术的新阶段，它的系统误报率降低到最低限度，并大幅度地提高了报警的准确度和可靠性。

1. 火灾自动报警系统组成

火灾自动报警系统是由触发器件、火灾报警装置、火灾警报装置以及具有其他辅助功能的装置组成的火灾报警系统，在火灾自动报警系统中，自动或手动产生火灾报警信号的器件称为触发件，主要包括火灾探测器和手动火灾报警按钮。

2. 火灾报警控制系统选型

依据《火灾自动报警系统设计规范》将某图书馆界定为一级保护对象，根据建筑的实际情况在每层设置一台楼层显示器，作区域报警器使用，共 11 台楼层显示器和一台集中报警控制器及联动控制装置（设计详见系统图）。

五、防火分区和报警区域的划分

1. 防火分区的划分

某图书馆共 11 层，总建筑面积为 59 000 m^2。依据《火灾自动报警系统设计规范》将其

界定为一级保护对象。依据《高层民用建筑防火设计规范》（GB 50045—1995），该建筑为一类建筑，耐火等级为一级。在划分防火分区时应该满足表4—5—2的规定。高层建筑内应采用防火墙等划分防火分区，每个防火分区允许的最大建筑面积不应超过表4—5—2的规定。

表4—5—2　划分防火分区　m^2

建筑类别	每个防火分区建筑面积
一类建筑	1 000
二类建筑	1 500
地下室	500

说明：

①高层主体建筑与相连的附属建筑之间，如设有防火墙等防火分隔设施，其附属建筑的防火分区面积可按本表增加一倍。

②设有自动灭火设备的防火分区，其最大允许建筑面积可按本表增加一倍，局部设置时，增加面积可按局部面积的一倍计算。

所以，某图书馆防火分区如下：

本工程为一类高层，室内设有自动灭火系统及自动报警系统，依此确定防火分区面积。

本工程考虑室内设有自动灭火系统及自动报警系统，防火分区小于2 000 m^2。停车场、展览厅、会议室部分每个防火分区小于4 000 m^2。

各层防火分区面积（见表4—5—3）

表4—5—3　各层防火分区面积

	分区	设计面积（m^2）	设计要求	功能	备注
地下二层平面	第一防火分区	3 668. 62	<4 000 m^2	停车场	
地下一层平面	防火分区一	1 097	<2 000 m^2	中文编目室、外文编目室、新书统计室、验收室、储藏室	
	防火分区二	1 409	<2 000 m^2	停车场	
	防火分区三	1 188	<2 000 m^2	大厅、控制中心	
	防火分区四	1 782	<2 000 m^2	会议室、阶梯课室	
一层平面	防火分区一	2 555	<4 000 m^2	服务大厅	
	防火分区二	1 368	<2 000 m^2	书店，中厅，中西点餐厅	
	防火分区三	1 026	<2 000 m^2	1#会议厅	
	防火分区四	756	<2 000 m^2	2#会议厅	

续表

	分区	设计面积（m^2）	设计要求	功能	备注
二层平面	防火分区一	432	<2 000 m^2	电梯间	
	防火分区二	350	<2 000 m^2	共用前室	
	防火分区三	663	<2 000 m^2		
	防火分区四	884	<2 000 m^2		
	防火分区五	1 224	<2 000 m^2	休息茶座	
三层平面	防火分区一	1 011	<2 000 m^2		
	防火分区二	1 011			
	防火分区三	1 349			
四层平面	防火分区一	1 011	<2 000 m^2		
	防火分区二	1 011			
	防火分区三	1 349			
五层平面	防火分区一	1 011	<2 000 m^2		
	防火分区二	1 011			
	防火分区三	1 349			
六层平面	防火分区一	1 782	<2 000 m^2	电子阅览区	
	防火分区二	824		会议室，学生工作室	
七层平面	防火分区一	1 011	<2 000 m^2	工具书藏书库	
	防火分区二	1 011		工具书藏、阅书库	
	防火分区三	1 349		视频教学等	
八层平面	防火分区一	1 011	<2 000 m^2	样本藏阅书库	
	防火分区二	1 011		特色藏书库	
	防火分区三	1 349		读者培训室等	
九层平面	防火分区一	2 924	<4 000 m^2	综合展览区	
	防火分区二	1 207	<2 000 m^2	设备间等	

六、报警区域和探测区域的划分

报警区域就是人们在设计中将火灾自动报警系统的警戒范围按防火分区或楼层划分的部分空间，是设置区域火灾报警控制器的基本单元。一个报警区域可以由一个防火分区或同楼层相邻几个防火分区组成，但同一个防火分区不能在两个不同的报警区域内；同一报警区域也不能保护不同楼层的几个不同的防火分区。

1. 报警区域的划分

根据《火灾自动报警系统设计规范》的规定，报警区域宜由一个防火分区或同楼层的几个相邻防火分区组成，所以把每层单独作为一个报警区域，满足火灾自动报警系统设计规范的规定。

2. 探测区域的划分

由于该建筑为一级保护对象，规范规定：探测区域应按独立房（套）间划分。一个探测区域的面积不宜超过 500 m^2；从主要入口能看清其内部并且面积不超过 1 000 m^2 的房间，也可划为一个探测区域。根据以上的规定把某图书馆的探测区域划分如下：

（1）由于某图书馆各层的房间大小不一，所以把各层的每个房间单独划分为一个探测区域。

（2）把敞楼梯间单独划分为一个探测区域，每隔 2 ~ 3 层划分为一个探测区域并且设置一个火灾探测器。

（3）把前室（包括防烟楼梯间前室、消防电梯前室、消防电梯与防烟楼梯间合用的前室）和走道单独划分探测区域。特别是前室与电梯竖井、疏散楼梯间及走道相通，在发生火灾时烟气更容易聚集或流过，是人员疏散和消防扑救的必经之地，故应装设火灾探测器。对于一般电梯前室虽然不是人员疏散必经之地，但该前室与电梯竖井相通，也是在发生火灾时烟气容易聚集或流过的地方，故单独划分探测区域及装设火灾探测器。

3. 火灾探测器的选择

某图书馆是综合性质的公共建筑，其内有大量图书资料和报刊，故选择感烟探测器作为主要火灾探测工具。

在火灾自动报警系统设计过程中，设备的可靠性与误报率是设备选型时不得不考虑的因素。在满足性能价格比高的前提下，要求尽可能高的系统可靠性和尽可能低的误报率是设计者所追求的共同目标。从追求卓越的理想角度出发，选用最先进设备产品；但从节省投资的现实角度出发，选用较佳的设备，但是不能放松和降低对于系统可靠性和误报率的基本要求。目前，大量使用的智能型感烟探测器对各种明火烟雾检测效果较好，对阴燃烟雾也能检测，但易受探测环境影响，误报率较高；由于使用了放射源，易对环境造成污染。

智能型感烟探测器是利用红外光散射的原理进行烟雾浓度的探测，对环境不存在污染问题，对阴燃火烟雾的探测性能明显优于离子探测器。

4. 火灾探测器的布置和计算

根据《火灾自动报警系统设计规范》的规定，对某图书馆的火灾探测器进行如下布置：

（1）探测区域内的每个房间按照面积的大小设置火灾探测器的数量，至少保证每个房间设置一只火灾探测器。

（2）感烟探测器、感温探测器的实际安装间距，根据探测器的保护面积 A 和保护半径 R 确定，满足探测器安装间距的极限曲线 D1 ~ D11（含 D9′）所规定的范围。

（3）每个探测区域内应该设置的探测器数量，具体根据下式计算：

$$N \geqslant \frac{S}{k \cdot A}$$

式中 N—— 一个探测区域所需设置的探测器数量，只，$N \geqslant 1$（取整数）；

S—— 一个探测区域的面积，m^2；

A—— 一只探测器的保护面积，m^2；

k—— 修正系数，重点保护建筑取 0.7 ~ 0.9，普通保护建筑取 1.0。在本次设计过程中取 0.9。

（4）在走廊内设置的探测器居中布置。感烟探测器的安装距离在 15 m 以内，感温探测器的安装距离在 10 m 以内，同时探测器到墙的距离在探测器安装距离的一半以内。探测器距墙的距离不应小于 0.5 m，保证探测器周围 0.5 m 内没有遮挡物。

5. 火灾探测器数量的计算

某图书馆部分房间面积较小，所以每个房间应单独设置一只火灾探测器。七层媒体制作办公室的火灾探测器的数量计算方法如下：

因为某图书馆楼层高为 3.3 ~ 6 m，房间的坡度小于 15°，根据以上条件查表得保护面积 A 为 80 m^2，保护半径 R 为 5.8 m。所以：$D = 2R = 2 \times 5.8 = 11.6$ m

根据 $D = 11.6$ m 对应的保护面积 $A = 80$ m^2 的曲线上取一点，保证此点在粗实线上，这点所对应的数值，即安装距离 a、b 值，由此得到 $a = 7.5$ m，$b = 8$ m。在满足规范对探测器设置位置要求的前提下，根据上述条件计算探测器的数量为：$N \geqslant \frac{S}{k \cdot A} = \frac{6 \times 5.5}{0.9 \times 80} =$ 0.46 只，为了布置的需要取 1 只。

其他楼层房间和走廊内探测器的数量计算方法与上述方法类似，不再一一赘述。某图书馆共用 983 只探测器。

七、消防广播的设计

火灾事故广播系统由广播功放盘、广播录放盘、传输线路、电源、扬声器及广播控制模块等组成。某图书馆的火灾广播系统设计为专用的广播系统，在火灾发生后，保证及时

向着火区发出警报，按照疏散的顺序接通火灾事故广播系统。

本次设计消防广播主要安装在大厅和走廊等公共场合。

本设计在 11 层共设吸顶式扬声器 SD8012 型 345 个，每只音箱的功率为 3 W，挂墙式扬声器 SD8013 型 167 只，每只音箱的功率为 5 W。采用 SD8100 系列总线式火灾事故广播系统：由 SD8000 广播录放盘、SD8010 消防广播功放盘、SD8120 消防广播分配盘、SD8130 广播控制模块及 SD8012 扬声器组成。

SD8100 系列总线式火灾事故广播系统是通过专用的广播控制总线及总线上的广播控制模块来启动各个广播回路。当火警发生的时候，由设置在消防控制中心的火灾事故广播系统对火灾现场及相关场所实施紧急广播。通过 SD8011 广播分配盘可实现手动启动某一路或多路消防广播。

八、消防联动的设计

消防联动包括监视和控制两部分。本楼需要监视的设备有水流指示器、信号阀、报警阀；需要控制的设备有消防泵、防排烟系统、火灾事故广播等。消防联动在整个系统中占有重要的地位，当探测器探测到火灾信号发送至报警控制中心，经主机分析确认后，向需要联动的设备发出信号，启动灭火设备扑救火灾，同时启动灭火和防排烟设备，阻止火灾蔓延。

1. 消防联动控制设备的组成

（1）火灾报警控制器。

（2）室内消火栓系统。

（3）防排烟系统。

（4）火灾事故广播。

2. 室内消火栓系统的联动设计

室内消火栓系统中的每一个消火栓都配有一个消火栓启动按钮。本设计采用编码消火栓按钮，直接接入火灾报警控制器，当发生火灾时可以直接启动消防泵，启动泵的同时向消防控制中心发出反馈信号。在消火栓按钮处设有启泵指示灯，用来指示消防泵的运行状态，同时消防控制室可控制消防泵的启、停，显示消火栓水泵的工作、故障状态，显示消火栓启泵按钮的位置。

消火栓启泵按钮分别设在靠近楼梯和出口处。

九、预算（见表 4—5—4）

本工程的预算依据火灾自动报警系统设计的图样计算，不含工程费和税金。价格仅供参考。

表 4—5—4　　主要设备明细参考报价表

名称	型号	数量	单价（元）	总价（元）	备注
智能型感温探测器	JTW－ZCD－G3N	207	350	72 450	
智能型感烟探测器	JTY－GD－G3	776	210	162 960	
智能火灾报警控制器	JB－QT－GST5000	1	25 000	25 000	
手动报警按钮	J－SAM－GST9121	97	260	25 220	
火灾警铃	GST－JL	97	299	29 003	
控制模块	GST－LD－8301	189	240	45 360	
输入监视模块	GST－LD－8319	413	110	45 430	
总线隔离器	GST－LD－I8313	139	198	27 522	
水流指示器	ZSJZ	34	600	20 400	
非消防电源配电箱	GST－DY－200	1	4 500	4 500	
集中供电电源	38 AH/12 V	1	3 100	3 100	
吸顶式扬声器	SD8012	345	230	79 350	
挂墙式扬声器	SD8013	167	550	91 850	
广播录放盘	SD8000	1	4 500	4 500	
消防广播功放盘	SD8010	1	5 000	5 000	
消防广播分配盘	SD8120	1	2 500	2 500	
广播控制模块	SD8130	1	5 300	5 300	
消火栓玻璃按钮	J－SAM－GST9124	188	480	90 240	
消防电话	GST－TS－100 A	10	400	4 000	
电话插孔	GST－LD－8312	40	220	8 800	
防火阀		24	500	12 000	
湿式报警阀		1	750	750	
低压配电柜		1	2 200	2 200	
电梯迫降	GST－LD－8301	3	130	390	
气体灭火控制盘	GST－QKP04/2	1	18 000	18 000	
压力表	YE－75	1	95	95	
液位计		1	310	310	
防火卷帘控制器	GST－LD－8301	3	130	390	
报警阀压力开关	ZSJY	32	350	11 200	
火灾显示盘	ZF－500	11	2 350	25 850	
合计				823 670	

拓展知识

案例分析：某住宅小区消防设计方案

一、设计依据

1.《高层民用建筑设计防火规范》(GB 50045—1995)

2.《民用建筑水灭火系统设计规程》(DGJ08 -94—2007)

3.《建筑设计防火规范》(GB 50016—2006)

4.《建筑灭火器配置设计规范》(GB 50140—2005)

5.《汽车库、修车库、停车库设计防火规范》(GB 50067—1997)

6. 其他有关建筑防火设计规范条例

二、总平面布置

小区内各高层建筑间距大于 13 m，高层与多层建筑（一级、二级耐火等级）间距大于 9 m，多层建筑（二级耐火等级）间距大于 4 m。开闭所与住宅间距大于 12 m，箱式变压器在住宅正面时与住宅间距大于 10 m，在侧面时间距大于 8 m，煤气调压站与住宅间距大于 6 m。

小区内车道宽度为 8.5 m 和 6 m，道路环通，满足消防车转弯半径要求。沿每栋高层住宅长边设置消防车道，并设有不小于 15 m×8 m 的消防登高场地。

三、建筑单体消防设计

住宅楼：基地内有 23 层住宅 1 栋，18 层住宅 6 栋，16 层住宅 1 栋，11 层住宅 2 栋，10 层住宅 1 栋，6 层住宅 3 栋。

配套商业及公建：A 地块北侧沿三林路设置 3～5 层商业，带地下车库及地下辅助用房，A 地块东侧沿街坊路设置一层小商铺；A 地块在 4 号楼、7 号楼一层设置小区物业用房等，B 地块在 12 号楼一层设置物业用房等。

地下车库：A/B 地块各设置一处独立地下车库。

23 层住宅楼（4 号楼）：单元式高层住宅，共 2 个单元。一类建筑，耐火等级一级，建筑高度为 70.5 m。每单元一梯四户，设有两部防烟楼梯间及两部电梯，其中一部为消防电梯。地下室层高 2.7 m，用做地下自行车库，地上住宅层高为 2.8 m，室内外高差 0.3 m。

18 层住宅楼（1 号楼、2 号楼、3 号楼、5 号楼、7 号楼、8 号楼）：单元式高层住宅，共 2 个单元。二类建筑，耐火等级二级，建筑高度为 53.85 m。每单元设有一座封闭楼梯间及两部电梯，其中一部为消防电梯。地下室层高 2.7 m，用做地下自行车库，地上住宅层高为 2.8 m，室内外高差 0.3 m。

16 层住宅楼（6 号楼）：单元式高层住宅，共 2 个单元。二类建筑，耐火等级二级，建筑高度为 48.25 m。每单元设有一座封闭楼梯间及两部电梯，其中一部为消防电梯。地下室层高 2.7 m，用做地下自行车库，地上住宅层高为 2.8 m，室内外高差 0.3 m。

11 层住宅楼（11 号楼、12 号楼）：单元式高层住宅，共 2 个单元。二类建筑，耐火等级二级，建筑高度为 34.25 m。每单元设有一座封闭楼梯间及一部电梯。地下室层高 2.7 m，用做地下自行车库，地上住宅层高为 2.8 m，室内外高差 0.3 m。

10 层住宅楼（9 号楼）：单元式高层住宅，共 3 个单元。二类建筑，耐火等级二级，建筑高度为 31. 45 m。每单元设有一座封闭楼梯间及一部电梯。地下室层高 2. 7 米，用做地下自行车库，地上住宅层高为 2. 8 m，室内外高差 0. 3 m。

6 层住宅楼（10 号楼、13 号楼、14 号楼）：单元式多层住宅，10 号楼共 3 个单元，13 号楼、14 号楼各 2 个单元。耐火等级二级，建筑高度为 18. 5 m。每单元设有一座楼梯间。住宅层高为 2. 8 m，室内外高差 0. 3 m。

商业（15 号楼、16 号楼、17 号楼、18 号楼、19 号楼）：在 A 地块北部和东南侧所设置的综合商业和沿街小商铺，为 1 ~ 5 层，二类建筑，耐火等级二级，大型商业建筑高度为 20. 7 m，一层层高 4. 5 m，二层层高 3. 9 m。

地下车库：A/B 地块各设置一处独立地下车库。

A 地块地下车库共有车位 499 个，防火分类为一类，耐火等级为一级，除本身使用的设备用房外，另布置小区消防泵房。地下车库总建筑面积为 17 286. 96 m^2，按每个防火分区不大于 4 000 m^2 分为 5 个防火分区，每个防火分区均有一个以上的直接对外出口（含住宅连通口）。层高 3. 2 m，与住宅连通口层高 2. 7 m，通过连通口，住户可直接进入住宅楼。

B 地块地下车库共有车位 99 个，防火分类为三类，耐火等级为二级；建筑面积为 3 236. 69 m^2，按每个防火分区不大于 4 000 m^2，设 1 个防火分区，四个对外出口（含住宅连通口）；地下车库层高 3. 2 m。

四、消防给水

1. 消防水源

从市政道路接入两根 *DN*250 mm 给水管，供单体生活和消防用水。

2. 消防水量

3. 室内消火栓

20 L/s。

4. 自动喷淋灭火系统

30 L/s。

5. 室外消火栓

30 L/s。

6. 消防系统

为临时高压制，由设于地下车库水泵房的消防泵从消防水池吸水，供单体消防用水。

各单体按规范设置室内消火栓，以满足有两股水柱同时到达任何部位。住宅室内消火栓箱采用双阀双出口组合式消火栓箱，公建和地下车库室内消火栓箱采用单出口组合式消火栓箱。消火栓栓口的出水压力大于0.5 MPa处，设减压稳压型消火栓。室外按设水泵接合器两套。

7. 喷淋系统

建筑面积超过3 000 m^2 且小于5 000 m^2 的商铺按中危险I级计，喷水强度为6 L/min·m^2，地下车库按中危险II级计，喷水强度为8 L/min·m^2，作用面积均为160 m^2。

车库坡道处设置72℃易熔合金喷头，其余部位设置68℃玻璃球喷头。未吊顶处设置直立型喷头，有吊顶部位设置吊顶型喷头。每层和每个防火分区均设水流指示器。

喷淋系统采用临时高压系统。由地下室水泵房设置的喷淋泵直接从消防水池中吸水供单体消防用水。室外设水泵接合器两套。

8. 高位消防水箱和消防水池

地下室设150 m^3 消防水池，供室内消火栓和自动喷淋系统灭火使用。

4号楼屋顶设18 m^3 高位消防水箱和局部消防稳压设备，以保证火灾初期消防用水量。

9. 灭火器设置

住宅按A类轻危险级设置3 kg手提式磷酸铵盐干粉灭火器，商铺按A类中危险级设置3 kg手提式磷酸铵盐干粉灭火器，地下车库按B类中危险级设置4 kg手提式磷酸铵盐干粉灭火器。

10. 室外消火栓设置

按规范以不大于120 m间距设置室外地上式消火栓。室外消火栓系统用水由市政管网直接供给。

五、消防电气

1. 由供电部门提供两路10 kV电源同时供电，当一路电源故障时，另一路电源应能提供全部二级负荷的供电要求。

2. 本工程二级负荷包括消防设备配电采用阻燃耐火电缆，消防负荷配电分支线路采用阻燃耐火电线穿管暗敷。

3. 消防设备双电源末端自切供电。

4. 在楼梯间、疏散走道等处设应急疏散指示标志，变电站、消控中心、消防水泵房、消防电梯机房等处设应急照明。

5. 本工程火灾报警系统按一级保护对象设计，采用集中报警系统；小区各单体内设区域火灾报警控制器、消防联动控制设备、消防专用电话总机、火灾应急广播设备等；火灾

自动报警采用二总线制，消防专用电话、火灾应急广播采用多线制。

6. 在地下室、消防电梯前室、楼层疏散走道等处按要求设置火灾探测器、手动报警按钮、消防电话及火灾应急广播等消防设施。

六、防烟排烟

1. 防烟设施

住宅部分的楼梯间均采用自然排烟的防烟方式，每五层内可开启外窗总面积之和不小于2 m^2。无自然排烟条件的消防电梯合用前室采用机械加压送风的防烟方式，设有加压送风口，以维持前室25～30 Pa的正压。

2. 排烟设施

地上各个房间均采用自然排烟措施，其可开启外窗面积不小于该房间面积的2%。

地下车库防烟分区单个面积小于2 000 m^2，防烟分区服从防火分区。采用隔墙或从顶棚下突出不小于0.5 m的梁划分防烟分区。每个防烟分区的排烟量按6次/h换气次数计算。补风采用机械补风。机械排烟和机械补风系统利用平时车库机械送排风系统。

3. 控制设施

所有排烟风机均与其排烟总管上280℃熔断的排烟防火阀连锁，当该防火阀自动关闭时，排烟风机停止运行。火灾时，消防控制中心自动停止空调设备和与消防无关的通风机的运行，并根据火灾信号控制各类防排烟风机、补风设备等设施的启用。

4. 防火材料与设备的选择和使用

机械加压送风机采用混流风机，送风管道采用不燃烧材料制作。排烟风机采用离心风机或排烟轴流风机，排烟风机在280℃时能连续工作30 min。排烟管道采用不燃材料制作。安装在吊顶内的排烟管道，其隔热层采用不燃烧材料制作，并与可燃物保持不小于150 mm的距离。与通风、空气调节系统合用的机械排烟系统采取可靠的防火安全措施，并符合排烟系统要求。通风和空气调节系统的防火阀、管材和保温材料的设置和选用符合消防规范和相应设计规范的要求。